园林工程管理丛书

园林工程预算与工程量清单编制

吴戈军　主编

化学工业出版社

·北京·

《园林工程预算与工程量清单编制》是《园林工程管理丛书》中的一本，丛书共 5 本。

本书根据现行《建设工程工程量清单计价规范》(GB 50500—2013)、《园林绿化工程工程量计算规范》(GB 50858—2013)及园林工程预算定额编写。主要内容包括：园林工程概预算基础知识、园林工程造价构成与计算、园林工程定额计价体系、园林工程工程量清单计价体系、园林工程工程量计算与实例、园林工程造价的编制与审核等。编写过程中本着实用性的原则，深入浅出，简明易懂，同时配有工程量计算以及工程量清单计价编制实例。

本书可作为园林工程造价人员、招投标编制人员及从事预算的业务人员的常备参考书，也可作为相关专业师生的参考用书。

图书在版编目（CIP）数据

园林工程预算与工程量清单编制/吴戈军主编. —北京：化学工业出版社，2014.3（2019.8重印）
（园林工程管理丛书）
ISBN 978-7-122-19630-9

Ⅰ.①园… Ⅱ.①吴… Ⅲ.①园林-工程施工-建筑预算定额②园林-工程造价 Ⅳ.①TU986.3

中国版本图书馆 CIP 数据核字（2014）第 016879 号

责任编辑：袁海燕　　　　　　　　　　文字编辑：刘莉珺
责任校对：宋　玮　王　静　　　　　　装帧设计：王晓宇

出版发行：化学工业出版社（北京市东城区青年湖南街 13 号　邮政编码 100011）
印　　刷：北京虎彩文化传播有限公司
710mm×1000mm　1/16　印张 19　字数 383 千字　2019 年 8 月北京第 1 版第 3 次印刷

购书咨询：010-64518888　　　　　　　售后服务：010-64518899
网　　址：http://www.cip.com.cn
凡购买本书，如有缺损质量问题，本社销售中心负责调换。

定　　价：58.00 元　　　　　　　　　　　　　　　版权所有　违者必究

《园林工程预算与工程量清单编制》
编写人员

主编：吴戈军

参编：邹原东　邵　晶　齐丽丽　成育芳

　　　李春娜　蒋传龙　王丽娟　邵亚凤

　　　白雅君

前言 | | FOREWORD |

随着经济的发展和社会生活水平的不断提高，城市化进程日趋加快，人们逐渐关注起自己的居住环境，并迫切地需要一个健康、干净、舒适的空间，园林绿化在这样的背景下获得了更大的发展。园林工程造价是园林工程中的重要环节，成功的园林工程建设离不开其造价的合理控制与把握，只有这样才能够有效地提高资金的合理利用率，才能保证工程取得最大的经济效益和社会效益。同时，《建设工程工程量清单计价规范》（GB 50500—2013）、《园林绿化工程工程量计算规范》（GB 50858—2013）的颁布与实施，对广大园林工程造价编制和管理人员提出了更高的要求，促使他们快速学习和理解新规范，不断提高其专业能力，从而更好地适应园林工程造价工作的需要，把园林工程造价工作做得更细致、具体，从而更合理地确定园林工程造价。

为了帮助广大园林工程造价编制和管理人员学习理解《建设工程工程量清单计价规范》（GB 50500—2013）和《园林绿化工程工程量计算规范》（GB 50858—2013）中的相关内容，我们组织了一批从事园林工程工程量清单计价实践经验丰富的人员编写本书。本书以现行的国家标准、行业标准及技术规范为依据，保证本书数据的准确性及权威性；本书条理清晰、重点突出、便于使用，理论与实际密切结合，采用实例方式，突出综合应用能力。

本书可作为园林工程造价人员、招投标编制人员及从事预算的业务人员的常备参考书，也可作为相关专业师生的参考用书。

《园林工程预算与工程量清单编制》是《园林工程管理丛书》中的一本，丛书共5册，其余4册分别为《园林工程材料及其应用》、《园林工程监理与资料编制》、《园林工程施工组织设计及管理》、《园林工程招投标与合同管理》。丛书涵盖内容广泛，基本上包括了园林工程管理的各个方面，希望对读者有所帮助。

由于编者水平有限，书中不当之处在所难免，敬请广大读者和同行给予批评指正。

编者
2013 年 12 月

目录 CONTENTS

Chapter 1

园林工程概预算基础知识

1.1 园林工程项目的划分

园林工程产品种类丰富，但是经过层层分解后，都具有许多相同的特征。其工程做法虽不尽相同，但有统一的常用模式及方法，一般划分如下。

（1）建设工程总项目　工程总项目指在一个场地或数个场地上，按照一个总体设计进行施工的各个工程项目的总和。

（2）单项工程　单项工程指在一个工程项目中，具有独立的设计文件，竣工后可以独立发挥生产能力或工程效益的工程，它是工程项目的组成部分。一个工程项目中可以有几个单项工程，也可以只有一个单项工程。

（3）单位工程　单位工程是指具有单列的设计文件，可以进行独立施工，但不能单独发挥作用的工程，它是单项工程的组成部分。

（4）分部工程　分部工程一般是指按单位工程的各个部位或是按照使用不同的工种、材料和施工机械而划分的工程项目，它是单位工程的组成部分。如一般土建工程可划分为土石方、砖石、混凝土及钢筋混凝土、木结构及装修、屋面等分部工程。

（5）分项工程　分项工程是指分部工程中按照不同的施工方法、不同的材料、不同的规格等因素而进一步划分的最基本的工程项目。

《园林绿化工程工程量计算规范》（GB 50858—2013）中包含 3 个分部工程以及许多措施项目。3 个分部工程包括：绿化工程；园路、园桥工程；园林景观工程。措施项目包括：脚手架工程、模板工程；树木支撑架、草绳绕树干、搭设遮阴（防寒）棚工程；围堰、排水工程；安全文明施工及其他措施项目。

园林工程的分部工程名称、子分部工程名称、分项工程名称见表 1-1。分项工程的项目编码的分项工程量在计算中列出。

表 1-1 园林绿化工程分部分项

分部工程	子分部工程	分项工程
绿化工程	绿地整理	砍伐乔木、挖树根（蔸）、砍挖灌木丛及根、砍挖竹及根、砍挖芦苇（或其他水生植物）及根、清除草皮、清除地被植物、屋面清理、种植土回（换）填、整理绿化用地、绿地起坡造型、屋顶花园基底处理
	栽植花木	栽植乔木、栽植灌木、栽植竹类、栽植棕榈类、栽植绿篱、栽植攀缘植物、栽植色带、栽植花卉、栽植水生植物、垂直墙体绿化种植、花卉立体布置、铺种草皮、喷播植草（灌木）籽、植草砖内植草、挂网、箱/钵栽植
	绿地喷灌	喷灌管线安装、喷灌配件安装
园路、园桥工程	园路、园桥工程	园路、踏（蹬）道、路牙铺设、树池围牙、盖板（箅子）、嵌草砖（格）铺装；桥基础；石桥墩、石桥台、拱券石；石券脸；金刚墙砌筑；石桥面铺筑；石桥面檐板；石汀步（步石、飞石）；木制步桥；栈道
	驳岸、护岸	石（卵石）砌驳岸、原木桩驳岸、满（散）铺砂卵石护岸（自然护岸）、点（散）布大卵石、框格花木护坡
园林景观工程	堆塑假山	堆筑土山丘、堆砌石假山、塑假山、石笋、点风景石、池石、盆景山、山（卵）石护角、山坡（卵）石台阶
	原木、竹构件	原木（带树皮）柱、梁、檩、椽；原木（带树皮）墙；树枝吊挂楣子；竹柱、梁、檩、椽；竹编墙；竹吊挂楣子
	亭廊屋面	草屋面、竹屋面、树皮屋面、油毡瓦屋面、预制混凝土穹顶、彩色压型钢板（夹芯板）攒尖亭屋面板、彩色压型钢板（夹芯板）穹顶、玻璃屋面、支（防腐木）屋面
	花架	现浇混凝土花架柱、梁；预制混凝土花架柱、梁；金属花架柱、梁；木花架柱、梁；竹花架柱、梁
	园林桌椅	预制钢筋混凝土飞来椅；水磨石飞来椅；竹制飞来椅；现浇混凝土桌凳；预制混凝土桌凳；石桌石凳；水磨石桌凳；塑树根桌凳；塑树节椅；塑料、铁艺、金属椅
	喷泉安装	喷泉管道、喷泉电缆、水下艺术装饰灯具、电气控制柜、喷泉设备
	杂项	石灯；石球；塑仿石音箱；塑树皮梁、柱；塑竹梁、柱；铁艺栏杆；塑料栏杆；钢筋混凝土艺术围栏；标志牌；景墙；景窗；花饰；博古架；花盆（坛箱）；摆花；花池、垃圾箱、砖石砌小摆设；其他景观小摆设；柔性水池

1.2 园林工程概预算

　　园林工程总概预算是指建设项目从筹建到竣工验收的全部建设费用。认真做好总概预算是关系到贯彻基本建设程序，合理组织施工，按时、按质、按量完成建设任务的重要环节，同时又是对建设工程进行财政监督、审计的重要依据，因此，做好概预算工作有着重要的意义。

1.2.1 园林工程概预算分类

　　园林工程概预算按不同的设计阶段和所起作用的不同及不同的编制依据可分为：设计概算、施工图预算和施工预算三种。

　　（1）设计概算　设计概算是初步设计文件的重要组成部分，是由设计单位在初步设计阶段或扩大初步设计阶段时，根据初步设计图纸或扩大初步设计图纸，按照各类工程概算定额和有关的费用定额等资料进行编制的。设计概算是控制工程投资、进行建设投资包干和编制年度建设计划的依据，也是促使设计人员对所设计项目负责，进行设计方案经济比较的依据，使其符合国家的经济技术指标，同时也是实行财政监督的依据。

　　（2）施工图预算　施工图预算是指在工程开工之前，由施工单位根据已批准的施工图纸，在既定的施工方案前提下，按照国家颁布的各类工程预算定额、单位估价表及各项费用的取费标准预先计算和确定工程造价的文件。施工图预算是建设单位和施工单位签订工程合同的主要依据，是拨付工程价款和竣工决算的主要依据，也是实行招投标和建设包干的主要依据，是施工单位安排施工计划、进行经济核算、考核工程成本的依据。

　　（3）施工预算　施工预算是施工单位内部编制的一种预算。在施工图预算的控制下，结合施工组织设计中的平面布置、施工方法、技术组织措施以及现场施工条件等因素编制而成的。

　　由于施工预算主要计算施工用工数及材料用量等，故主要编制工料分析，即根据工程量及定额来计算各个分部工程项目的用工数和各种材料的用量，以此来确定工料计划，下达生产任务书，指导生产。是施工企业内部实行定额管理、进行内部经济核算、签订内部承包合同的依据。

　　综上所述，概算和预算既有共同性又有各自的特性。表现在编制依据的定额、取费标准和价格的基础水平和标准是基本一致的，但也是相互制约的。概算控制预算，预算控制施工预算，三者都有独立的功能，在工程建设的不同阶段发挥各自的作用。

1.2.2 园林工程概预算费用组成

　　组成园林工程造价的各类费用，除定额直接费是按设计图纸和预算定额计算外，其他的费用项目，应根据国家及地区制定的费用定额及有关规定计算。一般都采用工程所在地区的统一定额。间接费额与预算定额一般应配套使用。

园林工程预算费用由直接费、间接费、计划利润、税金和其他费用五部分组成。

1.2.2.1 直接费

施工中直接用在工程上的各项费用的总和称为直接费。是根据施工图纸结合定额项目的划分，以每个工程项目的工作量乘以该工程项目的预算定额单价来计算的。直接费包括人工费、材料费、施工机械使用费和其他直接费。

（1）人工费　人工费是指列入预算定额的直接从事工程施工的生产工人的基本工资（定额中按平均日工资计）以及各类津贴补贴。

（2）材料费　材料费是指列入预算定额的所耗用的各种材料，构件、成品和半成品的用量以及周转性材料（脚手架、模板）的摊销量，按相应的预算价格计算的费用。

（3）施工机械使用费　施工机械使用费是指列入预算定额的施工机械台班量按相应的机械台班定额计算的费用，施工机械安装、拆除、进出场费和定额所列其他机械费。

（4）其他直接费　其他直接费是指定额中所规定的工作内容以外所发生的直接生产费用。内容包括冬、雨季施工增加费，夜间施工增加费，流动施工津贴，二次搬运费，检验试验费，场地清理费用等。

1.2.2.2 间接费

间接费是指施工企业在组织施工管理中，不直接发生在工程本身，而是间接为工程服务而发生的各项费用。间接费由施工管理费和其他间接费组成。

（1）施工管理费　施工管理费是指施工企业在组织工程施工中，用于管理的费用，是施工企业为完成建设项目共同性的费用。包括：管理人员、服务人员的工资，各类津贴费、差旅费、办公费、非生产性固定资产折旧费，低值易耗品费用、劳动保护及技术安全检查费用和其他费用等。由于不易摊入单位工程直接费，从而采取按国家有关部门规定的费率标准计取，编入建设工程费用中。

（2）其他间接费　其他间接费由临时设施费和劳保支出费组成。

临时设施费是为施工服务的临时建筑物和构筑物，即生产和生活所必需的设施，如临时宿舍、仓库、办公室、施工范围的临时道路、围墙、水、电管线等所花费的费用。

劳保支出费是指按劳保条例规定的退休职工的退休金、医药费和6个月以上的病假工资以及按职工工资总额提取的职工福利基金。

1.2.2.3 计划利润

计划利润是指施工企业按国家规定，在工程施工中向建设单位收取的利润，是施工企业职工为社会劳动所创造的那部分价值在建设工程造价中的体现。在社会主义市场经济体制下，企业参与市场的竞争，在规定的计划利润率范围内，可自行确定利润水平。

1.2.2.4 税金

税金是指由施工企业按国家规定计入建设工程造价内，由施工企业向税务部门缴纳的营业税、城市建设维护税及教育附加费。

1.2.2.5 其他费用

其他费用是指在现行规定内容中没有包括、但随着国家和地方各种经济政策的推行而在施工中不可避免所发生的费用，如各种材料价格与预算定额的差价，构配件增值税等。一般来讲，材料差价是由地方政府主管部门颁布的，以材料费或直接费乘以材料差价系数计算。

Chapter

2

园林工程造价构成与计算

2.1 工程造价概述

2.1.1 工程造价的概念

工程造价是指进行一个工程项目的建造所需要花费的全部费用，即从工程项目确定建设意向直至建成、竣工验收为止的整个建设期间所支出的总费用。它是保证工程项目建造正常进行的必要资金，是建设项目投资中最重要的部分。

对于任何一项园林工程，都可以根据设计图纸在施工前确定工程所需要的人工、机械和材料的数量、规格和费用，预先计算出该项工程的全部造价。

园林工程不同于一般的工业、民用建筑等工程。由于每项工程各具特色、风格各异、工艺要求也不尽相同，且项目零星、地点分散、工程量小、工作面大、花样繁多，又受气候条件的影响较大，因此，不可能用简单、统一的价格对园林产品进行精确的核算，必须根据设计文件的要求和园林绿化产品的特点，对园林工程事先从经济上加以计算，以便获得合理的工程造价，保证工程质量。

2.1.2　工程造价的计价特征

工程造价的计价特征包括：计价的单件性、计价的多次性、计价的组合性、计价方法的多样性、计价依据的复杂性。

(1) 计价的单件性　建设工程在生产上的单件性决定了在造价计算上的单件性，它不能像一般工业产品那样，可以按品种、规格成批地生产，统一定价，只能按照单件计价。国家或地区有关部门不能按各个工程逐件控制价格，只能就工程造价中各项费用项目的划分、工程造价构成的一般程序、概预算的编制方法、各种概预算定额和费用标准等做出统一性的规定，来做宏观性的价格控制。

(2) 计价的多次性　建设工程的生产过程是一个要经过可行性研究、设计、施工和竣工验收等多个阶段，周期较长的生产消费过程。为了适应工程建设各方建立合理的经济关系，方便进行工程项目管理，适应工程造价控制与管理的要求，需要对建设工程进行多次性计价。

总体来说，从投资估算、设计概算、施工图预算到招标承包合同价，再到各项工程的结算价和最后在结算价基础上编制的竣工决算，整个计价过程是一个由粗到细、由浅到深，经过多次计价最后达到工程实际造价的过程，计价过程各环节之间相互衔接，前者制约后者，后者补充前者。

(3) 计价的组合性　一个建设项目的总造价是由各个单项工程造价组成的，而各个单项工程造价又是由各个单位工程造价所组成的。各单位工程造价又是按分部工程、分项工程和相应定额、费用标准等进行计算得出的。可见，为确定一个建设项目的总造价，应首先计算各单位工程造价，再计算各单项工程造价，然后汇总成总造价。计价的过程充分体现了分部组合计价的特点。

(4) 计价方法的多样性　工程造价多次性计价有各不相同的计价依据，对造价的精确度要求也不相同，这就决定了计价方法的多样性。计算概、预算造价的方法有单价法和实物法等。计算投资估算的方法有设备系数法、生产能力指数估算法等。不同的方法利弊不同，适应条件也不同，计价时要根据具体情况加以选择。

(5) 计价依据的复杂性

影响造价的因素多、计价依据复杂、种类繁多，主要可分为以下七类：

① 计算设备和工程量的依据：项目建议书、可行性研究报告和设计文件等。

② 计算人工、材料、机械等实物消耗量的依据：投资估算指标、概算定额、预算定额等。

③ 计算工程单价的价格依据：人工单价、材料价格、材料运杂费和机械台班费等。

④ 计算设备单价的依据：设备原价、设备运杂费和进口设备关税等。

⑤ 计算措施费、间接费和工程建设其他费用的依据，主要是相关的费用定额和指标。

⑥ 政府规定的税费。

⑦ 物价指数和工程造价指数。

2.1.3 工程造价的职能

工程造价除一般商品价格职能以外，还具有自己特殊的职能，如：预测职能、控制职能、评价职能和调节职能等。

（1）预测职能 工程造价具有大额性和多变性，无论是投资者还是承包商都要对拟建工程进行预先测算。投资者预先测算工程造价不仅是项目决策的依据，同时也是筹集资金、控制造价的依据。承包商对工程造价的测算，既为投标决策提供依据，也为投标报价和成本管理提供依据。

（2）控制职能 工程造价的控制职能表现在两方面：一方面是它对投资的控制，即在投资的各个阶段，根据对造价的多次性预估，对造价进行全过程、多层次的控制；另一方面是对以承包商为代表的商品和劳务供应企业的成本控制。在价格一定的条件下，企业实际成本开支决定企业的盈利水平。成本越高，盈利越低。成本高于价格，就会危及企业的生存。因此，企业要以工程造价来控制成本，利用工程造价提供的信息资料作为控制成本的依据。

（3）评价职能 工程造价是评价总投资和分项投资合理性和投资效益的主要依据之一。评价土地价格、建筑安装产品以及设备价格的合理性时，就必须利用工程造价资料；在评价建设项目偿贷能力、获利能力以及宏观效益时，也要依据工程造价。工程造价也是评价建筑安装企业管理水平和经营成果的重要依据。

（4）调节职能 工程建设直接关系到经济的增长，也直接关系到国家重要资源的分配和资金流向，对国计民生都有着重大的影响。因此，国家对建设规模、结构进行宏观调节是在任何条件下都不可缺少的，对政府投资项目进行直接调控和管理也是非常必要的。这些都要通过工程造价来对工程建设中的物资消耗水平、建设规模、投资方向等进行调节。

2.1.4 我国现行工程造价的构成

建设项目投资含固定资产投资和流动资产投资两部分，建设项目总投资中的固定资产投资与建设项目的工程造价在量上相等。工程造价的构成按工程项目建设过程中各类费用支出或花费的性质、途径等来确定，工程造价的费用分解结构是通过费用划分和汇集形成的。工程造价是工程项目按照确定的建设内容、建设规模、建设标准、功能要求和使用要求等全部建成并验收合格交付使用所需的全部费用。

我国现行工程造价的具体构成内容如图 2-1 所示。

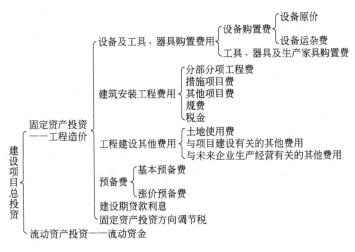

图 2-1　建设项目总投资构成内容

2.2 设备及工具、 器具购置费的构成与计算

设备购置费是为建设项目购置或自制的达到固定资产标准的各种国产或进口设备、工具、器具的购置费用；工具、器具及生产家具购置费是新建或扩建项目初步设计规定的，保证初期正常生产必须购置的没有达到固定资产标准的设备、仪器、工卡模具、器具、生产家具和备品备件等的购置费用。

2.2.1　设备购置费的构成及计算

设备购置费由设备原价和设备运杂费构成。

$$设备购置费＝设备原价＋设备运杂费 \qquad (2-1)$$

式中，设备原价是国产设备或进口设备的原价；设备运杂费是指除设备原价之外的关于设备采购、运输、途中包装及仓库保管等方面支出费用的总和。

2.2.1.1　国产设备原价的构成及计算

国产设备原价通常指的是设备制造厂的交货价或订货合同价。它通常根据生产厂或供应商的询价、报价、合同价确定，或采用一定的方法计算确定。国产设备原价包括国产标准设备原价和国产非标准设备原价。

（1）国产标准设备原价　国产标准设备是按照主管部门颁布的标准图纸及技术要求，由我国设备生产厂批量生产的、符合国家质量检测标准的设备。国产标准设备原价有带有备件的原价和不带备件的原价两种。在计算时，通常采用带有备件的原价。国产标准设备通常有完善的设备交易市场，所以可通过查询相关交易市场价格或向设备生产厂家询价得到国产标准设备原价。

（2）国产非标准设备原价　国产非标准设备是国家尚无定型标准，各设备生产厂不能在工艺过程中采用批量生产，只能按订货要求并根据具体的设计图纸制造的设备。非标准设备因为单件生产、无定型标准，所以无法获取市场交易价格，只能按其成本构成或者相关技术参数估算其价格。非标准设备原价有多种不同的计算方法，例如定额估价法、成本计算估价法、分部组合估价法以及系列设备插入估价法等。无论采用哪种方法都应该使非标准设备计价接近实际出厂价，并且计算方法要简单方便。估算非标准设备原价常用的方法是成本计算估价法。按成本计算估价法，非标准设备的原价由以下各项组成：

① 材料费。其计算公式如下：

$$材料费＝材料净重×(1＋加工损耗系数)×每吨材料综合价 \qquad (2-2)$$

② 加工费。加工费包括生产工人工资和工资附加费、燃料动力费、设备折旧费、车间经费等。其计算公式如下：

$$加工费＝设备总质量(t)×设备每吨加工费 \qquad (2-3)$$

③ 辅助材料费（简称辅材费）。辅材费包括焊条、焊丝、氧气、氩气、氮气、油漆、电石等费用。其计算公式如下：

$$辅助材料费＝设备总质量×辅助材料费指标 \qquad (2-4)$$

④ 专用工具费。按①～③项之和乘以一定百分比计算。

⑤ 废品损失费。按①～④项之和乘以一定百分比计算。

⑥ 外购配套件费。按设备设计图纸所列的外购配套件的名称、型号、规格、数量、质量，根据相应的价格加运杂费计算。

⑦ 包装费。按以上①～⑥项之和乘以一定百分比计算。

⑧ 利润。按①～⑤项加第⑦项之和乘以一定利润率计算。

⑨ 税金。主要指增值税，计算公式为：

$$增值税＝当期销项税额－进项税额 \qquad (2-5)$$
$$当期销项税额＝销售额×适用增值税率(\%) \qquad (2-6)$$

式中，销售额为①～⑧项之和。

⑩ 非标准设备设计费。按国家规定的设计费收费标准计算。

综上所述，单台非标准设备原价可用下面的公式表达：

$$单台非标准设备原价＝\{[(材料费＋加工费＋辅助材料费)×(1＋专用工具费率)×$$
$$(1＋废品损失费率)＋外购配套件费]×(1＋包装费率)－$$
$$外购配套件费\}×(1＋利润率)＋销项税额＋$$
$$非标准设备设计费＋外购配套件费 \qquad (2-7)$$

2.2.1.2　进口设备原价的构成及计算

进口设备的原价是进口设备的抵岸价，一般是由进口设备到岸价（CIF）及进口从属费构成。进口设备的到岸价，即抵达买方边境港口或者边境车站的价格。在国际贸易中，交易双方所使用的交货类别不同，则交易价格的构成内容也有所不同。进口从属费用包括银行财务费、外贸手续费、进口关税、消费税、进口环节增值税等，进口车辆还需缴纳车辆购置税。

（1）进口设备到岸价的构成及计算

进口设备到岸价(CIF)＝离岸价格(FOB)＋国际运费＋运输保险费

＝运费在内价(CFR)＋运输保险费　　　　(2-8)

① 货价。货价是装运港船上交货价（FOB）。设备货价分为原币货价和人民币货价，原币货价一律折算成美元表示，人民币货价按原币货价乘以外汇市场美元兑换人民币汇率中间价来确定。进口设备货价按有关生产厂商询价、报价、订货合同价计算。

② 国际运费。国际运费是从装运港（站）到达我国目的港（站）的运费。我国进口设备大部分采用海洋运输，小部分采用铁路运输，个别采用航空运输。进口设备国际运费计算公式为：

$$国际运费(海、陆、空)＝原币货价(FOB)×运费率(\%) \qquad (2-9)$$

$$国际运费(海、陆、空)＝单位运价×运量 \qquad (2-10)$$

式中，运费率或单位运价按照有关部门或进出口公司的规定执行。

③ 运输保险费。对外贸易货物运输保险是由保险人（保险公司）与被保险人（出口人或进口人）订立保险契约，在被保险人交付一定的保险费后，保险人根据保险契约的规定对货物在运输过程中发生的承保责任范围内的损失给予经济上的补偿。这是一种财产保险。计算公式为：

$$运输保险费＝\frac{原币货价(FOB)＋国外运费}{1－保险费率(\%)}×保险费率(\%) \qquad (2-11)$$

式中，保险费率按照保险公司规定的进口货物保险费率计算。

（2）进口从属费的构成及计算

$$进口从属费＝银行财务费＋外贸手续费＋关税＋消费税＋$$

$$进口环节增值税＋车辆购置税 \qquad (2-12)$$

① 银行财务费。银行财务费是在国际贸易结算中，中国银行为进出口商提供金融结算服务所收取的费用，可按下式简化计算：

$$银行财务费＝离岸价格(FOB)×人民币外汇汇率×银行财务费率(\%)$$

$$(2-13)$$

② 外贸手续费。外贸手续费是按对外经济贸易部规定的外贸手续费率计取的费用，外贸手续费率一般取 1.5%。计算公式为：

$$外贸手续费＝到岸价格(CIF)×人民币外汇汇率×外贸手续费率(\%)$$

$$(2-14)$$

③ 关税。关税是由海关对进出国境或关境的货物和物品征收的一种税。计算公式为：

$$关税＝到岸价格(CIF)×人民币外汇汇率×进口关税税率(\%) \qquad (2-15)$$

到岸价格作为关税的计征基数时，通常又可称为关税完税价格。进口关税税率分为优惠和普通两种。优惠税率适用于和我国签订关税互惠条款的贸易条约或协定的国家的进口设备；普通税率适用于和我国未签订关税互惠条款的贸易条约或协定的国家的进口设备。进口关税税率按照我国海关总署发布的进口关税税率计算。

④ 消费税。消费税仅对部分进口设备（例如轿车、摩托车等）征收，一般计算公式为：

$$应纳消费税税额=\frac{到岸价格(CIF)\times 人民币外汇汇率+关税}{1-消费税税率(\%)}\times 消费税税率(\%)$$

(2-16)

式中，消费税税率根据规定的税率计算。

⑤ 进口环节增值税。进口环节增值税是对从事进口贸易的单位和个人，在进口商品报关进口后征收的税种。我国增值税条例规定，进口应税产品均按组成计税价格和增值税税率直接计算应纳税额。即：

进口环节增值税额＝组成计税价格×增值税税率(%)   (2-17)

组成计税价格＝关税完税价格＋关税＋消费税   (2-18)

式中，增值税税率根据规定的税率计算。

⑥ 车辆购置税。进口车辆需缴进口车辆购置税。其公式如下：

进口车辆购置税＝(关税完税价格＋关税＋消费税)×车辆购置税率(%)

(2-19)

2.2.1.3 设备运杂费的构成及计算

（1）设备运杂费的构成

① 运费和装卸费。国产设备由设备制造厂交货地点起至工地仓库（或施工组织设计指定的需要安装设备的堆放地点）止所发生的运费和装卸费；进口设备则由我国到岸港口或边境车站起至工地仓库（或施工组织设计指定的需安装设备的堆放地点）止所发生的运费和装卸费。

② 包装费。在设备原价中没有包含的，为运输而进行的包装支出的各种费用。

③ 设备供销部门的手续费。按有关部门规定的统一费率计算。

④ 采购与仓库保管费。采购与仓库保管费是指采购、验收、保管和收发设备所发生的各种费用，包括设备采购人员、保管人员和管理人员的工资、工资附加费、办公费、差旅交通费，设备供应部门办公和仓库所占固定资产使用费、工具用具使用费、劳动保护费、检验试验费等。这些费用可按照主管部门规定的采购与保管费费率计算。

（2）设备运杂费的计算 设备运杂费的计算公式为：

设备运杂费＝设备原价×设备运杂费率(%)   (2-20)

2.2.2 工具、 器具及生产家具购置费的构成及计算

工具、器具及生产家具购置费是指新建或扩建项目初步设计规定的，保证初期正常生产必须购置的没有达到固定资产标准的设备、仪器、工卡模具、器具、生产家具和备品备件等的购置费用。一般以设备购置费为计算基数，按照部门或行业规定的工具、器具及生产家具费率计算。计算公式为：

工具、器具及生产家具购置费＝设备购置费×定额费率   (2-21)

2.3 建筑安装工程费的构成与计算

　　根据中华人民共和国住房和城乡建设部、财政部颁布的建标〔2013〕44号文件《建筑安装工程费用项目组成》规定，建筑安装工程费用项目按费用构成要素组成划分为人工费、材料费、施工机具使用费、企业管理费、利润、规费和税金。为指导工程造价专业人员计算建筑安装工程造价，将建筑安装工程费用按工程造价形成顺序划分为分部分项工程费、措施项目费、其他项目费、规费和税金。

2.3.1　建筑安装工程构成

2.3.1.1　按费用构成要素划分建筑安装工程费用项目

　　建筑安装工程费按照费用构成要素划分：由人工费、材料（包含工程设备，下同）费、施工机具使用费、企业管理费、利润、规费和税金组成。其中人工费、材料费、施工机具使用费、企业管理费和利润包含在分部分项工程费、措施项目费、其他项目费中，如图2-2所示。

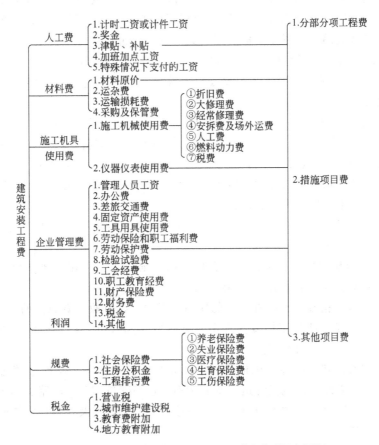

图 2-2　建筑安装工程费用项目组成（按费用构成要素划分）

（1）人工费 人工费指按工资总额构成规定，支付给从事建筑安装工程施工的生产工人和附属生产单位工人的各项费用。其内容主要包括：

① 计时工资或计件工资。是指按计时工资标准和工作时间或对已做工作按计件单价支付给个人的劳动报酬。

② 奖金。是指对超额劳动和增收节支支付给个人的劳动报酬。如节约奖、劳动竞赛奖等。

③ 津贴补贴。是指为了补偿职工特殊或额外的劳动消耗和因其他特殊原因支付给个人的津贴，以及为了保证职工工资水平不受物价影响支付给个人的物价补贴。如流动施工津贴、特殊地区施工津贴、高温（寒）作业临时津贴、高空津贴等。

④ 加班加点工资。是指按规定支付的在法定节假日工作的加班工资和在法定日工作时间外延时工作的加点工资。

⑤ 特殊情况下支付的工资。是指根据国家法律、法规和政策规定，因病、工伤、产假、计划生育假、婚丧假、事假、探亲假、定期休假、停工学习、执行国家或社会义务等原因按计时工资标准或计时工资标准的一定比例支付的工资。

（2）材料费 材料费指施工过程中耗费的原材料、辅助材料、构配件、零件、半成品或成品、工程设备的费用。其内容主要包括：

① 材料原价。是指材料、工程设备的出厂价格或商家供应价格。

② 运杂费。是指材料、工程设备自来源地运至工地仓库或指定堆放地点所发生的全部费用。

③ 运输损耗费。是指材料在运输装卸过程中不可避免的损耗。

④ 采购及保管费。是指为组织采购、供应和保管材料、工程设备的过程中所需要的各项费用。包括采购费、仓储费、工地保管费、仓储损耗。

工程设备是指构成或计划构成永久工程一部分的机电设备、金属结构设备、仪器装置及其他类似的设备和装置。

（3）施工机具使用费 施工机具使用费指施工作业所发生的施工机械、仪器仪表使用费或其租赁费。

① 施工机械使用费以施工机械台班耗用量乘以施工机械台班单价表示，施工机械台班单价应由下列七项费用组成：

a. 折旧费。指施工机械在规定的使用年限内，陆续收回其原值的费用。

b. 大修理费。指施工机械按规定的大修理间隔台班进行必要的大修理，以恢复其正常功能所需的费用。

c. 经常修理费。指施工机械除大修理以外的各级保养和临时故障排除所需的费用。包括为保障机械正常运转所需替换设备与随机配备工具附具的摊销和维护费用，机械运转中日常保养所需润滑与擦拭的材料费用及机械停滞期间的维护和保养费用等。

d. 安拆费及场外运费。安拆费指施工机械（大型机械除外）在现场进行安装与拆卸所需的人工、材料、机械和试运转费用以及机械辅助设施的折旧、搭设、拆除等费用；场外运费指施工机械整体或分体自停放地点运至施工现场或由一施工地点运至另一施工地点的运输、装卸、辅助材料及架线等费用。

e. 人工费。指机上司机（司炉）和其他操作人员的人工费。

f. 燃料动力费。指施工机械在运转作业中所消耗的各种燃料及水、电等。

g. 税费。指施工机械按照国家规定应缴纳的车船使用税、保险费及年检费等。

② 仪器仪表使用费是指工程施工所需使用的仪器仪表的摊销及维修费用。

（4）企业管理费　企业管理费指建筑安装企业组织施工生产和经营管理所需的费用。其内容主要包括：

① 管理人员工资。是指按规定支付给管理人员的计时工资、奖金、津贴补贴、加班加点工资及特殊情况下支付的工资等。

② 办公费。是指企业管理办公用的文具、纸张、账表、印刷、邮电、书报、办公软件、现场监控、会议、水电、烧水和集体取暖降温（包括现场临时宿舍取暖降温）等费用。

③ 差旅交通费。是指职工因公出差、调动工作的差旅费、住勤补助费、市内交通费和误餐补助费，职工探亲路费，劳动力招募费，职工退休、退职一次性路费，工伤人员就医路费，工地转移费以及管理部门使用的交通工具的油料、燃料等费用。

④ 固定资产使用费。是指管理和试验部门及附属生产单位使用的属于固定资产的房屋、设备、仪器等的折旧、大修、维修或租赁费。

⑤ 工具用具使用费。是指企业施工生产和管理使用的不属于固定资产的工具、器具、家具、交通工具和检验、试验、测绘、消防用具等的购置、维修和摊销费。

⑥ 劳动保险和职工福利费。是指由企业支付的职工退职金、按规定支付给离休干部的经费，集体福利费、夏季防暑降温、冬季取暖补贴、上下班交通补贴等。

⑦ 劳动保护费。是企业按规定发放的劳动保护用品的支出。如工作服、手套、防暑降温饮料以及在有碍身体健康的环境中施工的保健费用等。

⑧ 检验试验费。是指施工企业按照有关标准规定，对建筑以及材料、构件和建筑安装物进行一般鉴定、检查所发生的费用，包括自设试验室进行试验所耗用的材料等费用。不包括新结构、新材料的试验费，对构件做破坏性试验及其他特殊要求检验试验的费用和建设单位委托检测机构进行检测的费用，对此类检测发生的费用，由建设单位在工程建设其他费用中列支。但对施工企业提供的具有合格证明的材料进行检测不合格的，该检测费用由施工企业支付。

⑨ 工会经费。是指企业按《工会法》规定的全部职工工资总额比例计提的工会经费。

⑩ 职工教育经费。是指按职工工资总额的规定比例计提，企业为职工进行专业技术和职业技能培训，专业技术人员继续教育、职工职业技能鉴定、职业资格认定以及根据需要对职工进行各类文化教育所发生的费用。

⑪ 财产保险费。是指施工管理用财产、车辆等的保险费用。

⑫ 财务费。是指企业为施工生产筹集资金或提供预付款担保、履约担保、职工工资支付担保等所发生的各种费用。

⑬ 税金。是指企业按规定缴纳的房产税、车船使用税、土地使用税、印花税等。

⑭ 其他。包括技术转让费、技术开发费、投标费、业务招待费、绿化费、广告费、公证费、法律顾问费、审计费、咨询费、保险费等。

（5）利润　利润指施工企业完成所承包工程获得的盈利。

（6）规费　规费指按国家法律、法规规定，由省级政府和省级有关权力部门规定必须缴纳或计取的费用。其中包括：

① 社会保险费。

a. 养老保险费。指企业按照规定标准为职工缴纳的基本养老保险费。

b. 失业保险费。指企业按照规定标准为职工缴纳的失业保险费。

c. 医疗保险费。指企业按照规定标准为职工缴纳的基本医疗保险费。

d. 生育保险费。指企业按照规定标准为职工缴纳的生育保险费。

e. 工伤保险费。指企业按照规定标准为职工缴纳的工伤保险费。

② 住房公积金。指企业按规定标准为职工缴纳的住房公积金。

③ 工程排污费。指按规定缴纳的施工现场工程排污费。

其他应列而未列入的规费，按实际发生计取。

（7）税金　税金指国家税法规定的应计入建筑安装工程造价内的营业税、城市维护建设税、教育费附加以及地方教育附加。

2.3.1.2　按造价形式划分建筑安装工程费用项目

建筑安装工程费按照工程造价形式划分：由分部分项工程费、措施项目费、其他项目费、规费、税金组成，分部分项工程费、措施项目费、其他项目费包含人工费、材料费、施工机具使用费、企业管理费和利润，如图 2-3 所示。

（1）分部分项工程费　分部分项工程费指各专业工程的分部分项工程应予列支的各项费用。

① 专业工程。专业工程是指按现行国家计量规范划分的房屋建筑与装饰工程、仿古建筑工程、通用安装工程、市政工程、园林绿化工程、矿山工程、构筑物工程、城市轨道交通工程、爆破工程等各类工程。

② 分部分项工程。分部分项工程指按现行国家计量规范对各专业工程划分的项目。

各类专业工程的分部分项工程划分见现行国家或行业计量规范。

（2）措施项目费　措施项目费指为完成建设工程施工，发生于该工程施工前

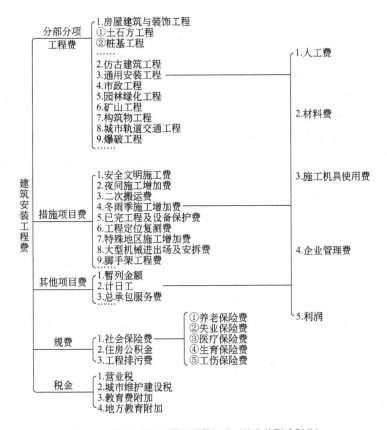

图 2-3 建筑安装工程费用项目组成（按造价形式划分）

和施工过程中的技术、生活、安全、环境保护等方面的费用。其内容主要包括：

① 安全文明施工费。

a. 环境保护费。环境保护费是指施工现场为达到环保部门要求所需要的各项费用。

b. 文明施工费。文明施工费是指施工现场文明施工所需要的各项费用。

c. 安全施工费。安全施工费是指施工现场安全施工所需要的各项费用。

d. 临时设施费。临时设施费是指施工企业为进行建设工程施工所必须搭设的生活和生产用的临时建筑物、构筑物和其他临时设施费用。包括临时设施的搭设、维修、拆除、清理费或摊销费等。

② 夜间施工增加费。夜间施工增加费是指因夜间施工所发生的夜班补助费、夜间施工降效、夜间施工照明设备摊销及照明用电等费用。

③ 二次搬运费。二次搬运费是指因施工场地条件限制而发生的材料、构配件、半成品等一次运输不能到达堆放地点，必须进行二次或多次搬运所发生的费用。

④ 冬雨季施工增加费。冬雨季施工增加费是指在冬季或雨季施工需增加的临时设施、防滑、排除雨雪、人工及施工机械效率降低等费用。

⑤ 已完工程及设备保护费。已完工程及设备保护费是指竣工验收前，对已完工程及设备采取的必要保护措施所发生的费用。

⑥ 工程定位复测费。工程定位复测费是指工程施工过程中进行全部施工测量放线和复测工作的费用。

⑦ 特殊地区施工增加费。特殊地区施工增加费是指工程在沙漠或其边缘地区、高海拔、高寒、原始森林等特殊地区施工增加的费用。

⑧ 大型机械设备进出场及安拆费。大型机械设备进出场及安拆费是指机械整体或分体自停放场地运至施工现场或由一个施工地点运至另一个施工地点，所发生的机械进出场运输及转移费用及机械在施工现场进行安装、拆卸所需的人工费、材料费、机械费、试运转费和安装所需的辅助设施的费用。

⑨ 脚手架工程费。脚手架工程费是指施工需要的各种脚手架搭、拆、运输费用以及脚手架购置费的摊销（或租赁）费用。

措施项目及其包含的内容详见各类专业工程的现行国家或行业计量规范。

（3）其他项目费

① 暂列金额。暂列金额是指建设单位在工程量清单中暂定并包括在工程合同价款中的一笔款项。用于施工合同签订时尚未确定或者不可预见的所需材料、工程设备、服务的采购、施工中可能发生的工程变更、合同约定调整因素出现时的工程价款调整以及发生的索赔、现场签证确认等的费用。

② 计日工。计日工是指在施工过程中，施工企业完成建设单位提出的施工图纸以外的零星项目或工作所需的费用。

③ 总承包服务费。总承包服务费是指总承包人为配合、协调建设单位进行的专业工程发包，对建设单位自行采购的材料、工程设备等进行保管以及施工现场管理、竣工资料汇总整理等服务所需的费用。

（4）规费　规费定义同2.3.1.1中（6）。

（5）税金　税金定义同2.3.1.1中（7）。

2.3.2　建筑安装工程费用参考计算方法

2.3.2.1　各费用构成要素参考计算方法

（1）人工费

公式1：

$$人工费＝\sum（工日消耗量×日工资单价）\tag{2-22}$$

$$日工资单价＝\frac{生产工人平均月工资（计时计件）＋平均月\left(奖金＋\begin{array}{c}津贴\\补贴\end{array}＋\begin{array}{c}特殊情况下\\支付的工资\end{array}\right)}{年平均每月法定工作日}\tag{2-23}$$

注：公式（2-22）主要适用于施工企业投标报价时自主确定人工费，也是工程造价管理机构编制计价定额确定定额人工单价或发布人工成本信息的参考依据。

公式2：

$$人工费＝\sum（工程工日消耗量×日工资单价）\tag{2-24}$$

注：公式（2-24）适用于工程造价管理机构编制计价定额时确定定额人工费，是施工企业投标报价的参考依据。

日工资单价是指施工企业平均技术熟练程度的生产工人在每工作日（国家法定工作时间内）按规定从事施工作业应得的日工资总额。

工程造价管理机构确定日工资单价应通过市场调查、根据工程项目的技术要求，参考实物工程量人工单价综合分析确定，最低日工资单价不得低于工程所在地人力资源和社会保障部门所发布的最低工资标准的：普工 1.3 倍、一般技工 2 倍、高级技工 3 倍。

工程计价定额不可只列一个综合工日单价，应根据工程项目技术要求和工种差别适当划分多种日人工单价，确保各分部工程人工费的合理构成。

（2）材料费

① 材料费：

$$材料费＝\sum(材料消耗量×材料单价) \tag{2-25}$$

$$材料单价＝\{(材料原价＋运杂费)×[1＋运输损耗率(\%)]\}× \\ [1＋采购保管费率(\%)] \tag{2-26}$$

② 工程设备费：

$$工程设备费＝\sum(工程设备量×工程设备单价) \tag{2-27}$$

$$工程设备单价＝(设备原价＋运杂费)×[1＋采购保管费率(\%)] \tag{2-28}$$

（3）施工机具使用费

① 施工机械使用费：

$$施工机械使用费＝\sum(施工机械台班消耗量×机械台班单价) \tag{2-29}$$

$$机械台班单价＝台班折旧费＋台班大修费＋台班经常修理费＋台班安拆费 \\ 及场外运费＋台班人工费＋台班燃料动力费＋台班车船税费 \tag{2-30}$$

注：工程造价管理机构在确定计价定额中的施工机械使用费时，应根据《建筑施工机械台班费用计算规则》结合市场调查编制施工机械台班单价。施工企业可以参考工程造价管理机构发布的台班单价，自主确定施工机械使用费的报价，如租赁施工机械，公式为：施工机械使用费＝$\sum$(施工机械台班消耗量×机械台班租赁单价)。

② 仪器仪表使用费：

$$仪器仪表使用费＝工程使用的仪器仪表摊销费＋维修费 \tag{2-31}$$

（4）企业管理费费率

① 以分部分项工程费为计算基础：

$$企业管理费费率(\%)＝\frac{生产工人年平均管理费}{年有效施工天数×人工单价}× \\ 人工费占分部分项工程费比例(\%) \tag{2-32}$$

② 以人工费和机械费合计为计算基础：

$$企业管理费费率(\%)＝\frac{生产工人年平均管理费}{年有效施工天数×(人工单价＋每工日机械使用费)}×100\%$$

$$\tag{2-33}$$

③ 以人工费为计算基础：

$$企业管理费费率(\%)=\frac{生产工人年平均管理费}{年有效施工天数\times人工单价}\times100\% \qquad (2-34)$$

注：上述公式适用于施工企业投标报价时自主确定管理费，是工程造价管理机构编制计价定额确定企业管理费的参考依据。

工程造价管理机构在确定计价定额中企业管理费时，应以定额人工费或（定额人工费＋定额机械费）作为计算基数，其费率根据历年工程造价积累的资料，辅以调查数据确定，列入分部分项工程和措施项目中。

（5）利润

① 施工企业根据企业自身需求并结合建筑市场实际自主确定，列入报价中。

② 工程造价管理机构在确定计价定额中利润时，应以定额人工费或（定额人工费＋定额机械费）作为计算基数，其费率根据历年工程造价积累的资料，并结合建筑市场实际确定，以单位（单项）工程测算，利润在税前建筑安装工程费的比重可按不低于 5％且不高于 7％的费率计算。利润应列入分部分项工程和措施项目中。

（6）规费

① 社会保险费和住房公积金。社会保险费和住房公积金应以定额人工费为计算基础，根据工程所在地省、自治区、直辖市或行业建设主管部门规定费率计算。

$$社会保险费和住房公积金=\Sigma(工程定额人工费\times$$
$$社会保险费和住房公积金费率) \qquad (2-35)$$

式中，社会保险费和住房公积金费率可以每万元发承包价的生产工人人工费和管理人员工资含量与工程所在地规定的缴纳标准综合分析取定。

② 工程排污费。工程排污费等其他应列而未列入的规费应按工程所在地环境保护等部门规定的标准缴纳，按实计取列入。

（7）税金　税金计算公式：

$$税金=税前造价\times综合税率(\%) \qquad (2-36)$$

综合税率：

① 纳税地点在市区的企业：

$$综合税率(\%)=\frac{1}{1-3\%-(3\%\times7\%)-(3\%\times3\%)-(3\%\times2\%)}-1$$

$$(2-37)$$

② 纳税地点在县城、镇的企业：

$$综合税率(\%)=\frac{1}{1-3\%-(3\%\times5\%)-(3\%\times3\%)-(3\%\times2\%)}-1$$

$$(2-38)$$

③ 纳税地点不在市区、县城、镇的企业：

$$综合税率(\%) = \frac{1}{1 - 3\% - (3\% \times 1\%) - (3\% \times 3\%) - (3\% \times 2\%)} - 1 \qquad (2\text{-}39)$$

④ 实行营业税改增值税的，按纳税地点现行税率计算。

2.3.2.2 建筑安装工程计价参考公式

（1）分部分项工程费

$$分部分项工程费 = \sum(分部分项工程量 \times 综合单价) \qquad (2\text{-}40)$$

式中，综合单价包括人工费、材料费、施工机具使用费、企业管理费和利润以及一定范围的风险费用（下同）。

（2）措施项目费

① 国家计量规范规定应予计量的措施项目，其计算公式为：

$$措施项目费 = \sum(措施项目工程量 \times 综合单价) \qquad (2\text{-}41)$$

② 国家计量规范规定不宜计量的措施项目计算方法如下：

a. 安全文明施工费：

$$安全文明施工费 = 计算基数 \times 安全文明施工费费率(\%) \qquad (2\text{-}42)$$

计算基数应为定额基价（定额分部分项工程费＋定额中可以计量的措施项目费）、定额人工费或（定额人工费＋定额机械费），其费率由工程造价管理机构根据各专业工程的特点综合确定。

b. 夜间施工增加费：

$$夜间施工增加费 = 计算基数 \times 夜间施工增加费费率(\%) \qquad (2\text{-}43)$$

c. 二次搬运费：

$$二次搬运费 = 计算基数 \times 二次搬运费费率(\%) \qquad (2\text{-}44)$$

d. 冬雨季施工增加费：

$$冬雨季施工增加费 = 计算基数 \times 冬雨季施工增加费费率(\%) \qquad (2\text{-}45)$$

e. 已完工程及设备保护费：

$$已完工程及设备保护费 = 计算基数 \times 已完工程及设备保护费费率(\%) \qquad (2\text{-}46)$$

上述 b～e 项措施项目的计费基数应为定额人工费或（定额人工费＋定额机械费），其费率由工程造价管理机构根据各专业工程特点和调查资料综合分析后确定。

（3）其他项目费

① 暂列金额由建设单位根据工程特点，按有关计价规定估算，施工过程中由建设单位掌握使用、扣除合同价款调整后如有余额，归建设单位。

② 计日工由建设单位和施工企业按施工过程中的签证计价。

③ 总承包服务费由建设单位在招标控制价中根据总包服务范围和有关计价规定编制，施工企业投标时自主报价，施工过程中按签约合同价执行。

（4）规费和税金　建设单位和施工企业均应按照省、自治区、直辖市或行业建设主管部门发布的标准计算规费和税金，不得作为竞争性费用。

2.3.2.3　相关问题的说明

① 各专业工程计价定额的编制及其计价程序，均按上述计算方法实施。

② 各专业工程计价定额的使用周期原则上为 5 年。

③ 工程造价管理机构在定额使用周期内，应及时发布人工、材料、机械台班价格信息，实行工程造价动态管理，如遇国家法律、法规、规章或相关政策变化以及建筑市场物价波动较大时，应适时调整定额人工费、定额机械费以及定额基价或规费费率，使建筑安装工程费能反映建筑市场实际。

④ 建设单位在编制招标控制价时，应按照各专业工程的计量规范和计价定额以及工程造价信息编制。

⑤ 施工企业在使用计价定额时除不可竞争费用外，其余仅作参考，由施工企业投标时自主报价。

2.3.3　建筑安装工程计价程序

建设单位工程招标控制价计价程序见表 2-1。

表 2-1　建设单位工程招标控制价计价程序

工程名称：　　　　　　　　　标段：

序号	内容	计算方法	金额/元
1	分部分项工程费	按计价规定计算	
1.1			
1.2			
1.3			
1.4			
1.5			
2	措施项目费	按计价规定计算	
2.1	其中:安全文明施工费	按规定标准计算	
3	其他项目费		
3.1	其中:暂列金额	按计价规定估算	
3.2	其中:专业工程暂估价	按计价规定估算	
3.3	其中:计日工	按计价规定估算	
3.4	其中:总承包服务费	按计价规定估算	
4	规费	按规定标准计算	
5	税金(扣除不列入计税范围的工程设备金额)	(1+ 2+ 3+ 4)×规定税率	

招标控制价合计 = 1+ 2+ 3+ 4+ 5

施工企业工程投标报价计价程序见表 2-2。

表 2-2 施工企业工程投标报价计价程序

工程名称： 标段：

序号	内容	计算方法	金额/元
1	分部分项工程费	自主报价	
1.1			
1.2			
1.3			
1.4			
1.5			
2	措施项目费	自主报价	
2.1	其中:安全文明施工费	按规定标准计算	
3	其他项目费		
3.1	其中:暂列金额	按招标文件提供金额计	
3.2	其中:专业工程暂估价	按招标文件提供金额计	
3.3	其中:计日工	自主报价	
3.4	其中:总承包服务费	自主报价	
4	规费	按规定标准计算	
5	税金(扣除不列入计税范围的工程设备金额)	(1+ 2+ 3+ 4)×规定税率	

投标报价合计= 1+ 2+ 3+ 4+ 5

竣工结算计价程序见表 2-3。

表 2-3 竣工结算计价程序

工程名称： 标段：

序号	内容	计算方法	金额/元
1	分部分项工程费	按合同约定计算	
1.1			
1.2			
1.3			
1.4			
1.5			
2	措施项目	按合同约定计算	
2.1	其中:安全文明施工费	按规定标准计算	
3	其他项目		
3.1	其中:专业工程结算价	按合同约定计算	
3.2	其中:计日工	按计日工签证计算	
3.3	其中:总承包服务费	按合同约定计算	
3.4	索赔与现场签证	按发承包双方确认数额计算	
4	规费	按规定标准计算	
5	税金(扣除不列入计税范围的工程设备金额)	(1+ 2+ 3+ 4)×规定税率	

竣工结算总价合计= 1+ 2+ 3+ 4+ 5

2.4 工程建设其他费用构成与计算

工程建设其他费用是指从工程筹建起到工程竣工验收交付使用止的整个建设期间，除建筑安装工程费用和设备、工器具购置费以外的，为保证工程建设顺利完成和交付使用后能够正常发挥效用而发生的一些费用。

工程建设其他费用，按其内容大体可分为三类：第一类为土地使用费，由于工程项目固定于一定地点与地面相连接，必须占用一定量的土地，也就必然要发生为获得建设用地而支付的费用；第二类是与项目建设有关的费用；第三类是与未来企业生产和经营活动有关的费用。

2.4.1 土地使用费

任何一个建设项目都固定于一定地点与地面相连接，必须占用一定量的土地，必然就要发生为获得建设用地而支付的费用，这就是土地使用费。土地使用费是指通过划拨方式取得土地使用权而支付的土地征用及迁移补偿费，或者通过土地使用权出让方式取得土地使用权而支付的土地使用权出让金。

2.4.1.1 土地征用及迁移补偿费

土地征用及迁移补偿费是指建设项目通过划拨方式取得无限期的土地使用权，依照《中华人民共和国土地管理法》等规定所支付的费用，其总和一般不得超过被征土地年产值的 20 倍，土地年产值则按该地被征用前 3 年的平均产量和国家规定的价格计算。其内容包括：土地补偿费；青苗补偿费和被征用土地上的房屋、水井、树木等附着物补偿费；安置补助费；缴纳的耕地占用税或城镇土地使用税、土地登记费及征地管理费等；征地动迁费；水利水电工程水库淹没处理补偿费。

2.4.1.2 取得国有土地使用费

取得国有土地使用费包括土地使用权出让金、城市建设配套费、拆迁补偿与临时安置补助费等。

2.4.2 与项目建设有关的其他费用

根据项目的不同，与项目建设有关的其他费用的构成也不尽相同，一般包括以下各项。在进行工程估算及概算中可根据实际情况进行计算。内容包括：建设单位管理费；勘察设计费；研究试验费；建设单位临时设施费；工程监理费；工程保险费；引进技术和进口设备其他费用；工程承包费。

2.4.3 与未来企业生产经营有关的其他费用

2.4.3.1 联合试运转费

联合试运转是指新建企业或改扩建企业在工程竣工验收前，按照设计的生产工艺流程和质量标准对整个企业进行联合试运转所发生的费用支出与联合试运转期间的收入部分的差额部分。联合试运转费用一般根据不同性质的项目按需进行试运转的工艺设备购置费的百分比计算。

2.4.3.2 生产准备费

生产准备费是指新建企业或新增生产能力的企业，为保证竣工交付使用进行必要的生产准备所发生的费用。

2.4.3.3 办公和生活家具购置费

办公和生活家具购置费是指为保证新建、改建、扩建项目初期正常生产、使用和管理所必须购置的办公和生活家具、用具的费用。

2.5 预备费、建设期贷款利息及调节税计算

2.5.1 预备费

2.5.1.1 基本预备费

基本预备费是指在初步设计及概算内难以预料的工程费用。基本预备费是按设备及工具、器具购置费，建筑安装工程费用和工程建设其他费用三者之和为计取基础，乘以基本预备费率进行计算。

$$基本预备费＝（设备及工具、器具购置费＋建筑安装工程费用＋$$
$$工程建设其他费用）×基本预备费率（\%） \tag{2-47}$$

式中，基本预备费率的取值应执行国家及有关部门的规定。

2.5.1.2 涨价预备费

涨价预备费是指建设项目在建设期间内由于价格等变化引起工程造价变化的预留费用。费用内容包括人工、设备、材料、施工机械的价差费；建筑安装工程费及工程建设其他费用调整；利率、汇率调整等增加的费用。

涨价预备的测算方法，一般根据国家规定的投资综合价格指数，按估算年份价格水平的投资额为基数，采用复利方法计算，计算公式为：

$$PF = \sum_{t=1}^{n} I_t \left[(1+f)^m (1+f)^{0.5} (1+f)^{n-1} - 1 \right] \tag{2-48}$$

式中　PF——涨价预备费；

　　n——建设期年份数；

　　I_t——建设期中第 t 年的投资计划额，包括工程费用、工程建设其他费用及基本预备费，即第 t 年的静态投资；

　　f——年均投资价格上涨率；

　　m——建设前期年限（从编制估算到开工建设，单位为年）。

【例 2-1】 某园林工程建设项目建设期拟定为 3 年，初期静态投资为 20500 万元。投资计划如下：第一年 6000 万元，第二年 10000 万元，第三年 4500 万元，年均投资价格上涨率为 6%，求该园林工程建设项目建设期间涨价预备费。（取 $m=1$）

【解】

第一年涨价预备费为：$PF_1 = I_1[(1+f)(1+f)^{0.5} - 1]$
$= 6000 \times (1.06^{1.5} - 1) = 548.04$（万元）

第二年涨价预备费为：$PF_2 = I_2[(1+f)(1+f)^{0.5}(1+f) - 1]$
$= 10000 \times (1.06^{2.5} - 1) = 1568.17$（万元）

第三年涨价预备费为：$PF_3 = I_3[(1+f)(1+f)^{0.5}(1+f)^2 - 1]$
$= 4500 \times (1.06^{3.5} - 1) = 1018.02$（万元）

建设期的涨价预备费为：$PF = 548.04 + 1568.17 + 1018.02 = 3134.23$（万元）

2.5.2 建设期贷款利息

为了筹措建设项目资金所发生的各项费用，包括工程建设期间投资贷款利息、企业债券发行费、国外借款手续费和承诺费、汇兑净损失及调整外汇手续费、金融机构手续费以及为筹措建设资金发生的其他财务费用等，统称财务费。其中最主要的是在工程项目建设期投资贷款而产生的利息。

建设期投资贷款利息是指建设项目使用银行或其他金融机构的贷款，在建设期应归还的借款的利息，可按下式计算：

$$q_j = \left(P_{j-1} + \frac{1}{2}A_j\right) \times i \qquad (2-49)$$

式中　q_j——建设期第 j 年应计利息；

P_{j-1}——建设期第 $(j-1)$ 年末贷款累计金额与利息累计金额之和；

A_j——建设期第 j 年贷款金额；

i——年利率。

【例 2-2】 某园林工程建设项目建设期拟定为 3 年，分年均衡进行贷款，第一年贷款 260 万元，第二年贷款 580 万元，第三年贷款 340 万元，年利率为 6.4%，建设期内利息只计息不支付，计算建设期利息。

【解】

在建设期，各年利息计算如下：

$$q_1 = \frac{1}{2}A_1 \times i = \frac{1}{2} \times 260 \times 6.4\% = 8.32 \text{（万元）}$$

$$q_2 = \left(P_1 + \frac{1}{2}A_2\right) \times i = \left(260 + 8.32 + \frac{1}{2} \times 580\right) \times 6.4\% = 35.73 \text{（万元）}$$

$$q_3 = \left(P_2 + \frac{1}{2}A_3\right) \times i = \left(260 + 8.32 + 580 + 35.73 + \frac{1}{2} \times 340\right) \times 6.4\%$$
$$= 67.46 \text{（万元）}$$

建设期利息：$q_1 + q_2 + q_3 = 8.32 + 35.73 + 67.46 = 111.51$（万元）

2.5.3 固定资产投资方向调节税

为了贯彻国家产业政策、控制投资规模、引导投资方向、调整投资结构、加强重点建设、促进国民经济稳定发展，国家将根据国民经济的运行趋势和全社会固定资产投资状况，对进行固定资产投资的单位和个人开征或暂缓征收固定资产投资方的调节税（该税征收对象不含中外合资经营企业、中外合作经营企业和外资企业）。

投资方向调节税根据国家产业政策和项目经济规模实行差别税率，各固定资产投资项目按其单位工程分别确定适用的税率。计税依据为固定资产投资项目实际完成的投资额，其中更新改造项目为建筑工程实际完成的投资额。投资方向调节税按固定资产投资项目的单位工程年度计划投资额预缴。年度终了后，按年度实际投资结算，多退少补。项目竣工后按全部实际投资进行清算，多退少补。

2.6 铺底流动资金计算

2.6.1 铺底流动资金的含义

铺底流动资金一般按项目建成后所需全部流动资金的30％计算，它是项目投产初期所需，为保证项目建成后进行试运转所必需的流动资金。

铺底流动资金是生产性建设项目总投资的一个组成部分。根据国有商业银行的规定，新上项目或更新改造项目主必须拥有30％的自有流动资金，其余部分主可申请贷款。另外，流动资金根据生产负荷投入，长期占用，全年计息。

2.6.2 铺底流动资金的估算编制方法

铺底流动资金是保证项目投产后，能进行正常生产经营所需要的最基本的周转资金数额，它是项目总投资中的组成部分之一。其计算公式为：

$$铺底流动资金＝流动资金×30％ \tag{2-50}$$

流动资金是指生产性项目投产后，为进行正常生产运营，用于购买原材料、燃料、支付工资福利和其他经费等所需要的周转资金，流动资金估算一般是参照现有同类企业的状况采用分项详细估算法，个别情况或者小型项目可采用扩大指标法。

（1）分项详细估算法　对计算流动资金需要掌握的流动资产和流动负债这两类因素应分别进行估算。在可行性研究中，为简化计算，仅对存货、现金、应收账款这三项流动资产和应付账款这项流动负债进行估算。

（2）扩大指标估算法　扩大指标估算法是指用营运资金的数额估算流动资金，公式如下：

$$流动资金额＝各种费用基数×相应的流动资金所占比例(或占营运资金的数额) \tag{2-51}$$

式中，各种费用基数是指年营业收入，年经营成本或年产量等。

Chapter
3

园林工程定额计价体系

3.1 工程定额计价概述

3.1.1 定额的概念

定额是指规定的额度或限额，它是一种标准，是一种对事、物、活动在时间、空间上的数量规定或数量尺度。定额反映着生产与生产消费之间的客观数量关系。定额不是某种社会经济形态的产物，不受社会政治、经济、意识形态的影响，不为某种社会制度所专有，它随生产力水平的提高自然地发生、发展、变化，是生产和劳动社会化的客观要求。

在园林工程施工过程中，为了完成每一单位产品的施工（生产）过程，就必需消耗一定数量的人力、物力（材料、工机具）和资金，但这些资源的消耗是随着生产因素及生产条件的变化而变化的。定额是在正常的施工生产条件下，完成单位合格产品所必需的人工、材料、施工机械设备及其资金消耗的数量标准。不同的产品有不同的质量要求，因此，不能把定额看成是单纯的数量关系，而应看成是质和量的统一体。考察个别生产过程中的因素不能形成定额，只有从考察总体生产过程中的各生产因素，归结出社会平均必需的数量标准，才能形成定额。同时，定额反映一定时期的社会生产力水平。

园林工程定额，按照传统意义上的定义，是指在正常施工条件下，完成园林工程中各分项工程单位合格产品或完成一定量的工作所必需的，而且是额定的人工、材料、机械设备的数量及其资金消耗（或额度）。

3.1.2 定额的作用

在园林工程管理中，确定和执行先进合理的定额是技术和经济管理工作中的重要环节。在工程项目的计划、设计和施工中，定额具有以下几方面的作用。

（1）定额是编制计划的基础 工程建设活动需要编制各种计划来组织与指导生产，而计划编制中又需要各种定额来作为计算人力、物力、财力等资源需要量的依据。定额是编制计划的重要基础。

（2）定额是确定工程造价的依据和评价设计方案经济合理性的尺度 工程造价是根据由设计规定的工程规模、工程数量及相应需要的劳动力、材料、机械设备消耗量及其他必须消耗的资金确定的。其中，劳动力、材料、机械设备的消耗量又是根据定额计算出来的。同时，建设项目投资的大小又反映了各种不同设计方案技术经济水平的高低。因此，定额又是比较和评价设计方案经济合理性的尺度。

（3）定额是组织和管理施工的工具 建筑企业要计算、平衡资源需要量、组织材料供应、调配劳动力、签发任务单、组织劳动竞赛、调动人的积极因素、考核工程消耗和劳动生产率、贯彻按劳分配工资制度、计算工人报酬等，都要利用定额。因此，从组织施工和管理生产的角度来说，企业定额又是建筑企业组织和管理施工的工具。

（4）定额是总结先进生产方法的手段 定额是在平均先进的条件下，通过对生产流程的观察、分析、综合等过程制定的，它可以最严格地反映出生产技术和劳动组织的先进合理程度。所以，我们就可以以定额方法为手段，对同一产品在同一操作条件下的不同的生产方法进行观察、分析和总结，从而得到一套比较完整、优良的生产方法，作为生产中推广的范例。

3.1.3 定额的分类

3.1.3.1 按不同生产要素分类

（1）劳动定额 劳动定额是施工企业内部使用的定额。它规定了在正常施工条件下，某工种某等级的工人或工人小组，生产单位合格产品所需消耗的劳动时间；或是在单位工作时间内生产合格产品的数量标准。前者称为时间定额，后者称为产量定额。

（2）材料消耗定额 材料消耗定额是施工企业内部使用的定额。它规定了在正常施工条件下，节约和合理使用条件下，生产单位合格产品所必需消耗的一定品种规格的原材料、半成品、成品和结构构件的数量标准。

（3）机械台班使用定额 机械台班使用定额用于施工企业。它规定了在正常施工条件下，利用某种施工机械，生产单位合格产品所必须消耗的机械工作时间；或者在单位时间内施工机械完成合格产品的数量标准。

3.1.3.2 按不同用途分类

（1）施工定额　施工定额主要用于编制施工预算，是施工企业管理的基础，施工定额一般由劳动定额、材料消耗定额、机械台班定额组成。

（2）预算定额　预算定额主要用于编制施工图预算，是确定一定计量单位的分项工程或结构构件的人工、材料、机械台班耗用量（及货币量）的数量标准。

（3）概算定额　概算定额主要用于编制设计概算，是确定一定计量单位的扩大分项工程的人工、材料、机械台班消耗量（及货币量）的数量标准。

（4）概算指标　概算指标主要用于估算或编制设计概算，是以每个建筑物或构筑物为对象，以"m^2"、"m^3"或"座"等计量单位规定人工、材料、机械台班耗用量的数量标准。

3.1.3.3 按编制单位和执行范围分类

（1）全国统一定额　由主管部门根据全国各专业的技术水平与组织管理状况而编制，在全国范围内执行的定额。

（2）地区定额　参照全国统一定额或根据国家有关规定编制，在本地区使用的定额，如各省、市、自治区的建筑工程预算定额等。

（3）企业定额　根据施工企业生产力水平和管理水平编制供内部使用的定额。

（4）临时定额　当现行的概预算定额不能满足需求时，根据具体情况补充的一次性使用定额。编制补充定额必须按有关规定执行。

3.2 园林工程施工定额

施工定额是以同一性质的施工过程或工序为测定对象，确定工人在正常施工条件下，为完成单位合格产品所需劳动、机械、材料消耗的数量标准。施工定额是施工企业直接用于工程施工管理的一种定额。施工定额由劳动定额、材料消耗定额和机械台班定额组成，是最基本的定额。

3.2.1 劳动定额

劳动定额又称人工定额，是建筑安装工人在正常的施工（生产）条件下、在一定的生产技术和生产组织条件下、在平均先进水平的基础上制定的。它表明每个建筑安装工人生产单位合格产品所必须消耗的劳动时间，或在单位时间所生产的合格产品的数量。

3.2.1.1 劳动定额的形式

劳动定额按照用途不同，可以分为时间定额和产量定额两种形式。

（1）时间定额　即某种专业（工种）、某种技术等级的工人小组或个人，在合理的劳动组合、合理的使用材料、合理的施工机械配合条件下，生产某一单位合格产品所必需的工作时间，包括准备与结束时间、基本生产时间、辅助生产时间、不可避免的中断时间以及工人必要的休息时间。

时间定额以工日为单位，每一工日按 8h 计算。其计算公式如下：

$$单位产品时间定额(工日) = \frac{1}{每工产量} \qquad (3-1)$$

或

$$单位产品时间定额(工日) = \frac{小组成员工日数总和}{台班产量} \qquad (3-2)$$

（2）产量定额　即在合理的劳动组合、合理的使用材料、合理的机械配合条件下，某种专业（工种）、某种技术等级的工人小组或个人，在单位工日中所完成的合格产品的数量。

产量定额依据时间定额计算，其计算公式如下：

$$每工产量 = \frac{1}{单位产品时间定额(工日)} \qquad (3-3)$$

或

$$台班产量 = \frac{小组成员工日数总和}{单位产品时间定额(工日)} \qquad (3-4)$$

产量定额的计量单位，通常以自然单位或物理单位来表示。例如台、套、个、米、平方米、立方米等。

产量定额的高低与时间定额成反比，两者互为倒数。生产某一单位合格产品所消耗的工时越少，则在单位时间内的产品产量就越高；反之就越低。

$$时间定额 \times 产量定额 = 1 \qquad (3-5)$$

时间定额和产量定额是同一个劳动定额量的不同表示方法，具有各自不同的用处。时间定额便于综合、计算总工日数、核算工资，所以劳动定额一般均采用时间定额的形式。产量定额便于施工班组分配任务、编制施工作业计划。

3.2.1.2 劳动定额的编制

（1）分析基础资料，拟定编制方案

① 影响工时消耗因素的确定。

a. 技术因素。包括完成产品的类别；材料、构配件的种类和型号等级；机械和机具的种类、型号和尺寸；产品质量等。

b. 组织因素。包括操作方法和施工的管理与组织；工作地点的组织；人员组成和分工；工资与奖励制度；原材料和构配件的质量及供应的组织；气候条件等。

② 计时观察资料的整理。对每次计时观察的资料进行整理之后，要对整个施工过程的观察资料进行系统地分析、研究和整理。

整理观察资料的方法大多采用平均修正法。它是一种在对测时数列进行修正的基础上，求出平均值的方法。修正测时数列，就是剔除或修正那些偏高、偏低的可疑数值。目的是保证不受那些偶然性因素的影响。

若测时数列受到产品数量的影响，采用加权平均值则是比较适当的。因为采用加权平均值可在计算单位产品工时消耗时，考虑到每次观察中产品数量变化的影响，从而使我们也能获得可靠的值。

③ 日常积累资料的整理和分析。日常积累的资料主要有四类。

a. 现行定额的执行情况及存在问题的资料。

b. 企业和现场补充定额资料。例如因现行定额漏项而编制的补充定额资料，因解决采用新技术、新结构、新材料和新机械而产生的定额缺项所编制的补充定额资料。

c. 已采用的新工艺和新的操作方法的资料。

d. 现行的施工技术规范、操作规程、安全规程和质量标准等。

④ 拟定定额的编制方案。编制方案的内容包括以下几项：

a. 提出对拟编定额的定额水平总的设想。

b. 拟定定额分章、分节、分项的目录。

c. 选择产品和人工、材料、机械的计量单位。

d. 设计定额表格的形式和内容。

（2）确定正常的施工条件

① 拟定工作地点的组织。拟定工作地点的组织时，要特别注意使人在操作时不受妨碍，所使用的工具和材料应按使用顺序放置于工人最便于取用的地方，以减少疲劳和提高工作效率，工作地点应保持清洁和秩序井然。

② 拟定工作组成。拟定工作组成就是将工作过程按照劳动分工的可能划分为若干工序，以达到合理使用技术工人。可以采用两种基本方法：一种是把工作过程中简单的工序，划分给技术熟练程度较低的工人去完成；一种是分出若干个技术程度较低的工人，去帮助技术程度较高的工人工作。采用后一种方法就把个人完成的工作过程，变成小组完成的工作过程。

③ 拟定施工人员编制。拟定施工人员编制即确定小组人数、技术工人的配备，以及劳动的分工和协作。原则是使每个工人都能充分发挥作用，均衡地担负工作。

（3）确定劳动定额消耗量的方法　时间定额是在拟定基本工作时间、辅助工作时间、不可避免中断时间、准备与结束的工作时间以及休息时间的基础上制定的。

① 拟定基本工作时间。基本工作时间在必需消耗的工作时间中占的百分比最大。在确定基本工作时间时，必须细致、精确。基本工作时间消耗一般应根据计时观察资料来确定。其做法是，首先确定工作过程每一组成部分的工时消耗，然后再综合出工作过程的工时消耗。如果组成部分的产品计量单位和工作过程的产品计量单位不符，就需先求出不同计量单位的换算系数，进行产品计量单位的换算，然后再相加，求得工作过程的工时消耗。

② 拟定辅助工作时间和准备与结束工作时间。辅助工作和准备与结束工作时间的确定方法与基本工作时间相同。但是，若这两项工作时间在整个工作班工作时间消耗中所占百分比不超过 5%～6%，则可归纳为一项，以工作过程的计量单位表示，确定出工作过程的工时消耗。

若在计时观察时不能取得足够的资料，也可采用工时规范或经验数据来确定。若具有现行的工时规范，可以直接利用工时规范中规定的辅助和准备与结束工作时间的百分比来计算。

③ 拟定不可避免的中断时间。在确定不可避免中断时间的定额时，必须注意由工艺特点所引起的不可避免中断才可列入工作过程的时间定额。

不可避免中断时间也需要根据测时资料通过整理分析获得，也可以根据经验数据或工时规范，以占工作日的百分比表示此项工时消耗的时间定额。

④ 拟定休息时间。休息时间应根据工作班作息制度、经验资料、计时观察资料，以及对工作的疲劳程度作全面分析来确定。同时，应考虑尽可能利用不可避免中断时间作为休息时间。

从事不同工作的工人，疲劳程度有很大差别。为了合理确定休息时间，往往要对从事各种工作的工人进行观察、测定，以及进行生理和心理方面的测试，以便确定其疲劳程度。国内外往往按工作轻重和工作条件好坏，将各种工作划分为不同的级别。例如我国某地区工时规范将体力劳动分为六类：最沉重、沉重、较重、中等、较轻、轻便，见表 3-1。

表 3-1　休息时间占工作日的百分比

疲劳程度	轻便	较轻	中等	较重	沉重	最沉重
等级	1	2	3	4	5	6
占工作日百分比/%	4.16	6.25	8.33	11.45	16.7	22.9

划分出疲劳程度的等级，就可以合理规定休息需要的时间。

⑤ 拟定定额时间。确定的基本工作时间、辅助工作时间、准备与结束工作时间、不可避免中断时间和休息时间之和，就是劳动定额的时间定额。根据时间定额可计算出产量定额，时间定额和产量定额互成倒数。

利用工时规范，可以计算劳动定额的时间定额。计算公式是：

$$作业时间＝基本工作时间＋辅助工作时间 \tag{3-6}$$

$$规范时间＝准备与结束工作时间＋不可避免的中断时间＋休息时间 \tag{3-7}$$

$$工序作业时间＝基本工作时间＋辅助工作时间＝基本工作时间/(1－辅助时间) \tag{3-8}$$

$$定额时间＝\frac{作业时间}{1－规范时间} \tag{3-9}$$

【例 3-1】　某人工挖土方工程，土壤为潮湿的黏性土，属于二类土（普通土）。通过计时观察资料得知：挖 $1m^3$ 的基本工作时间为 6h，辅助工作时间占工序作业时间的 2%。准备与结束工作时间占工作延续时间 3%，不可避免中断时间占 2%，休息时间占 20%，试计算时间定额和产量定额。

【解】

基本工作时间＝6h＝0.75 工日/m^3

工序作业时间＝0.75/(1－2％)≈0.765(工日/m³)

时间定额＝0.765/(1－3％－2％－20％)≈1.02(工日/m³)

产量定额＝1/1.02＝0.98(m³)

3.2.2 机械台班使用定额

机械台班使用定额是在正常施工条件，以及合理的劳动组织和合理使用机械的条件下，完成单位合格产品或某项工作所必需的机械工作时间，包括准备与结束时间、基本工作时间、辅助工作时间、不可避免的中断时间以及使用机械的工人生理需要与休息时间。

3.2.2.1 机械台班使用定额的表现形式

机械台班使用定额的形式按其表现形式不同，可分为时间定额和产量定额。

(1) 机械时间定额 机械时间定额是指在合理的劳动组织与合理使用机械的条件下，完成单位合格产品所必需的工作时间，包括有效工作时间（正常负荷下的工作时间和降低负荷下的工作时间）、不可避免的中断时间、不可避免的无负荷工作时间。机械时间定额以"台班"表示，即一台机械工作一个作业班时间。一个作业班时间为8h。

$$单位产品机械时间定额(台班)＝\frac{1}{台班产量} \quad (3\text{-}10)$$

由于机械必须由工人小组配合，所以完成单位合格产品的时间定额的同时列出人工时间定额。即

$$单位产品人工时间定额(工日)＝\frac{小组成员总人数}{台班产量} \quad (3\text{-}11)$$

(2) 机械产量定额 机械产量定额是指在合理的劳动组织与合理使用机械条件下，机械在每个台班时间内应完成合格产品的数量。机械时间定额和机械产量定额互为倒数关系。

复式表示法有如下形式：

$$\frac{人工时间定额}{机械台班产量}或\frac{人工时间定额}{机械台班产量}\bigg|台班车次 \quad (3\text{-}12)$$

3.2.2.2 机械台班使用定额的编制

(1) 确定正常的施工条件 拟定机械工作正常条件，主要是拟定工作地点的合理组织和合理的工人编制。

工作地点的合理组织，就是对施工地点机械和材料的放置位置、工人从事操作的场所，做出科学合理的平面布置和空间安排。它要求施工机械和操纵机械的工人在最小范围内移动，但是又不阻碍机械运转和工人操作；应使机械的开关和操纵装置尽可能集中地装置在操纵工人的近旁，以节省工作时间和减轻劳动强度；应最大限度发挥机械的效能，减少工人的手工操作。

拟定合理的工人编制，就是根据施工机械的性能和设计能力、工人的专业分工和劳动工效，合理确定操纵机械的工人和直接参加机械化施工过程的工人的编

制人数。它应要求保持机械的正常生产率和工人正常的劳动工效。

（2）确定机械1h纯工作正常生产率　确定机械正常生产率时，必须首先确定出机械纯工作1h的正常生产率。

机械纯工作时间是机械的必需消耗时间。机械1h纯工作正常生产率，是在正常施工组织条件下，具有必需的知识和技能的技术工人操纵机械1h的生产率。

根据机械工作特点的不同，机械1h纯工作正常生产率的确定方法，也有所不同。对于循环动作机械，确定机械纯工作1h正常生产率的计算公式如下。

$$\frac{机械一次循环的}{正常延续时间} = \sum\left(\frac{循环各组成部分}{正常延续时间}\right) - 交叠时间 \tag{3-13}$$

$$\frac{机械纯工作1h}{循环次数} = \frac{60\times60(s)}{一次循环的正常延续时间} \tag{3-14}$$

$$\frac{机械纯工作1h}{正常生产率} = \frac{机械纯工作1h}{正常循环次数}\times\frac{一次循环生产}{的产品数量} \tag{3-15}$$

对于连续动作机械，确定机械纯工作1h正常生产率要根据机械的类型和结构特征，以及工作过程的特点来进行。计算公式如下：

$$连续动作机械纯工作1h正常生产率 = \frac{工作时间内生产的产品数量}{工作时间(h)} \tag{3-16}$$

工作时间内的产品数量和工作时间的消耗，要通过多次现场观察和机械说明书来取得数据。

对于同一机械进行作业属于不同的工作过程，例如挖掘机所挖土壤的类别不同，碎石机所破碎的石块硬度和粒径不同，均需分别确定其纯工作1h的正常生产率。

（3）确定施工机械的正常利用系数　它是机械在工作班内对工作时间的利用率。机械的利用系数和机械在工作班内的工作状况有着密切的关系。所以，要确定机械的正常利用系数，首先要拟定机械工作班的正常工作状况，保证合理利用工时。

确定机械正常利用系数，要计算工作班正常状况下准备与结束工作、机械启动、机械维护等工作所必需消耗的时间，以及机械有效工作的开始与结束时间。从而进一步计算出机械在工作班内的纯工作时间和机械正常利用系数。机械正常利用系数的计算公式如下：

$$机械正常利用系数 = \frac{机械在一个工作班内纯工作时间}{一个工作班延续时间(8h)} \tag{3-17}$$

（4）计算施工机械台班定额　它是编制机械定额工作的最后一步。在确定了机械工作正常条件、机械1h纯工作正常生产率和机械正常利用系数之后，采用下列公式计算施工机械的产量定额：

施工机械台班产量定额＝机械1h纯工作正常生产率×工作班纯工作时间

$$\tag{3-18}$$

或者

$$施工机械台班产量定额＝机械1h纯工作正常生产率×$$
$$工作班延续时间×机械正常利用系数$$

$$(3-19)$$

$$施工机械时间定额＝\frac{1}{机械台班产量定额指标}$$

$$(3-20)$$

【例3-2】 某工程施工现场，混凝土搅拌机的出料容量为700L，每一次装料、搅拌、卸料、中断循环工作时，需要的时间分别为1min、3min、1min、1min，该机械的正常利用系数为0.95，求该机械的台班产量定额。

【解】

该搅拌机一次循环的正常延续时间＝1＋3＋1＋1＝6(min)＝0.1(h)

该搅拌机纯工作1h循环次数＝10次

该搅拌机纯工作1h正常生产率＝10×700＝7000(L)＝7(m³)

该搅拌机台班产量定额＝7×8×0.95＝53.2(m³/台班)

3.2.3 材料消耗定额

材料消耗定额是在正常的施工（生产）条件下，在节约和合理使用材料的情况下，生产单位合格产品所必需消耗的一定品种、规格的材料、半成品、配件等的数量标准。材料消耗定额是编制材料需要量计划、运输计划、供应计划、计算仓库面积、签发限额领料单和经济核算的根据。制定合理的材料消耗定额，是组织材料的正常供应、保证生产顺利进行，以及合理利用资源，减少积压、浪费的必要前提。

3.2.3.1 施工中材料消耗的组成

施工中材料的消耗，可分为必需的材料消耗和损失的材料两类性质。

必需消耗的材料，是在合理用料的条件下，生产合格产品所需消耗的材料。它包括：直接用于建筑和安装工程的材料；不可避免的施工废料；不可避免的材料损耗。

必须消耗的材料属于施工正常消耗，是确定材料消耗定额的基本数据。其中：直接用于建筑和安装工程的材料，编制材料净用量定额；不可避免的施工废料和材料损耗，编制材料损耗定额。

材料各种类型的损耗之和称为材料损耗量，除去损耗量之后净用于工程实体上的数量称为材料净用量，材料净用量与材料损耗量之和称为材料总消耗量，损耗量与总消耗量之比称为材料损耗率，总消耗量亦可用下式计算。

$$总消耗量＝\frac{净用量}{1-损耗率(\%)}$$

$$(3-21)$$

3.2.3.2 材料消耗定额的制定方法

（1）观测法 观测法也称现场测定法，是在合理使用材料的条件下，在施工现场按一定程序对完成合格产品的材料耗用量进行测定，通过分析、整理，最后得出一定的施工过程单位产品的材料消耗定额。

利用现场测定法主要是编制材料损耗定额，也可以提供编制材料净用量定额的数据。其优点是能通过现场观察、测定，取得产品产量和材料消耗的情况，为编制材料定额提供技术根据。

观测法的首要任务是选择典型的工程项目，其施工技术、组织及产品质量，均要符合技术规范的要求；材料的品种、型号、质量也应符合设计要求；产品检验合格，操作工人能合理使用材料和保证产品质量。

在观测前要充分做好准备工作，例如选用标准的运输工具和衡量工具，采取减少材料损耗的措施等。

观测的结果，要取得材料消耗的数量和产品数量的数据资料。

观测法是在现场实际施工中进行的。观测法的优点是真实可靠，能发现一些问题，也能消除一部分消耗材料不合理的浪费因素。但是，用这种方法制定材料消耗定额，由于受到一定的生产技术条件和观测人员的水平等限制，仍然不能把所消耗材料不合理的因素都揭露出来。同时，也有可能把生产和管理工作中的某些与消耗材料有关的缺点保存下来。

对观测取得的数据资料要进行分析研究，区分哪些是合理的，哪些是不合理的，哪些是不可避免的，以制定出在一般情况下都可以达到的材料消耗定额。

（2）试验法　试验法是在材料试验室中进行试验和测定数据。例如，以各种原材料为变量因素，求得不同强度等级混凝土的配合比，从而计算出每立方米混凝土的各种材料耗用量。

利用试验法，主要是编制材料净用量定额。通过试验，能够对材料的结构、化学成分和物理性能以及按强度等级控制的混凝土、砂浆配比做出科学的结论，为编制材料消耗定额提供有技术根据的、比较精确的计算数据。

但是，试验法不能取得在施工现场实际条件下，由于各种客观因素对材料耗用量影响的实际数据。

试验室试验必须符合国家有关标准规范，计量要使用标准容器和称量设备，质量要符合施工与验收规范要求，以保证获得可靠的定额编制依据。

（3）统计法　统计法是通过对现场进料、用料的大量统计资料进行分析计算，获得材料消耗的数据。该方法由于不能分清材料消耗的性质，因而不能作为确定材料净用量定额和材料损耗定额的精确依据。

对积累的各分部分项工程结算的产品所耗用材料的统计分析，是根据各分部分项工程拨付材料数量、剩余材料数量及总共完成产品数量来进行计算。

采用统计法，必须要保证统计和测算的耗用材料和相应产品一致。在施工现场中的某些材料，往往难以区分用在各个不同部位上的准确数量。所以，要有意识地加以区分，才能得到有效的统计数据。

用统计法制定材料消耗定额一般采取以下两种方法。

① 经验估算法。指以有关人员的经验或以往同类产品的材料实耗统计资料

为依据，通过研究分析并考虑有关影响因素的基础上制定材料消耗定额的方法。

② 统计法。是对某一确定的单位工程拨付一定的材料，待工程完工后，根据已完产品数量和领、退材料的数量，进行统计和计算的一种方法。该方法的优点是不需要专门人员测定和实验。由统计得到的定额有一定的参考价值，但其准确程度较差，应对其分析研究后才能采用。

(4) 理论计算法　理论计算法是根据施工图，运用一定的数学公式，直接计算材料耗用量。计算法只能计算出单位产品的材料净用量，材料的损耗量仍要在现场通过实测取得。采用这种方法必须对工程结构、图纸要求、材料特性和规格、施工及验收规范、施工方法等先进行了解和研究。计算法适宜于不易产生损耗，且容易确定废料的材料，例如木材、钢材、砖瓦、预制构件等材料。因为这些材料根据施工图纸和技术资料从理论上都可以计算出来，不可避免的损耗也有一定的规律可找。

理论计算法是材料消耗定额制定方法中比较先进的方法。但是，用该方法制定材料消耗定额，要求掌握一定的技术资料和各方面的知识，以及有较丰富的现场施工经验。

3.2.3.3　周转性材料消耗量的计算

在编制材料消耗定额时，某些工序定额、单项定额和综合定额中涉及到周转材料的确定和计算。例如劳动定额中的架子工程、模板工程等。

周转性材料在施工过程中不属于通常的一次性消耗材料，而是可多次周转使用，经过修理、补充才逐渐消耗尽的材料。例如模板、钢板桩、脚手架等，实际上它也是作为一种施工工具和措施。在编制材料消耗定额时，应按多次使用、分次摊销的办法确定。

周转性材料消耗的定额量是每使用一次摊销的数量，其计算必须考虑一次使用量、周转使用量、回收价值和摊销量之间的关系。

(1) 一次使用量　指周转性材料一次使用的基本量，即一次投入量。周转性材料的一次使用量根据施工图计算，其用量与各分部分项工程部位、施工工艺和施工方法有关。

(2) 周转使用量　指周转性材料在周转使用和补损的条件下，每周转一次的平均需用量，根据一定的周转次数和每次周转使用的损耗量等因素来确定。

周转次数是指周转性材料从第一次使用起可重复使用的次数。它与不同的周转性材料、使用的工程部位、施工方法及操作技术有关。正确规定周转次数，对准确计算用料、加强周转性材料管理和经济核算起着重要作用。

为了使周转材料的周转次数确定接近合理，应根据工程类型和使用条件，采用各种测定手段进行实地观察，结合有关的原始记录、经验数据加以综合取定。影响周转次数的主要因素有以下几方面：

① 材质及功能对周转次数的影响，如金属制的周转材料比木制的周转次数多10倍，甚至百倍。

② 使用条件的好坏，对周转材料使用次数的影响。

③ 施工速度的快慢，对周转材料使用次数的影响。

④ 对周转材料的保管、保养和维修的好坏，也对周转材料使用次数有影响等。

确定出最佳的周转次数，是十分不容易的。

损耗量是周转性材料使用一次后由于损坏而需补损的数量，故在周转性材料中又称"补损量"，按一次使用量的百分数计算。该百分数即为损耗率。

（3）周转回收量　指周转性材料在周转使用后除去损耗部分的剩余数量，即尚可以回收的数量。

（4）周转性材料摊销量　指完成一定计量单位产品，一次消耗周转性材料的数量。其计算公式为：

$$材料的摊销量＝一次使用量×摊销系数 \tag{3-22}$$

式中，

$$一次使用量＝材料的净用量×[1－材料损耗率(\%)] \tag{3-23}$$

$$摊销系数＝\frac{周转使用系数－\{[1－损耗率(\%)]×回收价值率(\%)\}}{周转次数×100\%} \tag{3-24}$$

$$周转使用系数＝\frac{(周转次数－1)×损耗率(\%)}{周转次数×100\%} \tag{3-25}$$

$$回收价值率＝\frac{一次使用量×[1－损耗率(\%)]}{周转次数×100\%} \tag{3-26}$$

【例 3-3】　某墙面镶贴瓷砖工程，瓷砖规格为 $160mm×160mm×5mm$，采用1:1水泥砂浆，结合层厚度为 $10mm$，灰缝宽为 $2mm$，试计算每 $200m^2$ 瓷砖墙面中瓷砖和砂浆的消耗量（假设瓷砖损耗率为 1.5%，砂浆损耗率为 1%）。

【解】

$$每 200m^2 瓷砖墙面中瓷砖的净用量＝\frac{200}{(0.16＋0.002)×(0.16＋0.002)}$$
$$＝7620.79(块)$$

每 $200m^2$ 瓷砖墙面中瓷砖的总消耗量＝$7620.79×(1＋1.5\%)≈7735(块)$

每 $200m^2$ 瓷砖墙面中结合层砂浆净用量＝$200×0.01＝2(m^3)$

每 $200m^2$ 瓷砖墙面中灰缝砂浆净用量＝$[200－(7620.79×0.16×0.16)]×$
$$0.005≈0.025(m^3)$$

每 $200m^2$ 瓷砖墙面中水泥砂浆净用量＝$(2＋0.025)×(2＋1\%)≈4.07(m^3)$

3.3 园林工程预算定额

3.3.1　预算定额的概念与作用

园林工程预算定额是指在正常的施工技术和组织条件下，规定完成园林工程一定计量单位的分项工程或结构构件所必需的人工（工日）、材料、机械（台班）以及资金合理消耗的量价合一的计价标准。

　　园林工程预算定额是由国家主管部门或被授权单位组织编制并颁发的一种参考性指标，它规定了行业平均的必要劳动量和工程内容、质量和安全要求，是一项重要的经济法规。定额中的各项指标反映了国家对完成单位产品基本构造要素（即每一单位分项工程或结构构件）所规定的人工、材料、机械台班等消耗的数量限额。其作用如下：

　　① 编制地区单位估价表的依据。

　　② 编制园林工程施工图预算、合理确定工程造价的依据。

　　③ 建设工程招标、投标中确定标底和标价的重要依据。

　　④ 编制施工组织设计，确定劳动力、建筑材料成品和施工机械台班需用量的依据。

　　⑤ 建设单位和建设银行拨付工程价款、建设资金贷款和竣工结算的依据。

　　⑥ 施工企业贯彻经济核算，进行经济活动分析的依据。

　　⑦ 设计部门对设计方案进行技术经济分析的工具。

　　总之，编制和执行好预算定额，充分发挥其作用，对于合理确定工程造价、推行招标承包制为中心的经济责任制、监督基本建设投资的合理使用、促进经济核算、改善企业经营管理、降低工程成本、提高经济效益，具有十分重要的现实意义。

3.3.2　预算定额的编制依据

　　编制预算定额要以施工定额为基础，并且和现行的各种规范、技术水平、管理方法相匹配，主要的编制依据有：

　　① 现行的劳动定额和施工定额。预算定额以现行的劳动定额和施工定额为基础编制。预算定额中人工、材料和机械台班的消耗水平需要根据劳动定额或施工定额取定。预算定额计量单位的选择，也要以施工定额为参考，从而保证两者的协调性和可比性。

　　② 现行设计规范、施工及验收规范、质量评定标准和安全操作规程。在确定预算定额的人工、材料和机械台班消耗时，必须考虑上述法规的要求和影响。

　　③ 具有代表性的典型工程施工图及有关标准图。通过对这些图纸的分析研究和工程量的计算，作为定额编制时选择施工方法、确定消耗的依据。

　　④ 新技术、新结构、新材料和先进的施工方法等。这些资料用来调整定额水平和增加新的定额项目。

　　⑤ 有关试验、技术测定和统计、经验资料。

　　⑥ 现行预算定额、材料预算价格及有关文件规定等，也包括过去定额编制过程中积累的基础资料。

3.3.3　预算定额的编制步骤

　　预算定额的编制可分为准备工作、收集资料、编制定额、报批和修改定稿五个阶段。各阶段的工作互有交叉，某些工作还有多次反复。

（1）准备工作阶段

① 拟定编制方案 提出编制定额的目的和任务、定额编制范围和内容，明确编制原则、要求、项目划分和编制依据，拟定编制单位和编制人员，做出工作计划、时间、地点安排和经费预算。

② 成立编制小组 抽调人员，按需要成立各编制小组。如土建定额组、设备定额组、费用定额组、综合组等。

（2）收集资料阶段 收集编制依据中的各种资料，并进行专项的测定和试验。

（3）定额编制阶段

① 确定编制细则 该项工作主要包括：统一编制表格和统一编制方法；统一计算口径、计量单位和小数点位数的要求；有关统一性的规定，即用字、专业用语、符号代码的统一以及简化字的规范和文字的简练明确；人工、材料、机械单价的统一。

② 确定定额的项目划分和工程量计算规则。

③ 人工、材料、机械台班消耗量的计算、复核和测算。

（4）定额报批阶段 本阶段包括审核定稿和定额水平测算两项工作。

① 审核定稿 定额初稿的审核工作是定额编制工作的法定程序，是保证定额编制质量的措施之一。应由责任心强、经验丰富的专业技术人员承担审核的主要内容，包括文字表达是否简明易懂，数字是否准确无误，章节、项目之间有无矛盾。

② 预算定额水平测算 新定额编制成稿向主管机关报告之前，必须与原定额进行对比测算，分析水平升降原因。新编定额的水平一般应不低于历史上已经达到过的水平，并略有提高。有如下测算方法：

a. 单项定额比较测算。对主要分项工程的新旧定额水平进行逐行逐项比较测算。

b. 单项工程比较测算。对同一典型工程用新旧两种定额编制两份预算进行比较，考察定额水平的升降，分析原因。

（5）修改定稿阶段 修改定稿阶段的工作主要包括：

① 征求意见 定额初稿完成后征求各有关方面的意见，并深入分析研究，在统一意见书的基础上制定修改方案。

② 修改整理报批 根据确定的修改方案，按定额的顺序对初稿进行修改，并经审核无误后形成报批稿，经批准后交付印刷。

③ 撰写编制说明 为贯彻定额，方便使用，需要撰写新定额编写说明，内容主要包括：项目、子目数量；人工、材料、机械消耗的内容范围；资料的依据和综合取定情况；定额中允许换算和不允许换算的规定；人工、材料、机械单价的计算和资料；施工方法、工艺的选择及材料运距的考虑；各种材料损耗率的取

定资料；调整系数的使用；其他应说明的事项与计算数据、资料。

④ 立档成卷保存　定额编制资料既是贯彻执行定额需查对资料的依据，也为修编定额提供历史资料数据，应将其分类立卷归档，作为技术档案永久保存。

3.3.4　预算定额的编制方法

3.3.4.1　预算定额编制中的主要工作

（1）定额项目的划分　因为工程产品结构复杂，形体庞大，所以要就整个产品来计价是不可能的。但是可依据不同部位、不同消耗或不同构件，将庞大的工程产品分解成各种不同的较为简单、适当的计量单位（称为分部分项工程），作为计算工程量的基本构造要素，在此基础上编制预算定额项目。确定定额项目时要求：便于确定单位估价表；便于编制施工图预算；便于进行计划、统计和成本核算工作。

（2）工程内容的确定　基础定额子目中人工、材料消耗量和机械台班使用量是直接由工程内容确定的，所以，工程内容范围的规定是十分重要的。

（3）确定预算定额的计量单位　预算定额与施工定额计量单位往往不同。施工定额的计量单位一般按照工序或施工过程确定；而预算定额的计量单位主要是依据分部分项工程和结构构件的形体特征及其变化确定。由于工作内容综合，预算定额的计量单位亦具有综合的性质。工程量计算规则的规定应确切反映定额项目所包含的工作内容。

预算定额的计量单位关系到预算工作的繁简和准确性。所以，要正确地确定各分部分项工程的计量单位，一般依据以下结构构件形状的特点确定。

① 当物体的截面有一定的形状和大小，但长度不同时（例如管道、电缆、导线等分项工程），应当以延长米为计量单位。

② 当物体有一定的厚度，而面积不固定时（例如通风管、油漆、防腐等分项工程），应当以平方米作为计量单位。

③ 若物体的长、宽、高都变化不定（例如土方、保温等分项工程），应当以立方米为计量单位。

④ 有的分项工程虽然体积、面积相同，但是质量和价格差异很大，或者是不规则或难以度量的实体（例如金属结构、非标准设备制作等分项工程），应当以质量作为计量单位。

⑤ 当物体无一定规格，并且其构造又较复杂时（例如阀门、机械设备、灯具、仪表等分项工程），可采用自然单位，常以个、台、套、件等作为计量单位。

⑥ 定额项目中工料计量单位及小数位数的取定。

a. 计量单位。按法定计量单位取定。

（a）长度：mm、cm、m、km。

（b）面积：mm^2、cm^2、m^2。

（c）体积和容积：cm^3、m^3。

（d）质量：kg、t（吨）。

b. 数值单位与小数位数的取定。

（a）人工：以"工日"为单位，取两位小数。

（b）主要材料及半成品：木材以"m³"为单位，取三位小数；钢板、型钢以"t"为单位，取三位小数；管材以"m"为单位，取两位小数；通风管用薄钢板以"m²"为单位；导线、电缆以"m"为单位；水泥以"kg"为单位；砂浆、混凝土以"m³"为单位等。

（c）单价以"元"为单位，取两位小数。

（d）其他材料费以"元"表示，取两位小数。

（e）施工机械以"台班"为单位，取两位小数。

定额单位确定之后，往往会出现人工、材料或机械台班量很小的现象，即小数点后好几位。为了减少小数位数和提高预算定额的准确性，采取扩大单位的办法，把 1m³、1m²、1m 扩大 10、100、1000 倍。这样，相应的消耗量也加大了倍数，取一定小数位四舍五入后，可达到相对的准确性。

（4）确定施工方法　编制预算定额所取定的施工方法，必须选用正常的、合理的施工方法用以确定各专业的工程和施工机械。

（5）确定预算定额中人工、材料、施工机械消耗量　确定预算定额人工、材料、机械台班消耗指标时，必须先按施工定额的分项逐项计算出消耗指标，然后，再按预算定额的项目加以综合。这种综合不是简单的合并和相加，而是需要在综合过程中增加两种定额之间的适当的水平差。预算定额的水平，首先取决于这些消耗量的合理确定。

人工、材料和机械台班消耗量指标，应依据定额编制原则和要求，采用理论与实际相结合、图纸计算与施工现场测算相结合、编制人员与现场工作人员相结合等方法进行计算和确定，使定额既符合政策要求，又与客观情况一致，便于贯彻执行。

（6）编制定额表和拟定相关说明　定额项目表的一般格式为：横向排列为各分项工程的项目名称，竖向排列为分项工程的人工、材料和施工机械消耗量指标。有的项目表下部还有附注以说明设计有特殊要求时，如何进行调整和换算。

预算定额的主要内容包括目录，总说明，各章、节说明，定额表以及有关附录等。

① 总说明。主要说明编制预算定额的指导思想、编制原则、编制依据、适用范围以及编制预算定额时相关共性问题的处理意见和定额的使用方法等。

② 各章、节说明。各章、节说明主要包括以下内容：

a. 编制各分部定额的依据。

b. 项目划分和定额项目步距的确定原则。

c. 施工方法的确定。

d. 定额活口及换算的说明。

e. 选用材料的规格和技术指标。

f. 材料、设备场内水平运输和垂直运输主要材料损耗率的确定。

g. 人工、材料、施工机械台班消耗定额的确定原则及计算方法。

③ 工程量计算规则及方法。

④ 定额项目表。主要包括该项定额的人工、材料、施工机械台班消耗量和附注。

⑤ 附录。一般包括：主要材料取定价格表、施工机械台班单价表，其他相关折算、换算表等。

3.3.4.2 人工工日消耗量的确定

预算定额中人工工日消耗量是指在正常施工生产条件下，生产单位合格产品必需消耗的人工工日数量，是由分项工程所综合的各个工序劳动定额包括的基本用工、其他用工以及劳动定额与预算定额工日消耗量的幅度差三部分组成。

(1) 基本用工　基本用工指完成单位合格产品所必需消耗的技术工种用工。包括：

① 完成定额计量单位的主要用工。按综合取定的工程量和相应劳动定额进行计算。计算公式如下：

$$基本用工＝\Sigma（综合取定的工程量×劳动定额） \tag{3-27}$$

② 按劳动定额规定应增加计算的用工量。例如砖墙项目要增加附墙烟囱孔、垃圾道、壁橱等零星组合部分的加工。

③ 由于预算定额是以劳动定额子目综合扩大的，包括的工作内容较多，施工的工效视具体部位而不同，需要另外增加用工，列入基本用工内。

(2) 其他用工　其他用工主要包括材料超距运输用工和辅助工作用工。

① 材料超运距用工。它是指预算定额取定的材料、半成品等运距，超过劳动定额规定的运距应增加的工日。其用工量以超运距（预算定额取定的运距减去劳动定额取定的运距）和劳动定额计算。计算公式如下：

$$超运距用工＝\Sigma（超运距材料数量×时间定额） \tag{3-28}$$

② 辅助工作用工。辅助工作用工是指劳动定额中未包括的各种辅助工序用工，例如材料的零星加工用工，土建工程的筛砂子、淋石灰膏、洗石子等增加的用工量。辅助工作用工量一般按加工的材料数量乘以时间定额计算。

(3) 人工幅度差　人工幅度差是指预算定额对在劳动定额规定的用工范围内没有包括，而通常不可避免的一些零星用工，常以百分数计算。一般在确定预算定额用工量时，按基本用工、超运距用工、辅助工作用工之和的 10%～15%范围内取定。其计算公式为：

$$人工幅度差（工日）＝（基本用工＋超运距用工＋辅助用工）×人工幅度差百分数$$

$$\tag{3-29}$$

在组织编制或修订预算定额时，如果劳动定额的水平已经不能适应编修期生产技术和劳动效率情况，而又来不及修订劳动定额时，可以依据编修期的生产技术与施工管理水平，以及劳动效率的实际情况，确定一个统一的调整系数，供计算人工消耗指标时使用。

3.3.4.3 材料消耗量计算

预算定额中的材料消耗量是在合理和节约使用材料的条件下，生产单位假定工程产品（即分部分项工程或结构件）必需消耗的一定品种规格的材料、半成品、构配件等的数量标准。材料消耗量按用途划分为以下几种：

（1）预算定额中的主要材料消耗量 通常以施工定额中材料消耗定额为基础综合而得，也可通过计算分析法求得。

材料损耗量等于材料净用量乘以相应的材料损耗率。损耗量的内容包括：由工地仓库（堆放地点）到操作地点的运输损耗、操作地点的堆放损耗和操作损耗。损耗量不包括场外运输损耗及储存损耗，这两者已包括在材料预算价格内。

（2）预算定额中的次要材料消耗量 对工程中用量不多、价值不大的材料，可采用估算的方法，合并为一个"其他材料费"项目，以"元"为单位。

（3）周转材料消耗量的确定 周转性材料是指在施工过程中多次使用、周转的工具性材料，例如模板、脚手架、挡土板等，预算定额中的周转材料是按多次使用、分次摊销的方法进行计算的。

（4）其他材料的确定 其他材料指用量较少、难以计量的零星材料。例如棉纱、编号用的油漆等。

材料消耗量的计算方法主要有：

① 凡有标准规格的材料，按规范要求计算定额计量单位的耗用量。例如砖、防水卷材、块料面层等。

② 凡设计图纸标注尺寸及下料要求的按设计图纸尺寸计算材料净用量。如门窗制作用材料，方、板料等。

③ 换算法。各种胶结、涂料等材料的配合比用料，可以根据要求条件换算，得出材料用量。

④ 测定法。包括试验室试验法和现场观察法。指各种强度等级的混凝土及砌筑砂浆配合比的耗用原材料数量的计算，需按照规范要求试配经过试压合格以后并经过必要的调整后得出的水泥、砂子、石子、水的用量。对新材料、新结构又不能用其他方法计算定额消耗用量时，需用现场测定方法来确定，根据不同条件可以采用写实记录法和观察法，得出定额的消耗量。

材料损耗量，指在正常条件下不可避免的材料损耗，例如现场内材料运输及施工操作过程中的损耗等。其关系式如下：

$$材料损耗率 = 损耗量/净用量 \times 100\% \tag{3-30}$$

$$材料损耗量 = 材料净用量 \times 损耗率(\%) \tag{3-31}$$

$$材料消耗量 = 材料净用量 + 损耗量 \tag{3-32}$$

或
$$材料消耗量 = 材料净用量 \times [1 + 损耗率(\%)] \tag{3-33}$$

⑤ 其他材料的确定。一般按工艺测算并在定额项目材料计算表内列出名称、

数量，并依编制期价格以其他材料占主要材料的比率计算，列在定额材料栏之下，定额内可不列材料名称及消耗量。

3.3.4.4 机械台班消耗量的计算

预算定额中的机械台班消耗量是指在正常施工条件下，生产单位合格产品（分部分项工程或结构件）必需消耗的某类某种型号施工机械的台班数量。它由分项工程综合的有关工序劳动定额确定的机械台班消耗量以及劳动定额与预算定额的机械台班幅度差组成。

垂直运输机械依工期定额分别测算台班量，以台班/100m^{2}建筑面积表示。

确定预算定额中的机械台班消耗量指标，应依据劳动定额中各种机械施工项目所规定的台班产量加机械幅度差进行计算。若按实际需要计算机械台班消耗量，不应再增加机械幅度差。

机械幅度差是指在劳动定额（机械台班量）中未包括的，而机械在合理的施工组织条件下所必需的停歇时间。其内容包括：

① 施工机械转移工作面及配套机械互相影响损失的时间。

② 在正常的施工情况下，机械施工中不可避免的工序间歇。

③ 检查工程质量影响机械操作的时间。

④ 临时水、电线路在施工中移动位置所发生的机械停歇时间。

⑤ 工程结尾时，工作量不饱满所损失的时间。

机械幅度差系数一般依据测定和统计资料取定。大型机械幅度差系数为：土方机械 1.25，打桩机械 1.33，吊装机械 1.3，其他均按统一规定的系数计算。

由于垂直运输用的塔吊，卷扬机及砂浆、混凝土搅拌机是按小组配合，应以小组产量计算机械台班产量，不另增加机械幅度差。

综上所述，预算定额的机械台班消耗量按下式计算：

预算定额机械耗用台班＝施工定额机械耗用台班×(1＋机械幅度差系数)

$$(3-34)$$

所占比重不大的零星小型机械按劳动定额小组成员计算出机械台班使用量，以"机械费"或"其他机械费"表示，不再列台班数量。

Chapter 4

园林工程工程量清单计价体系

4.1 工程量清单计价概述

4.1.1 工程量清单计价的概念

（1）工程量清单的概念 工程量清单是表现拟建工程的分部分项工程项目、措施项目、其他项目、规费项目和税金项目的名称和相应数量的明细清单，由招标人按照《建设工程工程量清单计价规范》（GB 50500—2013）附录中统一的项目编码、项目名称、计量单位和工程量计算规则、招标文件以及施工图、现场条件计算出的构成工程实体，可供编制招标控制价及投标报价的实物工程量的汇总清单，是工程招标文件的组成内容，其内容包括分部分项工程量清单、措施项目清单、其他项目清单、规费项目清单以及税金项目清单。

（2）工程量清单计价的概念 工程量清单计价是指投标人完成由招标人提供的工程量清单所需的全部费用，包括分部分项工程费、措施项目费、其他项目费和规费、税金。

工程量清单计价是建设工程招标投标中，按照国家统一的工程量清单计价规范，由招标人提供工程数量，投标人自主报价，经评审低价中标的工程造价计价模式。采用工程量清单计价能反映工程个别成本，有利于企业自主报价和公平竞争。

4.1.2　工程清单计价的编制步骤

（1）工程量清单的编制步骤

① 根据施工图、招标文件、《建设工程工程量清单计价规范》（GB 50500—2013）、《园林绿化工程工程量计算规范》（GB 50858—2013），列出分部分项工程项目名称并计算分部分项清单工程量。

② 将计算出的分部分项清单工程量汇总到分部分项工程量清单表中。

③ 根据招标文件、国家行政主管部门的文件和《建设工程工程量清单计价规范》（GB 50500—2013）、《园林绿化工程工程量计算规范》（GB 50858—2013）列出措施项目清单。

④ 根据招标文件、国家行政主管部门的文件、《建设工程工程量清单计价规范》（GB 50500—2013）、《园林绿化工程工程量计算规范》（GB 50858—2013）及拟建工程实际情况，列出其他项目清单、规费项目清单、税金项目清单。

（2）工程量清单计价的编制步骤

① 根据分部分项工程量清单、《建设工程工程量清单计价规范》（GB 50500—2013）、《园林绿化工程工程量计算规范》（GB 50858—2013）、施工图、消耗量定额等计算计价工程量。

② 根据计价工程量、消耗量定额、工料机市场价、管理费率、利润率和分部分项工程量清单计算综合单价。

③ 根据综合单价及分部分项工程量清单计算分部分项工程量清单费。

④ 根据措施项目清单、施工图等确定措施项目清单费。

⑤ 根据其他项目清单，确定其他项目清单费。

⑥ 根据规费项目清单和有关费率计算规费项目清单费。

⑦ 根据分部分项工程清单费、措施项目清单费、其他项目清单费、规费项目清单费和税率计算税金。

⑧ 将上述五项费用汇总，即为拟建工程工程量清单计价。

4.1.3　工程量清单计价与定额计价的区别

工程量清单计价与定额计价的区别见表4-1。

表 4-1　工程量清单计价与定额计价的区别

序号	区别	主要内容
1	单位不同	传统定额预算计价法是:园林绿化工程的工程量由招标单位和投标单位分别按图计算。工程量清单计价是:工程由招标单位统一计算或委托有工程造价咨询资质单位统一计算,"工程量清单"是招标文件的重要组成部分之一,各投标单位根据招标人提供的"工程量清单",根据自身的施工经验、技术装备、企业成本、企业定额、管理水平自主填报单价

续表

序号	区别	主要内容
2	表现形式不同	传统的定额预算计价法一般是总价形式。工程量清单报价法采用综合单价形式
3	编制时间不同	传统的定额预算计价法是在发出招标文件后编制(招标与投标人同时编制或投标人编制在前,招标人编制在后)。工程量清单报价法必须在发出招标文件前编制
4	编制依据不同	传统的定额预算计价法依据图纸;人工、材料、机械台班消耗量依据建设行政主管部门颁发的预算定额;人工、材料、机械台班单价依据工程造价管理部门发布的价格信息进行计算 　　工程量清单报价法,招标控制价应由具有编制能力的招标人或受其委托,具有相应资质的工程造价咨询人编制,根据招标文件中的工程量清单和有关要求、施工现场情况、合理的施工方法以及按建设行政主管部门制定的有关工程造价计价办法编制。企业的投标报价则根据企业定额和市场价格信息,或参照建设行政主管部门发布的社会平均消耗量定额编制
5	费用组成不同	传统预算定额计价法的工程造价由现场经费、直接工程费、间接费、利润、税金组成。工程量清单计价法工程造价包括分部分项工程费、措施项目费、规费、税金、其他项目费组成。包括完成每项工程包含的全部工程内容的费用;包括完成每项工程内容所需的费用(规费、税金除外);包括工程量清单中没有体现的,施工中又必须发生的工程内容所需费用,包括风险因素而增加的费用
6	项目编码不同	定额计价采用各省市各自的项目编号,清单计价采用国家统一标准
7	评标采用的办法不同	传统预算定额计价投标一般采用百分制评分法。采用工程量清单计价法投标,一般采用合理低报价中标法,既要对总价进行评分,还要对综合单价进行分析评分
8	合同价调整方式不同	传统的定额预算计价合同价调整方式有变更签证、定额解释、政策调整。工程量清单计价法合同价调整方式主要是索赔。工程量清单的综合单价一般通过招标中报价的形式体现,一旦中标,报价作为签订施工合同的依据相对固定下来,工程结算按承包商实际完成工程量乘以清单中相应的单价计算。采用传统的预算定额经常有这个定额解释那个定额规定,结算中又有政策文件调整;工程量清单计价单价不能随意调整
9	索赔事件增加	因承包商对工程量清单单价包含的工作内容一目了然,故凡建设方不按清单内容施工的,任意要求修改清单的,都会增加施工索赔的因素

4.2 园林工程量清单编制

4.2.1 一般规定

(1) 工程量清单编制主体　招标工程量清单应由具有编制能力的招标人或受其委托，具有相应资质的工程造价咨询人或招标代理人编制。

(2) 工程量清单编制条件及责任　招标工程量清单必须作为招标文件的组成部分，其准确性和完整性由招标人负责。

(3) 工程量清单编制的作用　招标工程量清单是工程量清单计价的基础，应作为编制招标控制价、投标报价、计算工程量、工程索赔等的依据之一。

(4) 工程量清单的组成　招标工程量清单应以单位（项）工程为单位编制，应由分部分项工程量清单、措施项目清单、其他项目清单、规费和税金项目清单组成。

(5) 工程量清单编制依据　编制园林工程工程量清单应依据：

① 《园林绿化工程工程量计算规范》（GB 50858—2013）和现行国家标准《建设工程工程量清单计价规范》（GB 50500—2013）。

② 国家或省级、行业建设主管部门颁发的计价依据和办法。

③ 建设工程设计文件。

④ 与建设工程项目有关的标准、规范、技术资料。

⑤ 拟定的招标文件。

⑥ 施工现场情况、工程特点及常规施工方案。

⑦ 其他相关资料。

(6) 工程量的编制要求

① 其他项目、规费和税金项目清单应按照现行国家标准《建设工程工程量清单计价规范》（GB 50500—2013）的相关规定编制。

② 编制工程量清单出现《园林绿化工程工程量计算规范》（GB 50858—2013）附录中未包括的项目，编制人应做补充，并报省级或行业工程造价管理机构备案，省级或行业工程造价管理机构应汇总并报住房和城乡建设部标准定额研究所。

补充项目的编码由《园林绿化工程工程量计算规范》（GB 50858—2013）的代码05与B和三位阿拉伯数字组成，并应从05B001起顺序编制，同一招标工程的项目不得重码。

补充的工程量清单需附有补充项目的名称、项目特征、计量单位、工程量计算规则、工作内容。不能计量的措施项目，需附有补充项目的名称、工作内容及包含范围。

4.2.2 分部分项工程清单

(1) 工程量清单编码

① 工程量清单应根据《园林绿化工程工程量计算规范》（GB 50858—2013）附录规定的项目编码、项目名称、项目特征、计量单位和工程量计算规则进行编制。

② 工程量清单的项目编码，应采用前十二位阿拉伯数字表示，一至九位应按《园林绿化工程工程量计算规范》（GB 50858—2013）附录的规定设置，十至十二位应根据拟建工程的工程量清单项目名称设置，同一招标工程的项目编码不得有重码。

各位数字的含义是：一、二位为专业工程代码（01——房屋建筑与装饰工程；02——仿古建筑工程；03——通用安装工程；04——市政工程；05——园林绿化工程；06——矿山工程；07——构筑物工程；08——城市轨道交通工程；09——爆破工程。以后进入国标的专业工程代码以此类推）；三、四位为工程分类顺序码；五、六位为分部工程顺序码；七、八、九位为分项工程项目名称顺序码；十至十二位为清单项目名称顺序码。

当同一标段（或合同段）的一份工程量清单中含有多个单位工程且工程量清单是以单位工程为编制对象时，在编制工程量清单时应特别注意对项目编码十至十二位的设置不得有重码的规定。

（2）工程量清单项目名称与项目特征

① 工程量清单的项目名称应按《园林绿化工程工程量计算规范》（GB 50858—2013）附录的项目名称结合拟建工程的实际确定。

② 分部分项工程量清单项目特征应按《园林绿化工程工程量计算规范》（GB 50858—2013）附录规定的项目特征，结合拟建工程项目的实际予以描述。

工程量清单的项目特征是确定一个清单项目综合单价不可缺少的重要依据，在编制工程量清单时，必须对项目特征进行准确和全面地描述。但有些项目特征用文字往往又难以准确和全面地描述清楚。因此，为达到规范、简洁、准确、全面描述项目特征的要求，在描述工程量清单项目特征时应按以下原则进行：

a. 项目特征描述的内容应按附录的规定，结合拟建工程的实际，能满足确定综合单价的需要。

b. 若采用标准图集或施工图纸能够全部或部分满足项目特征描述的要求，项目特征描述可直接采用详见××图集或××图号的方式。对不能满足项目特征描述要求的部分，仍应用文字描述。

（3）工程量计算规则与计量单位

① 工程量清单中所列工程量应按《园林绿化工程工程量计算规范》（GB 50858—2013）附录中规定的工程量计算规则计算。

② 分部分项工程量清单的计量单位应按《园林绿化工程工程量计算规范》（GB 50858—2013）附录中规定的计量单位确定。

（4）其他相关要求

① 现浇混凝土工程项目在"工作内容"中包括模板工程的内容，同时又在

"措施项目"中单列了现浇混凝土模板工程项目。对此，由招标人根据工程实际情况选用，若招标人在措施项目清单中未编列现浇混凝土模板项目清单，即表示现浇混凝土模板项目不单列，现浇混凝土工程项目的综合单价中应包括模板工程费用。

② 对预制混凝土构件按现场制作编制项目，"工作内容"中包括模板工程，不再另列。若采用成品预制混凝土构件时，构件成品价（包括模板、钢筋、混凝土等所有费用）应计入综合单价中。

4.2.3　措施项目清单

（1）措施项目清单必须根据相关工程现行国家计量规范的规定编制，应根据拟建工程的实际情况列项。

（2）措施项目中列出了项目编码、项目名称、项目特征、计量单位、工程量计算规则的项目。编制工程量清单时，应按照"分部分项工程"的规定执行。

（3）措施项目中仅列出项目编码、项目名称，未列出项目特征、计量单位和工程量计算规则的项目，编制工程量清单时，应按第五章"措施项目"规定的项目编码、项目名称确定。

4.2.4　其他项目清单

其他项目清单应按照暂列金额、暂估价、计日工、总承包服务费列项。

（1）暂列金额　暂列金额是招标人暂定并包括在合同价款中的一笔款项。不管采用何种合同形式，其理想的标准是，一份合同的价格就是其最终的竣工结算价格，或者至少两者应尽可能接近。我国规定对政府投资工程实行概算管理，经项目审批部门批复的设计概算是工程投资控制的刚性指标，即使商业性开发项目也有成本的预先控制问题，否则，无法相对准确地预测投资的收益和科学合理地进行投资控制。但工程建设自身的特性决定了工程的设计需要根据工程进展不断地进行优化和调整，业主需求可能会随工程建设进展而出现变化，工程建设过程还会存在一些不能预见、不能确定的因素。消化这些因素必然会影响合同价格的调整，暂列金额正是因应这类不可避免的价格调整而设立，以便达到合理确定和有效控制工程造价的目标。

（2）暂估价　暂估价是指招标阶段直至签订合同协议时，招标人在招标文件中提供的用于支付必然要发生但暂时不能确定价格的材料以及专业工程的金额。其包括材料暂估价、工程设备暂估单价、专业工程暂估价。

为方便合同管理和计价，需要纳入工程量清单项目综合单价中的暂估价最好只是材料费，以方便投标人组价。对专业工程暂估价一般应是综合暂估价，包括除规费、税金以外的管理费、利润等。

（3）计日工　计日工是为了解决现场发生的零星工作的计价而设立的。国际上常见的标准合同条款中，大多数都设立了计日工计价机制。计日工对完成零星工作所消耗的人工工时、材料数量、施工机械台班进行计量，并按照计日工表中填报的适用项目的单价进行计价支付。计日工适用的所谓零星工作一般是指合同约定之外或者因变更而产生的、工程量清单中没有相应项目的额外工作，尤其是那些时间不允许事先商定价格的额外工作。

（4）总承包服务费　总承包服务费是为了解决招标人在法律、法规允许的条件下进行专业工程发包以及自行供应材料、工程设备，并需要总承包人对发包的专业工程提供协调和配合服务，对甲供材料、工程设备提供收、发和保管服务以及进行施工现场管理时发生并向总承包人支付的费用。招标人应预计该项费用，并按投标人的投标报价向投标人支付该项费用。

4.2.5　规费项目清单

（1）规费项目清单应按照下列内容列项：

① 社会保障费。包括养老保险费、失业保险费、医疗保险费、工伤保险费、生育保险费。

② 住房公积金。

③ 工程排污费。

（2）出现第（1）条未列的项目，应根据省级政府或省级有关部门的规定列项。

4.2.6　税金项目清单

（1）税金项目清单应包括下列内容。

① 营业税。

② 城市维护建设税。

③ 教育费附加。

④ 地方教育附加。

（2）出现第（1）条未列的项目，应根据税务部门的规定列项。

4.3 园林工程工程量清单计价编制

4.3.1　一般规定

4.3.1.1　计价方式

（1）使用国有资金投资的建设工程发承包，必须采用工程量清单计价。

（2）非国有资金投资的建设工程，宜采用工程量清单计价。

（3）不采用工程量清单计价的建设工程，应执行《建设工程工程量清单计价规范》（GB 50500—2013）除工程量清单等专门性规定外的其他规定。

（4）工程量清单应采用综合单价计价。

（5）措施项目中的安全文明施工费必须按国家或省级、行业建设主管部门的规定计算。不得作为竞争性费用。

（6）规费和税金必须按国家或省级、行业建设主管部门的规定计算。不得作为竞争性费用。

4.3.1.2 发包人提供材料和工程设备

（1）发包人提供的材料和工程设备（以下简称甲供材料）应在招标文件中按照规定填写《发包人提供材料和工程设备一览表》，写明甲供材料的名称、规格、数量、单价、交货方式、交货地点等。

承包人投标时，甲供材料单价应计入相应项目的综合单价中，签约后，发包人应按合同约定扣除甲供材料款，不予支付。

（2）承包人应根据合同工程进度计划的安排，向发包人提交甲供材料交货的日期计划。发包人应按计划提供。

（3）发包人提供的甲供材料如规格、数量或质量不符合合同要求，或由于发包人原因发生交货日期延误、交货地点及交货方式变更等情况的，发包人应承担由此增加的费用和（或）工期延误，并应向承包人支付合理利润。

（4）发承包双方对甲供材料的数量发生争议不能达成一致的，应按照相关工程的计价定额同类项目规定的材料消耗量计算。

（5）若发包人要求承包人采购已在招标文件中确定为甲供材料的，材料价格应由发承包双方根据市场调查确定，并应另行签订补充协议。

4.3.1.3 承包人提供材料和工程设备

（1）除合同约定的发包人提供的甲供材料外，合同工程所需的材料和工程设备应由承包人提供，承包人提供的材料和工程设备均应由承包人负责采购、运输和保管。

（2）承包人应按合同约定将采购材料和工程设备的供货人及品种、规格、数量和供货时间等提交发包人确认，并负责提供材料和工程设备的质量证明文件，满足合同约定的质量标准。

（3）对承包人提供的材料和工程设备经检测不符合合同约定的质量标准，发包人应立即要求承包人更换，由此增加的费用和（或）工期延误应由承包人承担。对发包人要求检测承包人已具有合格证明的材料、工程设备，但经检测证明该项材料、工程设备符合合同约定的质量标准，发包人应承担由此增加的费用和（或）工期延误，并向承包人支付合理利润。

4.3.1.4 计价风险

（1）建设工程发承包，必须在招标文件、合同中明确计价中的风险内容及其范围。不得采用无限风险、所有风险或类似语句规定计价中的风险内容及范围。

（2）由于下列因素出现，影响合同价款调整的，应由发包人承担：

① 国家法律、法规、规章和政策发生变化。

② 省级或行业建设主管部门发布的人工费调整，但承包人对人工费或人工单价的报价高于发布的除外。

③ 由政府定价或政府指导价管理的原材料等价格进行了调整。

（3）由于市场物价波动影响合同价款的，应由发承包双方合理分摊，按规定填写《承包人提供主要材料和工程设备一览表》作为合同附件；当合同中没有约定，发承包双方发生争议时，应按 4.3.6.8 节"物价变化"的规定调整合同价款。

（4）由于承包人使用机械设备、施工技术以及组织管理水平等自身原因造成施工费用增加的，应由承包人全部承担。

（5）当不可抗力发生，影响合同价款时，应按 4.3.6.10 节"不可抗力"的规定执行。

4.3.2 招标控制价

4.3.2.1 一般规定

（1）国有资金投资的建设工程招标，招标人必须编制招标控制价。

我国对国有资金投资项目的投资控制实行的是投资概算审批制度，国有资金投资的工程原则上不能超过批准的投资概算。

国有资金投资的工程实行工程量清单招标，为了客观、合理地评审投标报价和避免哄抬标价，避免造成国有资产流失，招标人必须编制招标控制价，规定最高投标限价。

（2）招标控制价应由具有编制能力的招标人或受其委托具有相应资质的工程造价咨询人编制和复核。

（3）工程造价咨询人接受招标人委托编制招标控制价，不得再就同一工程接受投标人委托编制投标报价。

（4）招标控制价应按照 4.3.2.2 节"编制与复核"中（1）的规定编制，不应上调或下浮。

（5）当招标控制价超过批准的概算时，招标人应将其报原概算审批部门审核。

（6）招标人应在发布招标文件时公布招标控制价，同时应将招标控制价及有关资料报送工程所在地或有该工程管辖权的行业管理部门工程造价管理机构备查。

招标控制价的作用决定了招标控制价不同于标底，无需保密。为体现招标的公平、公正性，防止招标人有意抬高或压低工程造价，招标人应在招标文件中如实公布招标控制价，同时，招标人应将招标控制价报工程所在地或有该工程管辖权的行业管理部门的工程造价管理机构备查。

4.3.2.2 编制与复核

（1）招标控制价应根据下列依据编制与复核：

① 《建设工程工程量清单计价规范》（GB 50500—2013）。

② 国家或省级、行业建设主管部门颁发的计价定额和计价办法。

③ 建设工程设计文件及相关资料。

④ 拟定的招标文件及招标工程量清单。

⑤ 与建设项目相关的标准、规范、技术资料。

⑥ 施工现场情况、工程特点及常规施工方案。

⑦ 工程造价管理机构发布的工程造价信息，当工程造价信息没有发布时，参照市场价。

⑧ 其他的相关资料。

（2）综合单价中应包括招标文件中划分的应由投标人承担的风险范围及其费用。招标文件中没有明确的，如是工程造价咨询人编制，应提请招标人明确；如是招标人编制，应予明确。

（3）分部分项工程和措施项目中的单价项目，应根据拟定的招标文件和招标工程量清单项目中的特征描述及有关要求确定综合单价计算。

（4）措施项目中的总价项目应根据拟定的招标文件和常规施工方案按4.3.1.1节"计价方式"中（4）和（5）的规定计价。

（5）其他项目应按下列规定计价：

① 暂列金额应按招标工程量清单中列出的金额填写。

② 暂估价中的材料、工程设备单价应按招标工程量清单中列出的单价计入综合单价。

③ 暂估价中的专业工程金额应按招标工程量清单中列出的金额填写。

④ 计日工应按招标工程量清单中列出的项目根据工程特点和有关计价依据确定综合单价计算。

⑤ 总承包服务费应根据招标工程量清单列出的内容和要求估算。

（6）规费和税金应按4.3.1.1节"计价方式"中（6）的规定计算。

4.3.2.3　投诉与处理

（1）投标人经复核认为招标人公布的招标控制价未按照《建设工程工程量清单计价规范》（GB 50500—2013）的规定进行编制的，应在招标控制价公布后5d内向招投标监督机构和工程造价管理机构投诉。

（2）投诉人投诉时，应当提交由单位盖章和法定代表人或其委托人签名或盖章的书面投诉书，投诉书应包括下列内容：

① 投诉人与被投诉人的名称、地址及有效联系方式。

② 投诉的招标工程名称、具体事项及理由。

③ 投诉依据及相关证明材料。

④ 相关的请求及主张。

（3）投诉人不得进行虚假、恶意投诉，阻碍投标活动的正常进行。

（4）工程造价管理机构在接到投诉书后应在2个工作日内进行审查，对有下列情况之一的，不予受理：

① 投诉人不是所投诉招标工程招标文件的收受人。

② 投诉书提交的时间不符合本节（1）规定的；投诉书不符合本节（2）规定的。

③ 投诉事项已进入行政复议或行政诉讼程序的。

（5）工程造价管理机构应在不迟于结束审查的次日将是否受理投诉的决定书面通知投诉人、被投诉人以及负责该工程招投标监督的招投标管理机构。

（6）工程造价管理机构受理投诉后，应立即对招标控制价进行复查，组织投诉人、被投诉人或其委托的招标控制价编制人等单位人员对投诉问题逐一核对。有关当事人应当予以配合，并应保证所提供资料的真实性。

（7）工程造价管理机构应当在受理投诉的10d内完成复查，特殊情况下可适当延长，并做出书面结论通知投诉人、被投诉人及负责该工程招投标监督的招投标管理机构。

（8）当招标控制价复查结论与原公布的招标控制价误差大于±3％时，应当责成招标人改正。

（9）招标人根据招标控制价复查结论需要重新公布招标控制价的，其最终公布的时间至招标文件要求提交投标文件截止时间不足15d的，应相应延长投标文件的截止时间。

4.3.3　投标报价

4.3.3.1　一般规定

（1）投标价应由投标人或受其委托具有相应资质的工程造价咨询人编制。

（2）投标人应依据《建设工程工程量清单计价规范》（GB 50500—2013）的规定自主确定投标报价。

（3）投标报价不得低于工程成本。

（4）投标人必须按招标工程量清单填报价格。项目编码、项目名称、项目特征、计量单位、工程量必须与招标工程量清单一致。

（5）投标人的投标报价高于招标控制价的应予废标。

4.3.3.2　编制与复核

（1）投标报价应根据下列依据编制和复核：

①《建设工程工程量清单计价规范》（GB 50500—2013）。

② 国家或省级、行业建设主管部门颁发的计价办法。

③ 企业定额，国家或省级、行业建设主管部门颁发的计价定额和计价办法。

④ 招标文件、招标工程量清单及其补充通知、答疑纪要。

⑤ 建设工程设计文件及相关资料。

⑥ 施工现场情况、工程特点及投标时拟定的施工组织设计或施工方案。

⑦ 与建设项目相关的标准、规范等技术资料。

⑧ 市场价格信息或工程造价管理机构发布的工程造价信息。

⑨ 其他的相关资料。

（2）综合单价中应包括招标文件中划分的应由投标人承担的风险范围及其费用，招标文件中没有明确的，应提请招标人明确。

（3）分部分项工程和措施项目中的单价项目，应根据招标文件和招标工程量清单项目中的特征描述确定综合单价计算。

（4）措施项目中的总价项目金额应根据招标文件和投标时拟定的施工组织设计或施工方案按4.3.1.1节"计价方式"中（4）的规定自主确定。其中安全文明施工费应按照4.3.1.1节"计价方式"中（5）的规定确定。

（5）其他项目费应按下列规定报价：

① 暂列金额应按招标工程量清单中列出的金额填写。

② 材料、工程设备暂估价应按招标工程量清单中列出的单价计入综合单价。

③ 专业工程暂估价应按招标工程量清单中列出的金额填写。

④ 计日工应按招标工程量清单中列出的项目和数量，自主确定综合单价并计算计日工金额。

⑤ 总承包服务费应根据招标工程量清单中列出的内容和提出的要求自主确定。

（6）规费和税金应按4.3.1.1节"计价方式"中（6）的规定确定。

（7）招标工程量清单与计价表中列明的所有需要填写单价和合价的项目，投标人均应填写且只允许有一个报价。未填写单价和合价的项目，可视为此项费用已包含在已标价工程量清单中其他项目的单价和合价之中。当竣工结算时，此项目不得重新组价予以调整。

（8）投标总价应当与分部分项工程费、措施项目费、其他项目费和规费、税金的合计金额一致。

4.3.4 合同价款约定

4.3.4.1 一般规定

（1）实行招标的工程合同价款应在中标通知书发出之日起30d内，由发承包双方依据招标文件和中标人的投标文件在书面合同中约定。

合同约定不得违背招标、投标文件中关于工期、造价、质量等方面的实质性内容。招标文件与中标人投标文件不一致的地方，应以投标文件为准。

（2）不实行招标的工程合同价款，应在发承包双方认可的工程价款基础上，由发承包双方在合同中约定。

（3）实行工程量清单计价的工程，应采用单价合同；建设规模较小、技术难度较低、工期较短、且施工图设计已审查批准的建设工程可采用总价合同；紧急抢险、救灾以及施工技术特别复杂的建设工程可采用成本加酬金合同。

4.3.4.2 约定内容

（1）发承包双方应在合同条款中对下列事项进行约定：

① 预付工程款的数额、支付时间及抵扣方式。

② 安全文明施工措施的支付计划、使用要求等。

③ 工程计量与支付工程进度款的方式、数额及时间。

④ 工程价款的调整因素、方法、程序、支付及时间。

⑤ 施工索赔与现场签证的程序、金额确认与支付时间。

⑥ 承担计价风险的内容、范围以及超出约定内容、范围的调整办法。

⑦ 工程竣工价款结算编制与核对、支付及时间。

⑧ 工程质量保证金的数额、预留方式及时间。

⑨ 违约责任以及发生合同价款争议的解决方法及时间。

⑩ 与履行合同、支付价款有关的其他事项等。

（2）合同中没有按照上述（1）的要求约定或约定不明的，若发承包双方在合同履行中发生争议由双方协商确定；当协商不能达成一致时，应按《建设工程工程量清单计价规范》（GB 50500—2013）的规定执行。

4.3.5　工程计量

4.3.5.1　一般规定

（1）工程量必须按照相关工程现行国家计量规范规定的工程量计算规则计算。

（2）工程计量可选择按月或按工程形象进度分段计量，具体计量周期应在合同中约定。

（3）因承包人原因造成的超出合同工程范围施工或返工的工程量，发包人不予计量。

（4）成本加酬金合同应按 4.3.5.2 节"单价合同的计量"的规定计量。

4.3.5.2　单价合同的计量

（1）工程量必须以承包人完成合同工程应予计量的工程量确定。

（2）施工中进行工程计量，当发现招标工程量清单中出现缺项、工程量偏差，或因工程变更引起工程量增减时，应按承包人在履行合同义务中完成的工程量计算。

（3）承包人应当按照合同约定的计量周期和时间向发包人提交当期已完工程量报告。发包人应在收到报告后 7d 内核实，并将核实计量结果通知承包人。发包人未在约定时间内进行核实的，承包人提交的计量报告中所列的工程量应视为承包人实际完成的工程量。

（4）发包人认为需要进行现场计量核实时，应在计量前 24h 通知承包人，承包人应为计量提供便利条件并派人参加。当双方均同意核实结果时，双方应在上述记录上签字确认。承包人收到通知后不派人参加计量，视为认可发包人的计量核实结果。发包人不按照约定时间通知承包人，致使承包人未能派人参加计量，计量核实结果无效。

（5）当承包人认为发包人核实后的计量结果有误时，应在收到计量结果通知后的 7d 内向发包人提出书面意见，并应附上其认为正确的计量结果和详细的计算资料。发包人收到书面意见后，应在 7d 内对承包人的计量结果进行复核后通知承包人。承包人对复核计量结果仍有异议的，按照合同约定的争议解决办法处理。

(6) 承包人完成已标价工程量清单中每个项目的工程量并经发包人核实无误后，发承包双方应对每个项目的历次计量报表进行汇总，以核实最终结算工程量，并应在汇总表上签字确认。

4.3.5.3 总价合同的计量

(1) 采用工程量清单方式招标形成的总价合同，其工程量应按照 4.3.5.2 节"单价合同的计量"的规定计算。

(2) 采用经审定批准的施工图纸及其预算方式发包形成的总价合同，除按照工程变更规定的工程量增减外，总价合同各项目的工程量应为承包人用于结算的最终工程量。

(3) 总价合同约定的项目计量应以合同工程经审定批准的施工图纸为依据，发承包双方应在合同中约定工程计量的形象目标或时间节点进行计量。

(4) 承包人应在合同约定的每个计量周期内对已完成的工程进行计量，并向发包人提交达到工程形象目标完成的工程量和有关计量资料的报告。

(5) 发包人应在收到报告后 7d 内对承包人提交的上述资料进行复核，以确定实际完成的工程量和工程形象目标。对其有异议的，应通知承包人进行共同复核。

4.3.6 合同价款调整

4.3.6.1 一般规定

(1) 下列事项（但不限于）发生，发承包双方应当按照合同约定调整合同价款：

① 法律法规变化。

② 工程变更。

③ 项目特征不符。

④ 工程量清单缺项。

⑤ 工程量偏差。

⑥ 计日工。

⑦ 物价变化。

⑧ 暂估价。

⑨ 不可抗力。

⑩ 提前竣工（赶工补偿）。

⑪ 误期赔偿。

⑫ 索赔。

⑬ 现场签证。

⑭ 暂列金额。

⑮ 发承包双方约定的其他调整事项。

（2）出现合同价款调增事项（不含工程量偏差、计日工、现场签证、索赔）后的 14d 内，承包人应向发包人提交合同价款调增报告并附上相关资料；承包人在 14d 内未提交合同价款调增报告的，应视为承包人对该事项不存在调整价款请求。

（3）出现合同价款调减事项（不含工程量偏差、索赔）后的 14d 内，发包人应向承包人提交合同价款调减报告并附相关资料；发包人在 14d 内未提交合同价款调减报告的，应视为发包人对该事项不存在调整价款请求。

（4）发（承）包人应在收到承（发）包人合同价款调增（减）报告及相关资料之日起 14d 内对其核实，予以确认的应书面通知承（发）包人。当有疑问时，应向承（发）包人提出协商意见。发（承）包人在收到合同价款调增（减）报告之日起 14d 内未确认也未提出协商意见的，应视为承（发）包人提交的合同价款调增（减）报告已被发（承）包人认可。发（承）包人提出协商意见的，承（发）包人应在收到协商意见后的 14d 内对其核实，予以确认的应书面通知发（承）包人。承（发）包人在收到发（承）包人的协商意见后 14d 内既不确认也未提出不同意见的，应视为发（承）包人提出的意见已被承（发）包人认可。

（5）发包人与承包人对合同价款调整的不同意见不能达成一致的，只要对发承包双方履约不产生实质影响，双方应继续履行合同义务，直到其按照合同约定的争议解决方式得到处理。

（6）经发承包双方确认调整的合同价款，作为追加（减）合同价款，应与工程进度款或结算款同期支付。

4.3.6.2 法律法规变化

（1）招标工程以投标截止到日前 28d、非招标工程以合同签订前 28d 为基准日，其后因国家的法律、法规、规章和政策发生变化引起工程造价增减变化的，发承包双方应按照省级或行业建设主管部门或其授权的工程造价管理机构据此发布的规定调整合同价款。

（2）因承包人原因导致工期延误的，按上述（1）规定的调整时间，在合同工程原定竣工时间之后，合同价款调增的不予调整，合同价款调减的予以调整。

4.3.6.3 工程变更

（1）因工程变更引起已标价工程量清单项目或其工程数量发生变化时，应按照下列规定调整：

① 已标价工程量清单中有适用于变更工程项目的，应采用该项目的单价；但当工程变更导致该清单项目的工程数量发生变化，且工程量偏差超过 15% 时，该项目单价应按照 4.3.6.6 节"工程量偏差"中（2）的规定调整。

② 已标价工程量清单中没有适用但有类似于变更工程项目的，可在合理范围内参照类似项目的单价。

③ 已标价工程量清单中没有适用也没有类似于变更工程项目的，应由承包人根据变更工程资料、计量规则和计价办法、工程造价管理机构发布的信息价格和承包人报价浮动率提出变更工程项目的单价，并应报发包人确认后调整。承包人报价浮动率可按下列公式计算：

招标工程：

$$承包人报价浮动率 L = (1 - 中标价/招标控制价) \times 100\% \qquad (4-1)$$

非招标工程：

$$承包人报价浮动率 L = (1 - 报价/施工图预算) \times 100\% \qquad (4-2)$$

④ 已标价工程量清单中没有适用也没有类似于变更工程项目，且工程造价管理机构发布的信息价格缺价的，应由承包人根据变更工程资料、计量规则、计价办法和通过市场调查等取得有合法依据的市场价格提出变更工程项目的单价，并应报发包人确认后调整。

（2）工程变更引起施工方案改变并使措施项目发生变化时，承包人提出调整措施项目费的，应事先将拟实施的方案提交发包人确认，并应详细说明与原方案措施项目相比的变化情况。拟实施的方案经发承包双方确认后执行，并应按照下列规定调整措施项目费：

① 安全文明施工费应按照实际发生变化的措施项目依据 4.3.1.1 节"计价方式"中（5）的规定计算。

② 采用单价计算的措施项目费，应按照实际发生变化的措施项目，按上述（1）的规定确定单价。

③ 按总价（或系数）计算的措施项目费，按照实际发生变化的措施项目调整，但应考虑承包人报价浮动因素，即调整金额按照实际调整金额乘以上述（1）规定的承包人报价浮动率计算。

如果承包人未事先将拟实施的方案提交给发包人确认，则应视为工程变更不引起措施项目费的调整或承包人放弃调整措施项目费的权利。

（3）当发包人提出的工程变更因非承包人原因删减了合同中的某项原定工作或工程，致使承包人发生的费用或（和）得到的收益不能被包括在其他已支付或应支付的项目中，也未被包含在任何替代的工作或工程中时，承包人有权提出并应得到合理的费用及利润补偿。

4.3.6.4 项目特征描述不符

（1）发包人在招标工程量清单中对项目特征的描述，应被认为是准确的和全面的，并且与实际施工要求相符合。承包人应按照发包人提供的招标工程量清单，根据项目特征描述的内容及有关要求实施合同工程，直到项目被改变为止。

（2）承包人应按照发包人提供的设计图纸实施合同工程，若在合同履行期间出现设计图纸（含设计变更）与招标工程量清单任一项目的特征描述不符，且该变化引起该项目工程造价增减变化的，应按照实际施工的项目特征，按 4.3.6.3

节"工程变更"的相关条款的规定重新确定相应工程量清单项目的综合单价，并调整合同价款。

4.3.6.5　工程量清单缺项

（1）合同履行期间，由于招标工程量清单中缺项，新增分部分项工程清单项目的，应按照4.3.6.3节"工程变更"中（1）的规定确定单价，并调整合同价款。

（2）新增分部分项工程清单项目后，引起措施项目发生变化的，应按照4.3.6.3节"工程变更"中（2）的规定，在承包人提交的实施方案被发包人批准后调整合同价款。

（3）由于招标工程量清单中措施项目缺项，承包人应将新增措施项目实施方案提交发包人批准后，按照4.3.6.3节"工程变更"中（1）、（2）的规定调整合同价款。

4.3.6.6　工程量偏差

（1）合同履行期间，当应予计算的实际工程量与招标工程量清单出现偏差，且符合下列（2）、（3）规定时，发承包双方应调整合同价款。

（2）对于任一招标工程量清单项目，当因本小节规定的"工程量偏差"和4.3.6.3节"工程变更"规定的工程变更等原因导致工程量偏差超过15%时，可进行调整。当工程量增加15%以上时，增加部分的工程量的综合单价应予调低；当工程量减少15%以上时，减少后剩余部分的工程量的综合单价应予调高。

上述调整参考如下公式：

① 当 $Q_1 > 1.15 Q_0$ 时：

$$S = 1.15 Q_0 \times P_0 + (Q_1 - 1.15 Q_0) \times P_1 \tag{4-3}$$

② 当 $Q_1 < 0.85 Q_0$ 时：

$$S = Q_1 \times P_1 \tag{4-4}$$

式中　S——调整后的某一分部分项工程费结算价；

　　　Q_1——最终完成的工程量；

　　　Q_0——招标工程量清单中列出的工程量；

　　　P_1——按照最终完成工程量重新调整后的综合单价；

　　　P_0——承包人在工程量清单中填报的综合单价。

采用上述两式的关键是确定新的综合单价，即 P_1。确定的方法，一是发承包双方协商确定，二是与招标控制价相联系，当工程量偏差项目出现承包人在工程量清单中填报的综合单价与发包人招标控制价相应清单项目的综合单价偏差超过15%时，工程量偏差项目综合单价的调整可参考以下公式：

③ 当 $P_0 < P_2 \times (1-L) \times (1-15\%)$ 时，该类项目的综合单价：

$$P_1 \text{ 按照 } P_2 \times (1-L) \times (1-15\%) \text{ 调整} \tag{4-5}$$

④ 当 $P_0 > P_2 \times (1+15\%)$ 时，该类项目的综合单价：

$$P_1 \text{ 按照 } P_2 \times (1+15\%)\text{调整} \qquad (4\text{-}6)$$

式中　P_0——承包人在工程量清单中填报的综合单价；

　　　P_2——发包人招标控制价相应项目的综合单价；

　　　L——承包人报价浮动率。

⑤ 当 $P_0 > P_2 \times (1-L) \times (1-15\%)$ 或 $P_0 < P_2 \times (1+15\%)$ 时，可不调整。

（3）当工程量出现上述（2）的变化，且该变化引起相关措施项目相应发生变化时，按系数或单一总价方式计价的，工程量增加的措施项目费调增，工程量减少的措施项目费调减。

4.3.6.7　计日工

（1）发包人通知承包人以计日工方式实施的零星工作，承包人应予执行。

（2）采用计日工计价的任何一项变更工作，在该项变更的实施过程中，承包人应按合同约定提交下列报表和有关凭证送发包人复核：

① 工作名称、内容和数量。

② 投入该工作所有人员的姓名、工种、级别和耗用工时。

③ 投入该工作的材料名称、类别和数量。

④ 投入该工作的施工设备型号、台数和耗用台时。

⑤ 发包人要求提交的其他资料和凭证。

（3）任一计日工项目持续进行时，承包人应在该项工作实施结束后的 24h 内向发包人提交有计日工记录汇总的现场签证报告一式三份。发包人在收到承包人提交现场签证报告后的 2d 内予以确认并将其中一份返还给承包人，作为计日工计价和支付的依据。发包人逾期未确认也未提出修改意见的，应视为承包人提交的现场签证报告已被发包人认可。

（4）任一计日工项目实施结束后，承包人应按照确认的计日工现场签证报告核实该类项目的工程数量，并应根据核实的工程数量和承包人已标价工程量清单中的计日工单价计算，提出应付价款；已标价工程量清单中没有该类计日工单价的，由发承包双方按 4.3.6.3 节"工程变更"的规定商定计日工单价计算。

（5）每个支付期末，承包人应按照 4.3.7.3 节"进度款"的规定向发包人提交本期间所有计日工记录的签证汇总表，并应说明本期间自己认为有权得到的计日工金额，调整合同价款，列入进度款支付。

4.3.6.8　物价变化

（1）合同履行期间，因人工、材料、工程设备、机械台班价格波动影响合同价款时，应根据合同约定，按物价变化合同价款调整方法调整合同价款。物价变化合同价款调整方法主要有以下两种：

① 价格指数调整价格差额。

a. 价格调整公式。因人工、材料和工程设备、施工机械台班等价格波动影响合同价格时，根据招标人提供的《承包人提供主要材料和工程设备一览表（适用于价格指数差额调整法）》，并由投标人在投标函附录中的价格指数和权重表约定的数据，应按下式计算差额并调整合同价款：

$$\Delta P = P_0 \left[A + \left(B_1 \times \frac{F_{t1}}{F_{01}} + B_2 \times \frac{F_{t2}}{F_{02}} + B_3 \times \frac{F_{t3}}{F_{03}} + \cdots + B_n \times \frac{F_{tn}}{F_{0n}} \right) - 1 \right] \quad (4\text{-}7)$$

式中　　　　　ΔP——需调整的价格差额；

P_0——约定的付款证书中承包人应得到的已完成工程量的金额。此项金额应不包括价格调整、不计质量保证金的扣留和支付、预付款的支付和扣回。约定的变更及其他金额已按现行价格计价的，也不计在内；

A——定值权重（即不调部分的权重）；

$B_1，B_2，B_3，\cdots，B_n$——各可调因子的变值权重（即可调部分的权重），为各可调因子在投标函投标总报价中所占的比例；

$F_{t1}，F_{t2}，F_{t3}，\cdots，F_{tn}$——各可调因子的现行价格指数，指约定的付款证书相关周期最后一天的前 42d 的各可调因子的价格指数；

$F_{01}，F_{02}，F_{03}，\cdots，F_{0n}$——各可调因子的基本价格指数，指基准日期的各可调因子的价格指数。

　　以上价格调整公式中的各可调因子、定值和变值权重，以及基本价格指数及其来源在投标函附录价格指数和权重表中约定。价格指数应首先采用工程造价管理机构提供的价格指数，缺乏上述价格指数时，可采用工程造价管理机构提供的价格代替。

　　b. 暂时确定调整差额。在计算调整差额时得不到现行价格指数的，可暂用上一次价格指数计算，并在以后的付款中再按实际价格指数进行调整。

　　c. 权重的调整。约定的变更导致原定合同中的权重不合理时，由承包人和发包人协商后进行调整。

　　d. 承包人工期延误后的价格调整。由于承包人原因未在约定的工期内竣工的，对原约定竣工日期后继续施工的工程，在使用上述 a 的价格调整公式时，应采用原约定竣工日期与实际竣工日期的两个价格指数中较低的一个作为现行价格指数。

　　e. 若可调因子包括了人工在内，则不适用 4.3.1.4 节"计价风险"中（2）的规定。

　　【例 4-1】　某工程约定采用价格指数法调整合同价款，具体约定见表 4-2 中的数据，本期完成合同价款为 1584629.37 元，其中，已按现行价格计算的计日工价款 5600 元，发承包双方确认应增加的索赔金额 2135.87 元，请计算应调整的合同价款差额。

表 4-2 承包人提供材料和工程设备一览表

（适用于价格指数调整法）

工程名称：某工程　　　　　　　　标段：　　　　　　　　第 1 页共 1 页

序号	名称、规格、型号	变值权重 B	基本价格指数 F_0	现行价格指数 F_t	备注
1	人工费	0.18	110%	121%	
2	钢材	0.11	4000 元/t	4320 元/t	
3	预拌混凝土 C30	0.16	340 元/m³	357 元/m³	
4	页岩砖	0.05	300 元/千匹	318 元/千匹	
5	机械费	0.08	100%	100%	
	定值权重 A	0.42	—	—	
	合计	1	—	—	

【解】

（1）本期完成合同价款应扣除已按现行价格计算的计日工价款和确认的索赔金额。

$1584629.37 - 5600 - 2135.87 = 1576893.50$ （元）

（2）用公式(4-7)计算：

$$\Delta P = 1576893.50 \times \left[0.42 + \left(0.18 \times \frac{121}{110} + 0.11 \times \frac{4320}{4000} + 0.16 \times \frac{357}{340} + 0.05 \times \frac{318}{300} + 0.08 \times \frac{100}{100} \right) - 1 \right]$$

$$= 1576893.50 \times [0.42 + (0.18 \times 1.1 + 0.11 \times 1.08 + 0.16 \times 1.05 + 0.05 \times 1.06 + 0.08 \times 1) - 1]$$

$$= 1576893.50 \times [0.42 + (0.198 + 0.1188 + 0.168 + 0.053 + 0.08) - 1]$$

$$= 1576893.50 \times 0.0378 = 59606.57 (元)$$

本期应增加合同价款 59606.57 元。

假如此例中人工费单独按照 4.3.1.4 节"计价风险"中（2）的规定进行调整，则应扣除人工费所占变值权重，将其列入定值权重。用公式(4-7)：

$$\Delta P = 1576893.50 \times \left[0.6 + \left(0.11 \times \frac{4320}{4000} + 0.16 \times \frac{357}{340} + 0.05 \times \frac{318}{300} + 0.08 \times \frac{100}{100} \right) - 1 \right]$$

$$= 1576893.50 \times [0.6 + (0.1188 + 0.168 + 0.053 + 0.08) - 1]$$

$$= 1576893.50 \times 0.0198 = 31222.49 (元)$$

本期应增加合同价款 31222.49 元。

② 造价信息调整价格差额。

a. 施工期内，因人工、材料和工程设备、施工机械台班价格波动影响合同价格时，人工、机械使用费按照国家或省、自治区、直辖市建设行政管理部门、行业建设管理部门或其授权的工程造价管理机构发布的人工成本信息、机械台班单价或机械使用费系数进行调整；需要进行价格调整的材料，其单价和采购数应由发包人复核，发包人确认需调整的材料单价及数量，作为调整合同价款差额的依据。

b. 人工单价发生变化且符合 4.3.1.4 节"计价风险"中（2）的规定的条件时，发承包双方应按省级或行业建设主管部门或其授权的工程造价管理机构发布的人工成本文件调整合同价款。

c. 材料、工程设备价格变化按照发包人提供的《承包人提供主要材料和工程设备一览表（适用于造价信息差额调整法）》，由发承包双方约定的风险范围按下列规定调整合同价款：

（a）承包人投标报价中材料单价低于基准单价：施工期间材料单价涨幅以基准单价为基础超过合同约定的风险幅度值，或材料单价跌幅以投标报价为基础超过合同约定的风险幅度值时，其超过部分按实调整。

（b）承包人投标报价中材料单价高于基准单价：施工期间材料单价跌幅以基准单价为基础超过合同约定的风险幅度值，或材料单价涨幅以投标报价为基础超过合同约定的风险幅度值时，其超过部分按实调整。

（c）承包人投标报价中材料单价等于基准单价：施工期间材料单价涨、跌幅以基准单价为基础超过合同约定的风险幅度值时，其超过部分按实调整。

（d）承包人应在采购材料前将采购数量和新的材料单价报送发包人核对，确认用于本合同工程时，发包人应确认采购材料的数量和单价。发包人在收到承包人报送的确认资料后 3 个工作日不予答复的视为已经认可，作为调整合同价款的依据。如果承包人未报经发包人核对即自行采购材料，再报发包人确认调整合同价款的，如发包人不同意，则不作调整。

【例 4-2】 某中学教学楼工程采用预拌混凝土由承包人提供，所需品种见表 4-3，在施工期间，在采购预拌混凝土时，其单价分别为 C20：327 元/m³，C25：335 元/m³；C30：345 元/m³，合同约定的材料单价如何调整？

表 4-3 承包人提供主要材料和工程设备一览表

（适用造价信息差额调整法）

工程名称：某中学教学楼工程　　　　标段：　　　　　　第 1 页共 1 页

序号	名称、规格、型号	单位	数量	风险系数/%	基准单价/元	投标单价/元	发承包人确认单价/元	备注
1	预拌混凝土 C20	m³	25	≤5	310	308	309.50	
2	预拌混凝土 C25	m³	560	≤5	323	325	325	
3	预拌混凝土 C30	m³	3120	≤5	340	340	340	

【解】

(1) C20：$327 \div 310 - 1 = 5.48\%$

投标单价低于基准价，按基准价算，已超过约定的风险系数，应予调整。

$308 + 310 \times 0.48\% = 308 + 1.488 = 309.49$（元）

(2) C25：$335 \div 323 - 1 = 3.72\%$

投标单价高于基准价，按报价算，未超过约定的风险系数，不予调整。

(3) C30：$345 \div 340 - 1 = 1.47\%$

投标价等于基准价，以基准价算，未超过约定的风险系数，不予调整。

d. 施工机械台班单价或施工机械使用费发生变化超过省级或行业建设主管部门或其授权的工程造价管理机构规定的范围时，按其规定调整合同价款。

(2) 承包人采购材料和工程设备的，应在合同中约定主要材料、工程设备价格变化的范围或幅度；当没有约定，且材料、工程设备单价变化超过 5% 时，超过部分的价格应按照以上两种物价变化合同价款调整方法计算调整材料、工程设备费。

(3) 发生合同工程工期延误的，应按照下列规定确定合同履行期的价格调整：

① 因非承包人原因导致工期延误的，计划进度日期后续工程的价格，应采用计划进度日期与实际进度日期两者的较高者。

② 因承包人原因导致工期延误的，计划进度日期后续工程的价格，应采用计划进度日期与实际进度日期两者的较低者。

(4) 发包人供应材料和工程设备的，不适用上述（1）、（2）规定，应由发包人按照实际变化调整，列入合同工程的工程造价内。

4.3.6.9 暂估价

(1) 发包人在招标工程量清单中给定暂估价的材料、工程设备属于依法必须招标的，应由发承包双方以招标的方式选择供应商，确定价格，并应以此为依据取代暂估价，调整合同价款。

(2) 发包人在招标工程量清单中给定暂估价的材料、工程设备不属于依法必须招标的，应由承包人按照合同约定采购，经发包人确认单价后取代暂估价，调整合同价款。

(3) 发包人在工程量清单中给定暂估价的专业工程不属于依法必须招标的，应按照 4.3.6.3 节"工程变更"相应条款的规定确定专业工程价款，并应以此为依据取代专业工程暂估价，调整合同价款。

(4) 发包人在招标工程量清单中给定暂估价的专业工程，依法必须招标的，应当由发承包双方依法组织招标选择专业分包人，并接受有管辖权的建设工程招标投标管理机构的监督，还应符合下列要求：

① 除合同另有约定外，承包人不参加投标的专业工程发包招标，应由承包人作为招标人，但拟定的招标文件、评标工作、评标结果应报送发包人批准。与

组织招标工作有关的费用应当被认为已经包括在承包人的签约合同价（投标总报价）中。

② 承包人参加投标的专业工程发包招标，应由发包人作为招标人，与组织招标工作有关的费用由发包人承担。同等条件下，应优先选择承包人中标。

③ 应以专业工程发包中标价为依据取代专业工程暂估价，调整合同价款。

4.3.6.10　不可抗力

（1）因不可抗力事件导致的人员伤亡、财产损失及其费用增加，发承包双方应按下列原则分别承担并调整合同价款和工期：

① 合同工程本身的损害、因工程损害导致第三方人员伤亡和财产损失以及运至施工场地用于施工的材料和待安装的设备的损害，应由发包人承担。

② 发包人、承包人人员伤亡应由其所在单位负责，并应承担相应费用。

③ 承包人的施工机械设备损坏及停工损失，应由承包人承担。

④ 停工期间，承包人应发包人要求留在施工场地的必要的管理人员及保卫人员的费用应由发包人承担。

⑤ 工程所需清理、修复费用，应由发包人承担。

（2）不可抗力解除后复工的，若不能按期竣工，应合理延长工期。发包人要求赶工的，赶工费用由发包人承担。

（3）因不可抗力解除合同的，应按 4.3.9 节（2）的规定办理。

4.3.6.11　提前竣工（赶工补偿）

（1）招标人应依据相关工程的工期定额合理计算工期，压缩的工期天数不得超过定额工期的 20%，超过者，应在招标文件中明示增加赶工费用。

（2）发包人要求合同工程提前竣工的，应征得承包人同意后与承包人商定采取加快工程进度的措施，并应修订合同工程进度计划。发包人应承担承包人由此增加的提前竣工（赶工补偿）费用。

（3）发承包双方应在合同中约定提前竣工每日历天应补偿额度，此项费用应作为增加合同价款列入竣工结算文件中，应与结算款一并支付。

4.3.6.12　误期赔偿

（1）承包人未按照合同约定施工，导致实际进度迟于计划进度的，承包人应加快进度，实现合同工期。

合同工程发生误期，承包人应赔偿发包人由此造成的损失，并应按照合同约定向发包人支付误期赔偿费。即使承包人支付误期赔偿费，也不能免除承包人按照合同约定应承担的任何责任和应履行的任何义务。

（2）发承包双方应在合同中约定误期赔偿费，并应明确每日历天应赔额度。误期赔偿费应列入竣工结算文件中，并应在结算款中扣除。

（3）在工程竣工之前，合同工程内的某单项（位）工程已通过了竣工验收，且该单项（位）工程接收证书中表明的竣工日期并未延误，而是合同工程的其他部分产生了工期延误时，误期赔偿费应按照已颁发工程接收证书的单项（位）工程造价占合同价款的比例幅度予以扣减。

4.3.6.13　索赔

（1）当合同一方向另一方提出索赔时，应有正当的索赔理由和有效证据，并应符合合同的相关约定。

（2）根据合同约定，承包人认为非承包人原因发生的事件造成了承包人的损失，应按下列程序向发包人提出索赔：

① 承包人应在知道或应当知道索赔事件发生后 28d 内，向发包人提交索赔意向通知书，说明发生索赔事件的事由。承包人逾期未发出索赔意向通知书的，丧失索赔的权利。

② 承包人应在发出索赔意向通知书后 28d 内，向发包人正式提交索赔通知书。索赔通知书应详细说明索赔理由和要求，并应附必要的记录和证明材料。

③ 索赔事件具有连续影响的，承包人应继续提交延续索赔通知，说明连续影响的实际情况和记录。

④ 在索赔事件影响结束后的 28d 内，承包人应向发包人提交最终索赔通知书，说明最终索赔要求，并应附必要的记录和证明材料。

（3）承包人索赔应按下列程序处理：

① 发包人收到承包人的索赔通知书后，应及时查验承包人的记录和证明材料。

② 发包人应在收到索赔通知书或有关索赔的进一步证明材料后的 28d 内，将索赔处理结果答复承包人，如果发包人逾期未做出答复，视为承包人索赔要求已被发包人认可。

③ 承包人接受索赔处理结果的，索赔款项应作为增加合同价款，在当期进度款中进行支付；承包人不接受索赔处理结果的，应按合同约定的争议解决方式办理。

（4）承包人要求赔偿时，可以选择下列一项或几项方式获得赔偿：

① 延长工期。

② 要求发包人支付实际发生的额外费用。

③ 要求发包人支付合理的预期利润。

④ 要求发包人按合同的约定支付违约金。

（5）当承包人的费用索赔与工期索赔要求相关联时，发包人在做出费用索赔的批准决定时，应结合工程延期，综合做出费用赔偿和工程延期的决定。

（6）发承包双方在按合同约定办理了竣工结算后，应被认为承包人已无权再提出竣工结算前所发生的任何索赔。承包人在提交的最终结清申请中，只限于提出竣工结算后的索赔，提出索赔的期限应自发承包双方最终结清时终止。

（7）根据合同约定，发包人认为由于承包人的原因造成发包人的损失，宜按承包人索赔的程序进行索赔。

（8）发包人要求赔偿时，可以选择下列一项或几项方式获得赔偿：

① 延长质量缺陷修复期限。

② 要求承包人支付实际发生的额外费用。

③ 要求承包人按合同的约定支付违约金。

（9）承包人应付给发包人的索赔金额可从拟支付给承包人的合同价款中扣除，或由承包人以其他方式支付给发包人。

4.3.6.14　现场签证

（1）承包人应发包人要求完成合同以外的零星项目、非承包人责任事件等工作的，发包人应及时以书面形式向承包人发出指令，并应提供所需的相关资料；承包人在收到指令后，应及时向发包人提出现场签证要求。

（2）承包人应在收到发包人指令后的 7d 内向发包人提交现场签证报告，发包人应在收到现场签证报告后的 48h 内对报告内容进行核实，予以确认或提出修改意见。发包人在收到承包人现场签证报告后的 48h 内未确认也未提出修改意见的，应视为承包人提交的现场签证报告已被发包人认可。

（3）现场签证的工作如已有相应的计日工单价，现场签证中应列明完成该类项目所需的人工、材料、工程设备和施工机械台班的数量。

如现场签证的工作没有相应的计日工单价，应在现场签证报告中列明完成该签证工作所需的人工、材料设备和施工机械台班的数量及单价。

（4）合同工程发生现场签证事项，未经发包人签证确认，承包人便擅自施工的，除非征得发包人书面同意，否则发生的费用应由承包人承担。

（5）现场签证工作完成后的 7d 内，承包人应按照现场签证内容计算价款，报送发包人确认后，作为增加合同价款，与进度款同期支付。

（6）在施工过程中，当发现合同工程内容因场地条件、地质水文、发包人要求等不一致时，承包人应提供所需的相关资料，并提交发包人签证认可，作为合同价款调整的依据。

4.3.6.15　暂列金额

（1）已签约合同价中的暂列金额应由发包人掌握使用。

（2）发包人按照上述 4.3.6.1～4.3.6.14 的规定支付后，暂列金额余额应归发包人所有。

4.3.7　合同价款期中支付

4.3.7.1　预付款

（1）承包人应将预付款专用于合同工程。

（2）包工包料工程的预付款的支付比例不得低于签约合同价（扣除暂列金额）的 10％，不宜高于签约合同价（扣除暂列金额）的 30％。

（3）承包人应在签订合同或向发包人提供与预付款等额的预付款保函后向发包人提交预付款支付申请。

（4）发包人应在收到支付申请的 7d 内进行核实，向承包人发出预付款支付证书，并在签发支付证书后的 7d 内向承包人支付预付款。

（5）发包人没有按合同约定按时支付预付款的，承包人可催告发包人支付；发包人在预付款期满后的 7d 内仍未支付的，承包人可在付款期满后的第 8d 起暂停施工。发包人应承担由此增加的费用和延误的工期，并应向承包人支付合理利润。

（6）预付款应从每一个支付期应支付给承包人的工程进度款中扣回，直到扣回的金额达到合同约定的预付款金额为止。

（7）承包人的预付款保函的担保金额根据预付款扣回的数额相应递减，但在预付款全部扣回之前一直保持有效。发包人应在预付款扣完后的 14d 内将预付款保函退还给承包人。

4.3.7.2　安全文明施工费

（1）安全文明施工费包括的内容和使用范围，应符合国家有关文件和计量规范的规定。

（2）发包人应在工程开工后的 28d 内预付不低于当年施工进度计划的安全文明施工费总额的 60%，其余部分应按照提前安排的原则进行分解，并应与进度款同期支付。

（3）发包人没有按时支付安全文明施工费的，承包人可催告发包人支付；发包人在付款期满后的 7d 内仍未支付的，若发生安全事故，发包人应承担相应责任。

（4）承包人对安全文明施工费应专款专用，在财务账目中应单独列项备查，不得挪作他用，否则发包人有权要求其限期改正；逾期未改正的，造成的损失和延误的工期应由承包人承担。

4.3.7.3　进度款

（1）发承包双方应按照合同约定的时间、程序和方法，根据工程计量结果，办理期中价款结算，支付进度款。

（2）进度款支付周期应与合同约定的工程计量周期一致。

（3）已标价工程量清单中的单价项目，承包人应按工程计量确认的工程量与综合单价计算；综合单价发生调整的，以发承包双方确认调整的综合单价计算进度款。

（4）已标价工程量清单中的总价项目和按照 4.3.5.3 节"总价合同的计量"中（2）的规定形成的总价合同，承包人应按合同中约定的进度款支付分解，分别列入进度款支付申请中的安全文明施工费和本周期应支付的总价项目的金额中。

（5）发包人提供的甲供材料金额，应按照发包人签约提供的单价和数量从进度款支付中扣除，列入本周期应扣减的金额中。

（6）承包人现场签证和得到发包人确认的索赔金额应列入本周期应增加的金额中。

（7）进度款的支付比例按照合同约定，按期中结算价款总额计，不低于60%，不高于90%。

（8）承包人应在每个计量周期到期后的 7d 内向发包人提交已完工程进度款支付申请一式四份，详细说明此周期认为有权得到的款额，包括分包人已完工程的价款。支付申请应包括下列内容：

① 累计已完成的合同价款。

② 累计已实际支付的合同价款。

③ 本周期合计完成的合同价款。

a. 本周期已完成单价项目的金额。

b. 本周期应支付的总价项目的金额。

c. 本周期已完成的计日工价款。

d. 本周期应支付的安全文明施工费。

e. 本周期应增加的金额。

④ 本周期合计应扣减的金额。

a. 本周期应扣回的预付款。

b. 本周期应扣减的金额。

⑤ 本周期实际应支付的合同价款。

（9）发包人应在收到承包人进度款支付申请后的 14d 内，根据计量结果和合同约定对申请内容予以核实，确认后向承包人出具进度款支付证书。若发承包双方对部分清单项目的计量结果出现争议，发包人应对无争议部分的工程计量结果向承包人出具进度款支付证书。

（10）发包人应在签发进度款支付证书后的 14d 内，按照支付证书列明的金额向承包人支付进度款。

（11）若发包人逾期未签发进度款支付证书，则视为承包人提交的进度款支付申请已被发包人认可，承包人可向发包人发出催告付款的通知。发包人应在收到通知后的 14d 内，按照承包人支付申请的金额向承包人支付进度款。

（12）发包人未按照（9）～（11）的规定支付进度款的，承包人可催告发包人支付，并有权获得延迟支付的利息；发包人在付款期满后的 7d 内仍未支付的，承包人可在付款期满后的第 8 天起暂停施工。发包人应承担由此增加的费用和延误的工期，向承包人支付合理利润，并应承担违约责任。

（13）发现已签发的任何支付证书有错、漏或重复的数额，发包人有权予以修正，承包人也有权提出修正申请。经发承包双方复核同意修正的，应在本次到期的进度款中支付或扣除。

4.3.8 竣工结算与支付

4.3.8.1 一般规定

（1）工程完工后，发承包双方必须在合同约定时间内办理工程竣工结算。

（2）工程竣工结算应由承包人或受其委托具有相应资质的工程造价咨询人编制，并应由发包人或受其委托具有相应资质的工程造价咨询人核对。

（3）当发承包双方或一方对工程造价咨询人出具的竣工结算文件有异议时，可向工程造价管理机构投诉，申请对其进行执业质量鉴定。

（4）工程造价管理机构对投诉的竣工结算文件进行质量鉴定，宜按 4.3.11 节"工程造价鉴定"的相关规定进行。

（5）竣工结算办理完毕，发包人应将竣工结算文件报送工程所在地或有该工程管辖权的行业管理部门的工程造价管理机构备案，竣工结算文件应作为工程竣工验收备案、交付使用的必备文件。

4.3.8.2　编制与复核

（1）工程竣工结算应根据下列依据编制和复核：

① 《建设工程工程量清单计价规范》（GB 50500—2013）。

② 工程合同。

③ 发承包双方实施过程中已确认的工程量及其结算的合同价款。

④ 发承包双方实施过程中已确认调整后追加（减）的合同价款。

⑤ 建设工程设计文件及相关资料。

⑥ 投标文件。

⑦ 其他依据。

（2）分部分项工程和措施项目中的单价项目应依据发承包双方确认的工程量与已标价工程量清单的综合单价计算；发生调整的，应以发承包双方确认调整的综合单价计算。

（3）措施项目中的总价项目应依据已标价工程量清单的项目和金额计算；发生调整的，应以发承包双方确认调整的金额计算，其中安全文明施工费应按 4.3.1.1 节"计价方式"中（5）的规定计算。

（4）其他项目应按下列规定计价：

① 计日工应按发包人实际签证确认的事项计算。

② 暂估价应按 4.3.6.9 节"暂估价"的规定计算。

③ 总承包服务费应依据已标价工程量清单金额计算；发生调整的，应以发承包双方确认调整的金额计算。

④ 索赔费用应依据发承包双方确认的索赔事项和金额计算。

⑤ 现场签证费用应依据发承包双方签证资料确认的金额计算。

⑥ 暂列金额应减去合同价款调整（包括索赔、现场签证）金额计算，如有余额归发包人。

（5）规费和税金应按本节 4.3.1.1 节"计价方式"中（6）的规定计算。规费中的工程排污费应按工程所在地环境保护部门规定的标准缴纳后按实列入。

（6）发承包双方在合同工程实施过程中已经确认的工程计量结果和合同价款，在竣工结算办理中应直接进入结算。

4.3.8.3 竣工结算

（1）合同工程完工后，承包人应在经发承包双方确认的合同工程期中价款结算的基础上汇总编制完成竣工结算文件，应在提交竣工验收申请的同时向发包人提交竣工结算文件。

承包人未在合同约定的时间内提交竣工结算文件，经发包人催告后14d内仍未提交或没有明确答复的，发包人有权根据已有资料编制竣工结算文件，作为办理竣工结算和支付结算款的依据，承包人应予以认可。

（2）发包人应在收到承包人提交的竣工结算文件后的28d内核对。发包人经核实，认为承包人还应进一步补充资料和修改结算文件，应在上述时限内向承包人提出核实意见，承包人在收到核实意见后的28d内应按照发包人提出的合理要求补充资料，修改竣工结算文件，并应再次提交给发包人复核后批准。

（3）发包人应在收到承包人再次提交的竣工结算文件后的28d内予以复核，将复核结果通知承包人，并应遵守下列规定：

① 发包人、承包人对复核结果无异议的，应在7d内在竣工结算文件上签字确认，竣工结算办理完毕；

② 发包人或承包人对复核结果认为有误的，无异议部分按照①规定办理不完全竣工结算；有异议部分由发承包双方协商解决；协商不成的，应按照合同约定的争议解决方式处理。

（4）发包人在收到承包人竣工结算文件后的28d内，不核对竣工结算或未提出核对意见的，应视为承包人提交的竣工结算文件已被发包人认可，竣工结算办理完毕。

（5）承包人在收到发包人提出的核实意见后的28d内，不确认也未提出异议的，应视为发包人提出的核实意见已被承包人认可，竣工结算办理完毕。

（6）发包人委托工程造价咨询人核对竣工结算的，工程造价咨询人应在28d内核对完毕，核对结论与承包人竣工结算文件不一致的，应提交给承包人复核；承包人应在14d内将同意核对结论或不同意见的说明提交工程造价咨询人。工程造价咨询人收到承包人提出的异议后，应再次复核，复核无异议的，应按第（3）条①的规定办理，复核后仍有异议的，按第（3）条②的规定办理。

承包人逾期未提出书面异议的，应视为工程造价咨询人核对的竣工结算文件已被承包人认可。

（7）对发包人或发包人委托的工程造价咨询人指派的专业人员与承包人指派的专业人员经核对后无异议并签名确认的竣工结算文件，除非发、承包人能提出具体、详细的不同意见，发、承包人都应在竣工结算文件上签名确认，如其中一方拒不签认的，按下列规定办理：

① 若发包人拒不签认的，承包人可不提供竣工验收备案资料，并有权拒绝与发包人或其上级部门委托的工程造价咨询人重新核对竣工结算文件。

② 若承包人拒不签认的，发包人要求办理竣工验收备案的，承包人不得拒

绝提供竣工验收资料，否则，由此造成的损失，承包人承担相应责任。

（8）合同工程竣工结算核对完成，发承包双方签字确认后，发包人不得要求承包人与另一个或多个工程造价咨询人重复核对竣工结算。

（9）发包人对工程质量有异议，拒绝办理工程竣工结算的，已竣工验收或已竣工未验收但实际投入使用的工程，其质量争议应按该工程保修合同执行，竣工结算应按合同约定办理；已竣工未验收且未实际投入使用的工程以及停工、停建工程的质量争议，双方应就有争议的部分委托有资质的检测鉴定机构进行检测，并应根据检测结果确定解决方案，或按工程质量监督机构的处理决定执行后办理竣工结算，无争议部分的竣工结算应按合同约定办理。

4.3.8.4　结算款支付

（1）承包人应根据办理的竣工结算文件向发包人提交竣工结算款支付申请。申请应包括下列内容：

① 竣工结算合同价款总额。

② 累计已实际支付的合同价款。

③ 应预留的质量保证金。

④ 实际应支付的竣工结算款金额。

（2）发包人应在收到承包人提交竣工结算款支付申请后的 7d 内予以核实，向承包人签发竣工结算支付证书。

（3）发包人签发竣工结算支付证书后的 14d 内，应按照竣工结算支付证书列明的金额向承包人支付结算款。

（4）发包人在收到承包人提交的竣工结算款支付申请后的 7d 内不予核实、不向承包人签发竣工结算支付证书的，视为承包人的竣工结算款支付申请已被发包人认可；发包人应在收到承包人提交的竣工结算款支付申请 7d 后的 14d 内，按照承包人提交的竣工结算款支付申请列明的金额向承包人支付结算款。

（5）发包人未按照（3）、（4）规定支付竣工结算款的，承包人可催告发包人支付，并有权获得延迟支付的利息。发包人在竣工结算支付证书签发后或者在收到承包人提交的竣工结算款支付申请 7d 后的 56d 内仍未支付的，除法律另有规定外，承包人可与发包人协商将该工程折价，也可直接向人民法院申请将该工程依法拍卖。承包人应就该工程折价或拍卖的价款优先受偿。

4.3.8.5　质量保证金

（1）发包人应按照合同约定的质量保证金比例从结算款中预留质量保证金。

（2）承包人未按照合同约定履行属于自身责任的工程缺陷修复义务的，发包人有权从质量保证金中扣除用于缺陷修复的各项支出。经查验，工程缺陷属于发包人原因造成的，应由发包人承担查验和缺陷修复的费用。

（3）在合同约定的缺陷责任期终止后，发包人应按照下文中 4.3.8.6 节“最终结清”的规定，将剩余的质量保证金返还给承包人。

4.3.8.6 最终结清

（1）缺陷责任期终止后，承包人应按照合同约定向发包人提交最终结清支付申请。发包人对最终结清支付申请有异议的，有权要求承包人进行修正和提供补充资料。承包人修正后，应再次向发包人提交修正后的最终结清支付申请。

（2）发包人应在收到最终结清支付申请后的 14d 内予以核实，并应向承包人签发最终结清支付证书。

（3）发包人应在签发最终结清支付证书后的 14d 内，按照最终结清支付证书列明的金额向承包人支付最终结清款。

（4）发包人未在约定的时间内核实，又未提出具体意见的，应视为承包人提交的最终结清支付申请已被发包人认可。

（5）发包人未按期最终结清支付的，承包人可催告发包人支付，并有权获得延迟支付的利息。

（6）最终结清时，承包人预留的质量保证金不足以抵减发包人工程缺陷修复费用的，承包人应承担不足部分的补偿责任。

（7）承包人对发包人支付的最终结清款有异议的，应按照合同约定的争议解决方式处理。

4.3.9 合同解除的价款结算与支付

（1）发承包双方协商一致解除合同的，应按照达成的协议办理结算和支付合同价款。

（2）由于不可抗力致使合同无法履行解除合同的，发包人应向承包人支付合同解除之日前已完成工程但尚未支付的合同价款，此外，还应支付下列金额：

① 4.3.6.11 节"提前竣工（赶工补偿）"中（1）规定的由发包人承担的费用。

② 已实施或部分实施的措施项目应付价款。

③ 承包人为合同工程合理订购且已交付的材料和工程设备货款。

④ 承包人撤离现场所需的合理费用，包括员工遣送费和临时工程拆除、施工设备运离现场的费用。

⑤ 承包人为完成合同工程而预期开支的任何合理费用，且该项费用未包括在本款其他各项支付之内。

发承包双方办理结算合同价款时，应扣除合同解除之日前发包人应向承包人收回的价款。当发包人应扣除的金额超过了应支付的金额，承包人应在合同解除后的 56d 内将其差额退还给发包人。

（3）因承包人违约解除合同的，发包人应暂停向承包人支付任何价款。发包人应在合同解除后 28d 内核实合同解除时承包人已完成的全部合同价款以及按施工进度计划已运至现场的材料和工程设备货款，按合同约定核算承包人应支付的违约金以及造成损失的索赔金额，并将结果通知承包人。发承包双方应在 28d 内予以确认或提出意见，并应办理结算合同价款。如果发包人应扣除的金额超过了应支付的金额，承包人应在合同解除后的 56d 内将其差额退还给发包人。发承包双方不能就解除合同后的结算达成一致的，按照合同约定的争议解决方式处理。

（4）因发包人违约解除合同的，发包人除应按照（2）的规定向承包人支付各项价款外，应按合同约定核算发包人应支付的违约金以及给承包人造成损失或损害的索赔金额费用。该笔费用应由承包人提出，发包人核实后应与承包人协商确定后的 7d 内向承包人签发支付证书。协商不能达成一致的，应按照合同约定的争议解决方式处理。

4.3.10　合同价款争议的解决

4.3.10.1　监理或造价工程师暂定

（1）若发包人和承包人之间就工程质量、进度、价款支付与扣除、工期延期、索赔、价款调整等发生任何法律上、经济上或技术上的争议，首先应根据已签约合同的规定，提交合同约定职责范围内的总监理工程师或造价工程师解决，并应抄送另一方。总监理工程师或造价工程师在收到此提交件后 14d 内应将暂定结果通知发包人和承包人。发承包双方对暂定结果认可的，应以书面形式予以确认，暂定结果成为最终决定。

（2）发承包双方在收到总监理工程师或造价工程师的暂定结果通知之后的 14d 内未对暂定结果予以确认也未提出不同意见的，应视为发承包双方已认可该暂定结果。

（3）发承包双方或一方不同意暂定结果的，应以书面形式向总监理工程师或造价工程师提出，说明自己认为正确的结果，同时抄送另一方，此时该暂定结果成为争议。在暂定结果对发承包双方当事人履约不产生实质影响的前提下，发承包双方应实施该结果，直到按照发承包双方认可的争议解决办法被改变为止。

4.3.10.2　管理机构的解释或认定

（1）合同价款争议发生后，发承包双方可就工程计价依据的争议以书面形式提请工程造价管理机构对争议以书面文件进行解释或认定。

（2）工程造价管理机构应在收到申请的 10 个工作日内就发承包双方提请的争议问题进行解释或认定。

（3）发承包双方或一方在收到工程造价管理机构书面解释或认定后仍可按照合同约定的争议解决方式提请仲裁或诉讼。除工程造价管理机构的上级管理部门做出了不同的解释或认定，或在仲裁裁决或法院判决中不予采信的外，工程造价管理机构做出的书面解释或认定应为最终结果，并应对发承包双方均有约束力。

4.3.10.3　协商和解

（1）合同价款争议发生后，发承包双方任何时候都可以进行协商。协商达成一致的，双方应签订书面和解协议，和解协议对发承包双方均有约束力。

（2）如果协商不能达成一致协议，发包人或承包人都可以按合同约定的其他方式解决争议。

4.3.10.4 调解

（1）发承包双方应在合同中约定或在合同签订后共同约定争议调解人，负责双方在合同履行过程中发生争议的调解。

（2）合同履行期间，发承包双方可协议调换或终止任何调解人，但发包人或承包人都不能单独采取行动。除非双方另有协议，在最终结清支付证书生效后，调解人的任期应即终止。

（3）如果发承包双方发生了争议，任何一方可将该争议以书面形式提交调解人，并将副本抄送另一方，委托调解人调解。

（4）发承包双方应按照调解人提出的要求，给调解人提供所需要的资料、现场进入权及相应设施。调解人应被视为不是在进行仲裁人的工作。

（5）调解人应在收到调解委托后28d内或由调解人建议并经发承包双方认可的其他期限内提出调解书，发承包双方接受调解书的，经双方签字后作为合同的补充文件，对发承包双方均具有约束力，双方都应立即遵照执行。

（6）当发承包双方中任一方对调解人的调解书有异议时，应在收到调解书后28d内向另一方发出异议通知，并应说明争议的事项和理由。但除非并直到调解书在协商和解或仲裁裁决、诉讼判决中做出修改，或合同已经解除，承包人应继续按照合同实施工程。

（7）当调解人已就争议事项向发承包双方提交了调解书，而任一方在收到调解书后28d内均未发出表示异议的通知时，调解书对发承包双方应均具有约束力。

4.3.10.5 仲裁、诉讼

（1）发承包双方的协商和解或调解均未达成一致意见，其中的一方已就此争议事项根据合同约定的仲裁协议申请仲裁，应同时通知另一方。

（2）仲裁可在竣工之前或之后进行，但发包人、承包人、调解人各自的义务不得因在工程实施期间进行仲裁而有所改变。当仲裁是在仲裁机构要求停止施工的情况下进行时，承包人应对合同工程采取保护措施，由此增加的费用应由败诉方承担。

（3）在4.3.10.1～4.3.10.4节规定的期限之内，暂定或和解协议或调解书已经有约束力的情况下，当发承包中一方未能遵守暂定或和解协议或调解书时，另一方可在不损害他可能具有的任何其他权利的情况下，将未能遵守暂定或不执行和解协议或调解书达成的事项提交仲裁。

（4）发包人、承包人在履行合同时发生争议，双方不愿和解、调解或者和解、调解不成，又没有达成仲裁协议的，可依法向人民法院提起诉讼。

4.3.11 工程造价鉴定

4.3.11.1 一般鉴定

（1）在工程合同价款纠纷案件处理中，需做工程造价司法鉴定的，应委托具有相应资质的工程造价咨询人进行。

（2）工程造价咨询人接受委托时提供工程造价司法鉴定服务，应按仲裁、诉讼程序和要求进行，并应符合国家关于司法鉴定的规定。

（3）工程造价咨询人进行工程造价司法鉴定时，应指派专业对口、经验丰富的注册造价工程师承担鉴定工作。

（4）工程造价咨询人应在收到工程造价司法鉴定资料后 10d 内，根据自身专业能力和证据资料判断能否胜任该项委托，如不能，应辞去该项委托。工程造价咨询人不得在鉴定期满后以上述理由不做出鉴定结论，影响案件处理。

（5）接受工程造价司法鉴定委托的工程造价咨询人或造价工程师如是鉴定项目一方当事人的近亲属或代理人、咨询人以及其他关系可能影响鉴定公正的，应当自行回避；未自行回避，鉴定项目委托人以该理由要求其回避的，必须回避。

（6）工程造价咨询人应当依法出庭接受鉴定项目当事人对工程造价司法鉴定意见书的质询。如确因特殊原因无法出庭的，经审理该鉴定项目的仲裁机关或人民法院准许，可以书面形式答复当事人的质询。

4.3.11.2　取证

（1）工程造价咨询人进行工程造价鉴定工作时，应自行收集以下（但不限于）鉴定资料：

① 适用于鉴定项目的法律、法规、规章、规范性文件以及规范、标准、定额。

② 鉴定项目同时期同类型工程的技术经济指标及其各类要素价格等。

（2）工程造价咨询人收集鉴定项目的鉴定依据时，应向鉴定项目委托人提出具体书面要求，其内容包括：

① 与鉴定项目相关的合同、协议及其附件。

② 相应的施工图纸等技术经济文件。

③ 施工过程中的施工组织、质量、工期和造价等工程资料。

④ 存在争议的事实及各方当事人的理由。

⑤ 其他有关资料。

（3）工程造价咨询人在鉴定过程中要求鉴定项目当事人对缺陷资料进行补充的，应征得鉴定项目委托人同意，或者协调鉴定项目各方当事人共同签认。

（4）鉴定工作需要现场勘验的，工程造价咨询人应提请鉴定项目委托人组织各方当事人对被鉴定项目所涉及的实物标的进行现场勘验。

（5）勘验现场应制作勘验记录、笔录或勘验图表，记录勘验的时间、地点、勘验人、在场人、勘验经过、结果，由勘验人、在场人签名或者盖章确认。绘制的现场图应注明绘制的时间、测绘人姓名、身份等内容。必要时应采取拍照或摄像取证，留下影像资料。

（6）鉴定项目当事人未对现场勘验图表或勘验笔录等签字确认的，工程造价咨询人应提请鉴定项目委托人决定处理意见，并在鉴定意见书中做出表述。

4.3.11.3 鉴定

（1）工程造价咨询人在鉴定项目合同有效的情况下应根据合同约定进行鉴定，不得任意改变双方合法的合意。

（2）工程造价咨询人在鉴定项目合同无效或合同条款约定不明确的情况下应根据法律法规、相关国家标准和《建设工程工程量清单计价规范》（GB 50500—2013）的规定，选择相应专业工程的计价依据和方法进行鉴定。

（3）工程造价咨询人出具正式鉴定意见书之前，可报请鉴定项目委托人向鉴定项目各方当事人发出鉴定意见书征求意见稿，并指明应书面答复的期限及其不答复的相应法律责任。

（4）工程造价咨询人收到鉴定项目各方当事人对鉴定意见书征求意见稿的书面复函后，应对不同意见认真复核，修改完善后再出具正式鉴定意见书。

（5）工程造价咨询人出具的工程造价鉴定书应包括下列内容：

① 鉴定项目委托人名称、委托鉴定的内容。

② 委托鉴定的证据材料。

③ 鉴定的依据及使用的专业技术手段。

④ 对鉴定过程的说明。

⑤ 明确的鉴定结论。

⑥ 其他需说明的事宜。

⑦ 工程造价咨询人盖章及注册造价工程师签名盖执业专用章。

（6）工程造价咨询人应在委托鉴定项目的鉴定期限内完成鉴定工作，如确因特殊原因不能在原定期限内完成鉴定工作时，应按照相应法规提前向鉴定项目委托人申请延长鉴定期限，并应在此期限内完成鉴定工作。

经鉴定项目委托人同意等待鉴定项目当事人提交、补充证据的，质证所用的时间不应计入鉴定期限。

（7）对于已经出具的正式鉴定意见书中有部分缺陷的鉴定结论，工程造价咨询人应通过补充鉴定做出补充结论。

4.3.12 工程计价资料与档案

4.3.12.1 计价资料

（1）发承包双方应当在合同中约定各自在合同工程中现场管理人员的职责范围，双方现场管理人员在职责范围内签字确认的书面文件是工程计价的有效凭证，但如有其他有效证据或经实证证明其是虚假的除外。

（2）发承包双方不论在何种场合对与工程计价有关的事项所给予的批准、证明、同意、指令、商定、确定、确认、通知和请求，或表示同意、否定、提出要求和意见等，均应采用书面形式，口头指令不得作为计价凭证。

（3）任何书面文件送达时，应由对方签收，通过邮寄应采用挂号、特快专递传送，或以发承包双方商定的电子传输方式发送，交付、传送或传输至指定的接收人的地址。如接收人通知了另外地址时，随后通信信息应按新地址发送。

（4）发承包双方分别向对方发出的任何书面文件，均应将其抄送现场管理人员，如系复印件应加盖合同工程管理机构印章，证明与原件相同。双方现场管理人员向对方所发任何书面文件，也应将其复印件发送给发承包双方，复印件应加盖合同工程管理机构印章，证明与原件相同。

（5）发承包双方均应当及时签收另一方送达其指定接收地点的来往信函，拒不签收的，送达信函的一方可以采用特快专递或者公证方式送达，所造成的费用增加（包括被迫采用特殊送达方式所发生的费用）和延误的工期由拒绝签收一方承担。

（6）书面文件和通知不得扣压，一方能够提供证据证明另一方拒绝签收或已送达的，应视为对方已签收并应承担相应责任。

4.3.12.2　计价档案

（1）发承包双方以及工程造价咨询人对具有保存价值的各种载体的计价文件，均应收集齐全，整理立卷后归档。

（2）发承包双方和工程造价咨询人应建立完善的工程计价档案管理制度，并应符合国家和有关部门发布的档案管理相关规定。

（3）工程造价咨询人归档的计价文件，保存期不宜少于 5 年。

（4）归档的工程计价成果文件应包括纸质原件和电子文件，其他归档文件及依据可为纸质原件、复印件或电子文件。

（5）归档文件应经过分类整理，并应组成符合要求的案卷。

（6）归档可以分阶段进行，也可以在项目竣工结算完成后进行。

（7）向接受单位移交档案时，应编制移交清单，双方应签字、盖章后方可交接。

4.4 园林工程工程量清单计价基本表格

4.4.1　表格形式与填制

4.4.1.1　封面

（1）招标工程量清单封面（表 4-4）　填制说明：封面应填写招标工程项目的具体名称，招标人应盖单位公章，如委托工程造价咨询人编制，还应由其加盖相同单位公章。

（2）招标控制价封面（表 4-5）　填制说明：封面应填写招标工程项目的具体名称，招标人应盖单位公章，如委托工程造价咨询人编制，还应由其加盖相同单位公章。

表 4-4 招标工程量清单封面

_____工程

招标工程量清单

招 标 人:_____
(单位盖章)

造价咨询人:_____
(单位盖章)

年　　月　　日

表 4-5 招标控制价封面

_____工程

招标控制价

招 标 人:_____
(单位盖章)

造价咨询人:_____
(单位盖章)

年　　月　　日

（3）投标总价封面（表 4-6）　填制说明：应填写投标工程的具体名称，投标人应盖单位公章。

（4）竣工结算书封面（表 4-7）　填制说明：应填写竣工工程的具体名称，发承包双方应盖其单位公章，如委托工程造价咨询人办理的，还应加盖其单位公章。

表 4-6　投标总价封面

_____工程
投 标 总 价
投 标 人：_____
（单位盖章）
年　　月　　日

表 4-7　竣工结算书封面

_____工程
竣 工 结 算 书
发 包 人：_____
（单位盖章）
承 包 人：_____
（单位盖章）
造价咨询人：_____
（单位盖章）
年　　月　　日

（5）工程造价鉴定意见书封面（表 4-8） 填制说明：应填写鉴定工程项目的具体名称，填写意见书文号，工程造价咨询人盖单位公章。

表 4-8 工程造价鉴定意见书封面

_____工程

编号：×××[2×××]××号

工 程 造 价 鉴 定 意 见 书

造价咨询人：_____

（单位盖章）

年 月 日

4.4.1.2 扉页

（1）招标工程量清单扉页（表 4-9） 填制说明：

① 招标人自行编制工程量清单时，由招标人单位注册的造价人员编制，招标人盖单位公章，法定代表人或其授权人签字或盖章。编制人是造价工程师的，由其签字盖执业专用章；编制人是造价员的，在编制人栏签字盖专用章，应由造价工程师复核，并在复核人栏签字盖执业专用章。

② 招标人委托工程造价咨询人编制工程量清单时，由工程造价咨询人单位注册的造价人员编制，工程造价咨询人盖单位资质专用章，法定代表人或其授权人签字或盖章。编制人是造价工程师的，由其签字盖执业专用章；编制人是造价员的，在编制人栏签字盖专用章，应由造价工程师复核，并在复核人栏签字盖执业专用章。

表 4-9 招标工程量清单扉页

_____工程

招 标 工 程 量 清 单

招标人：_____   造价咨询人：_____
(单位盖章)   (单位资质专用章)

法定代表人   法定代表人

或其授权人：_____   或其授权人：_____
(签字或盖章)   (签字或盖章)

编 制 人：_____   复 核 人：_____
(造价人员签字盖专用章)   (造价工程师签字盖专用章)

编制时间：   年   月   日   复核时间：   年   月   日

　　（2）招标控制价扉页（表 4-10）　填制说明：

　　① 招标人自行编制招标控制价时，由招标人单位注册的造价人员编制，招标人盖单位公章，法定代表人或其授权人签字或盖章。编制人是造价工程师的，由其签字盖执业专用章；编制人是造价员的，由其在编制人栏签字盖专用章，应由造价工程师复核，并在复核人栏签字盖执业专用章。

　　② 招标人委托工程造价咨询人编制招标控制价时，由工程造价咨询人单位注册的造价人员编制，工程造价咨询人盖单位资质专用章，法定代表人或其授权人签字或盖章。编制人是造价工程师的，由其签字盖执业专用章；编制人是造价员的，在编制人栏签字盖专用章，应由造价工程师复核，并在复核人栏签字盖执业专用章。

　　（3）投标总价扉页（表 4-11）　填制说明：投标人编制投标报价时，由投标人单位注册的造价人员编制，投标人盖单位公章，法定代表人或其授权人签字或盖章，编制的造价人员（造价工程师或造价员）签字盖执业专用章。

表 4-10 招标控制价扉页

＿＿＿＿＿＿＿＿＿＿＿＿工程

招 标 控 制 价

招标控制价(小写)：＿＿＿＿＿＿＿＿＿＿＿＿＿＿＿＿＿＿

（大写)：＿＿＿＿＿＿＿＿＿＿＿＿＿＿＿＿＿＿

招标人：＿＿＿＿＿＿＿＿＿＿ 造价咨询人：＿＿＿＿＿＿＿＿＿＿
（单位盖章） （单位资质专用章）

法定代表人 法定代表人

或其授权人：＿＿＿＿＿＿＿＿ 或其授权人：＿＿＿＿＿＿＿＿
（签字或盖章） （签字或盖章）

编 制 人：＿＿＿＿＿＿＿＿＿＿ 复 核 人：＿＿＿＿＿＿＿＿＿＿
（造价人员签字盖专用章） （造价工程师签字盖专用章）

编制时间： 年 月 日 复核时间： 年 月 日

（4）竣工结算总价扉页（表 4-12） 填制说明：

① 承包人自行编制竣工结算总价，由承包人单位注册的造价人员编制，承包人盖单位公章，法定代表人或其授权人签字或盖章，编制的造价人员（造价工程师或造价员）在编制人栏签字盖执业专用章。

发包人自行核对竣工结算时，由发包人单位注册的造价工程师核对，发包人盖单位公章，法定代表人或其授权人签字或盖章，造价工程师在核对人栏签字盖执业专用章。

② 发包人委托工程造价咨询人核对竣工结算时，由工程造价咨询人单位注册的造价工程师核对，发包人盖单位公章，法定代表人或其授权人签字或盖章；工程造价咨询人盖单位资质专用章，法定代表人或其授权人签字或盖章，造价工程师在核对人栏签字盖执业专用章。

除非出现发包人拒绝或不答复承包人竣工结算书的特殊情况，竣工结算办理完毕后，竣工结算总价封面发承包双方的签字、盖章应当齐全。

表 4-11 投标总价扉页

投 标 总 价

招标人：_____

工程名称：_____

投标总价(小写)：_____

　　　　(大写)：_____

投标人：_____
　　　　　　　　　　(单位盖章)

法定代表人

或其授权人：_____
　　　　　　　　　　(签字或盖章)

编制人：_____
　　　　　　　(造价人员签字盖专用章)

　　　　编制时间：　年　月　日

表 4-12 竣工结算总价扉页

_____工程

竣 工 结 算 总 价

签约合同价(小写)：_____(大写)：_____

竣工结算价(小写)：_____(大写)：_____

发　包　人：_____承　包　人：_____造价咨询人：_____
　　　　(单位盖章)　　　　　　(单位盖章)　　　　　　(单位资质专用章)

法定代表人　　　　　　法定代表人　　　　　　法定代表人

或其授权人：_____或其授权人：_____或其授权人：_____
　　　(签字或盖章)　　　　　(签字或盖章)　　　　　(签字或盖章)

编　制　人：_____　核　对　人：_____
　　(造价人员签字盖专用章)　　　　(造价工程师签字盖专用章)

　　　　编制时间：　年　月　日　　核对时间：　年　月　日

（5）工程造价鉴定意见书扉页（表4-13）　填制说明：工程造价咨询人应盖单位资质专用章，法定代表人或其授权人签字或盖章，造价工程师签字盖章执业专用章。

表 4-13　工程造价鉴定意见书扉页

_____工程

工 程 造 价 鉴 定 意 见 书

鉴定结论：

造价咨询人：_____
（盖单位章及资质专用章）

法定代表人：_____
（签字或盖章）

造价工程师：_____
（签字盖专用章）

年　　月　　日

4.4.1.3　总说明

总说明见表4-14。填制说明：

（1）工程量清单　总说明的内容应包括：

① 工程概况：如建设地址、建设规模、工程特征、交通状况、环保要求等。

② 工程发包、分包范围。

③ 工程量清单编制依据：如采用的标准、施工图纸、标准图集等。

④ 使用材料设备、施工的特殊要求等。

⑤ 其他需要说明的问题。

（2）招标控制价　总说明的内容应包括：

① 采用的计价依据。

② 采用的施工组织设计。

③ 采用的材料价格来源。

④ 综合单价中风险因素、风险范围（幅度）。

⑤ 其他。

（3）投标报价　总说明的内容应包括：

① 采用的计价依据。

② 采用的施工组织设计。

③ 综合单价中风险因素、风险范围（幅度）。

④ 措施项目的依据。

⑤ 其他有关内容的说明等。

（4）竣工结算　总说明的内容应包括：

① 工程概况。

② 编制依据。

③ 工程变更。

④ 工程价款调整。

⑤ 索赔。

⑥ 其他。

表 4-14　总说明

工程名称：　　　　　　　　　　　　　　　　　　　　　　　　　第　页　共　页

| |
| |

4.4.1.4　工程计价汇总表

（1）招标控制价（投标报价）使用的汇总表（表 4-15、表 4-16、表 4-17）填制说明：

① 由于编制招标控制价和投标控制价包含的内容相同，只是对价格的处理不同，因此，对招标控制价和投标报价汇总表的设计使用同一表格。实践中，招标控制价或投标报价可分别印制该表格。

② 与招标控制价的表样一致，此处需要说明的是，投标报价汇总表与投标函中投标报价金额应当一致。就投标文件的各个组成部分而言，投标函是最重要

的文件，其他组成部分都是投标函的支持性文件，投标函是必须经过投标人签字盖章，并且在开标会上必须当众宣读的文件。如果投标报价汇总表的投标总价与投标函填报的投标总价不一致，应当以投标函中填写的大写金额为准。实践中，对该原则一直缺少一个明确的依据，为了避免出现争议，可以在"投标人须知"中给予明确，用在招标文件中预先给予明示约定的方式来弥补法律法规依据的不足。

表 4-15 建设项目招标控制价/投标报价汇总表

工程名称：   第 页 共 页

序号	单项工程名称	金额/元	其中:/元		
			暂估价	安全文明施工费	规费
	合　计				

注：本表适用于建设项目招标控制价或投标报价的汇总。

表 4-16 单项工程招标控制价/投标报价汇总表

工程名称：   第 页 共 页

序号	单位工程名称	金额/元	其中:/元		
			暂估价	安全文明施工费	规费
	合　计				

注：本表适用于单项工程招标控制价或投标报价的汇总。暂估价包括分部分项工程中的暂估价和专业工程暂估价。

表 4-17 单位工程招标控制价/投标报价汇总表

工程名称：　　　　　　　　　　标段：　　　　　　　　　第 页 共 页

序号	汇总内容	金额/元	其中:暂估价/元
1	分部分项工程		
1.1			
1.2			
1.3			
1.4			
1.5			
2	措施项目		—
2.1	其中:安全文明施工费		—
3	其他项目		
3.1	其中:暂列金额		—
3.2	其中:专业工程暂估价		—
3.3	其中:计日工		—
3.4	其中:总承包服务费		—
4	规费		—
5	税金		—
招标控制价合计= 1+ 2+ 3+ 4+ 5			

注：本表适用于单位工程招标控制价或投标报价的汇总，单项工程也使用本表汇总。

（2）竣工结算使用的汇总表（表 4-18、表 4-19、表 4-20）。

表 4-18 建设项目竣工结算汇总表

工程名称：　　　　　　　　　　　　　　　　　第 页 共 页

序号	单项工程名称	金额/元	其中:/元	
			安全文明施工费	规费
	合计			

表 4-19 单项工程竣工结算汇总表

工程名称： 第 页 共 页

序号	单位工程名称	金额/元	其中:/元	
			安全文明施工费	规费
	合计			

表 4-20 单位工程竣工结算汇总表

工程名称： 标段： 第 页 共 页

序号	汇 总 内 容	金额/元
1	分部分项工程	
1.1		
1.2		
1.3		
1.4		
1.5		
2	措施项目	
2.1	其中:安全文明施工费	
3	其他项目	
3.1	其中:专业工程结算价	
3.2	其中:计日工	

续表

序号	汇 总 内 容	金额/元
3.3	其中:总承包服务费	
3.4	其中:索赔与现场签证	
4	规费	
5	税金	
竣工结算总价合计= 1+ 2+ 3+ 4+ 5		

注：如无单位工程划分，单项工程也使用本表汇总。

4.4.1.5 分部分项工程和措施项目计价表

（1）分部分项工程和单价措施项目清单与计价表（表4-21） 填制说明：

① 编制工程量清单时，"工程名称"栏应填写具体的工程称谓。"项目编码"栏应按相关工程国家计量规范项目编码栏内规定的9位数字另加3位顺序码填写。"项目名称"栏应按相关工程国家计量规范根据拟建工程实际确定填写。"项目描述"栏应按相关工程国家计量规范根据拟建工程实际予以描述。

② 编制招标控制价时，其项目编码、项目名称、项目特征、计量单位、工程量栏不变，对"综合单价"、"合价"以及"其中:暂估价"按相关规定填写。

③ 编制投标报价时，招标人对表中的"项目编码"、"项目名称"、"项目特征"、"计量单位"、"工程量"均不应做改动。"综合单价"、"合价"自主决定填写，对其中的"暂估价"栏，投标人应将招标文件中提供了暂估材料单价的暂估价进入综合单价，并应计算出暂估单价的材料栏"综合单价"其中的"暂估价"。

④ 编制竣工结算时，可取消"暂估价"。

（2）综合单价分析表（表4-22） 填制说明：工程量清单综合单价分析表是评标委员会评审和判别综合单价组成以及其价格完整性、合理性的主要基础，对因工程变更、工程量偏差等原因调整综合单价也是必不可少的基础价格数据来源。采用经评审的最低投标价法评标时，该分析表的重要性更加突出。

综合单价分析表集中反映了构成每一个清单项目综合单价的各个价格要素的价格及主要的"工、料、机"消耗量。投标人在投标报价时，需要对每一个清单项目进行组价，为了使组价工作具有可追溯性（回复评标质疑时尤其需要），需要表明每一个数据的来源。该分析表实际上是投标人投标组价工作的一个阶段性成果文件，借助计算机辅助报价系统，可以由电脑自动生成，并不需要投标人付出太多额外劳动。

表 4-21 分部分项工程和单价措施项目清单与计价表

工程名称： 标段： 第 页 共 页

序号	项目编码	项目名称	项目特征描述	计量单位	工程量	金额/元		
						综合单价	合价	其中
								暂估价
本页小计								
合 计								

注：为计取规费等的使用，可在表中增设"其中：定额人工费"。

综合单价分析表一般随投标文件一同提交，作为已标价工程量清单的组成部分，以便中标后，作为合同文件的附属文件。投标人须知中需要就该分析表提交的方式做出规定，该规定需要考虑是否有必要对该分析表的合同地位给予定义。一般而言，该分析表所载明的价格数据对投标人是有约束力的，但是投标人能否以此作为投标报价中的错报和漏报等的依据而寻求招标人的补偿是实践中值得注意的问题。比较恰当的做法似乎应当是：通过评标过程中的清标、质疑、澄清、说明和补正机制，不但解决工程量清单综合单价的合理性问题，而且将合理化的综合单价反馈到综合单价分析表中，形成相互衔接、相互呼应的最终成果，在这种情况下，即便是将综合单价分析表定义为有合同约束力的文件，上述顾虑也就没有必要了。

编制综合单价分析表对辅助性材料不必细列，可归并到其他材料费中以金额表示。

表 4-22 综合单价分析表

工程名称： 标段： 第 页 共 页

项目编码				项目名称			计量单位			工程量		

清单综合单价组成明细												

定额编号	定额项目名称	定额单位	数量	单 价				合 价			
				人工费	材料费	机械费	管理费和利润	人工费	材料费	机械费	管理费和利润

人工单价		小计		
元/工日		未计价材料费		
清单项目综合单价				

材料费明细	主要材料名称、规格、型号	单位	数量	单价/元	合价/元	暂估单价/元	暂估合价/元
	其他材料费			—		—	
	材料费小计			—		—	

注：1. 如不使用省级或行业建设主管部门发布的计价依据，可不填"定额编号"、"名称"等。

2. 招标文件提供了暂估单价的材料，按暂估的单价填入表内"暂估单价"栏及"暂估合价"栏。

（3）综合单价调整表（表 4-23） 填制说明：综合单价调整表用于由于各种合同约定调整因素出现时调整综合单价，此表实际上是一个汇总性质的表，各种调整依据应附表后，并且注意，项目编码、项目名称必须与已标价工程量清单保持一致，不得发生错漏，以免发生争议。

（4）总价措施项目清单与计价表（表 4-24） 填制说明：

① 编制工程量清单时，表中的项目可根据工程实际情况进行增减。

② 编制招标控制价时，计费基础、费率应按省级或行业建设主管部门的规定记取。

③ 编制投标报价时，除"安全文明施工费"必须按《建设工程工程量清单计价规范》（GB 50500—2013）的强制性规定，按省级或行业建设主管部门的规定记取外，其他措施项目均可根据投标施工组织设计自主报价。

表 4-23 综合单价调整表

工程名称： 标段： 第 页 共 页

序号	项目编码	项目名称	已标价清单综合单价/元					调整后综合单价/元				
			综合单价	其中				综合单价	其中			
				人工费	材料费	机械费	管理费和利润		人工费	材料费	机械费	管理费和利润
造价工程师(签章)： 发包人代表(签章)： 日期：							造价人员(签章)： 发包人代表(签章)： 日期：					

注：综合单价调整应附调整依据。

表 4-24 总价措施项目清单与计价表

工程名称： 标段： 第 页 共 页

序号	项目编码	项目名称	计算基础	费率/%	金额/元	调整费率/%	调整后金额/元	备注
		安全文明施工费						
		夜间施工增加费						
		二次搬运费						
		冬雨季施工增加费						
		已完工程及设备保护费						
		合 计						

编制人（造价人员）： 复核人（造价工程师）：

注：1. "计算基础"中安全文明施工费可为"定额基价"、"定额人工费"或"定额人工费＋定额机械费"，其他项目可为"定额人工费"或"定额人工费＋定额机械费"。

2. 按施工方案计算的措施费，若无"计算基础"和"费率"的数值，也可只填"金额"数值，但应在备注栏说明施工方案出处或计算方法。

④ 编制工程结算时，如省级或行业建设主管部门调整了安全文明施工费，应按调整后的标准计算此费用，其他总价措施项目经发承包双方协商进行了调整的，按调整后的标准计算。

4.4.1.6 其他项目计价表

（1）其他项目清单与计价汇总表（表 4-25）填制说明：使用本表时，由于计价阶段的差异，应注意如下问题。

① 编制招标工程量清单时，应汇总"暂列金额"和"专业工程暂估价"，以提供给投标报价。

② 编制招标控制价时，应按有关计价规定估算"计日工"和"总承包服务费"。如招标工程量清单中未列"暂列金额"，应按有关规定编列。

③ 编制投标报价时，应按招标工程量清单提供的"暂估金额"和"专业工程暂估价"填写金额，不得变动。"计日工"、"总承包服务费"自主确定报价。

④ 编制或核对工程结算，"专业工程暂估价"按实际分包结算价填写，"计日工"、"总承包服务费"按双方认可的费用填写，如发生"索赔"或"现场签证"费用，按双方认可的金额计入该表。

表 4-25 其他项目清单与计价汇总表

工程名称：　　　　　　　　　标段：　　　　　　　　第 页 共 页

序号	项 目 名 称	金额/元	结算金额/元	备 注
1	暂列金额			明细详见表 4-26
2	暂估价			
2.1	材料(工程设备)暂估价/结算价	—	—	明细详见表 4-27
2.2	专业工程暂估价/结算价			明细详见表 4-28
3	计日工			明细详见表 4-29
4	总承包服务费			明细详见表 4-30
5	索赔与现场签证	—		明细详见表 4-31
	合 计			—

注：材料（工程设备）暂估价进入清单项目综合单价，此处不汇总。

（2）暂列金额明细表（表 4-26）填制说明：要求招标人能将暂列金额与拟用项目列出明细，但如确实不能详列也可只列暂定金额总额，投标人应将上述暂列金额计入投标总价中。

表 4-26 暂列金额明细表

工程名称： 标段： 第 页 共 页

序号	项 目 名 称	计量单位	暂定金额/元	备注
1				
2				
3				
4				
5				
6				
	合　计			—

注：此表由招标人填写，如不能详列，也可只列暂定金额总额，投标人应将上述暂列金额计入投标总价中。

（3）材料（工程设备）暂估单价及调整表（表 4-27） 填制说明：暂估价是在招标阶段预见肯定要发生，只是因为标准不明确或者需要由专业承包人完成，暂时无法确定材料、工程设备的具体价格而采用的一种临时性计价方式。暂估价的材料、工程设备数量应在表内填写，拟用项目应在本表备注栏给予补充说明。

要求招标人针对每一类暂估价给出相应的拟用项目，即按照材料、工程设备的名称分别给出，这样的材料、工程设备暂估价能够纳入到清单项目的综合单价中。

还有一种是给一个原则性的说明，原则性说明对招标人编制工程量清单而言比较简单，能降低招标人出错的概率。但是，对投标人而言，则很难准确把握招标人的意图和目的，很难保证投标报价的质量，轻则影响合同的可执行力，极端的情况下，可能导致招标失败，最终受损失的也包括招标人自己，因此，这种处理方式是不可取的。

一般而言，招标工程量清单中列明的材料、工程设备的暂估价仅指此类材料、工程设备本身运至施工现场内工地地面价。不包括这些材料、工程设备的安装以及安装所必需的辅助材料以及发生在现场内的验收、储存、保管、开箱、二次搬运、从存放地点运至安装地点以及其他任何必要的辅助工作（以下简称"暂估价项目的安装及辅助工作"）所发生的费用。暂估价项目的安装及辅助工作所发生的费用应该包括在投标报价中的相应清单项目的综合单价中并且固定包死。

表 4-27　材料（工程设备）暂估单价及调整

工程名称：　　　　　　　　　　　标段：　　　　　　　　　第　页　共　页

序号	材料（工程设备）名称、规格、型号	计量单位	数量		暂估/元		确认/元		差额(±)/元		备注
			暂估	确认	单价	合价	单价	合价	单价	合价	
合　计											

注：此表由招标人填写"暂估单价"，并在备注栏说明暂估价的材料、工程设备拟用在哪些清单项目上，投标人应将上述材料暂估单价计入工程量清单综合单价报价中。

　　（4）专业工程暂估价及结算价表（表 4-28）　填制说明：专业工程暂估价应在表内填写"工程名称"、"工程内容"、"暂估金额"，投标人应将上述金额计入投标总价中。

　　专业工程暂估价项目及其表中列明的专业工程暂估价，是指分包人实施专业工程的含税金后的完整价（即包含了该专业工程中所有供应、安装、完工、调试、修复缺陷等全部工作），除了合同约定的发包人应承担的总包管理、协调、配合和服务责任所对应的总承包服务费用以外，承包人为履行其总包管理、配合、协调和服务等所需发生的费用应该包括在投标报价中。

表 4-28　专业工程暂估价及结算价表

工程名称：　　　　　　　　　　　标段：　　　　　　　　　第　页　共　页

序号	工程名称	工程内容	暂估金额/元	结算金额/元	差额(±)/元	备注
合　计						

注：此表"暂估金额"由招标人填写，投标人应将"暂估金额"计入投标总价中，结算时按合同约定结算金额填写。

（5）计日工表（表 4-29）　填制说明：

① 编制工程量清单时，"项目名称"、"计量单位"、"暂估数量"由招标人填写。

② 编制招标控制价时，人工、材料、机械台班单价由招标人按有关计价规定填写并计算合价。

③ 编制投标报价时，人工、材料、机械台班单价由招标人自主确定，按已给暂估数量计算合价计入投标总价中。

④ 结算时，实际数量按发承包双方确认的填写。

表 4-29　计日工表

工程名称：　　　　　　　　标段：　　　　　　　第　页　共　页

编号	项目名称	单位	暂定数量	实际数量	综合单价 /元	合价/元	
						暂定	实际
一	人工						
1							
2							
人工小计							
二	材料						
1							
2							
材料小计							
三	施工机械						
1							
2							
施工机械小计							
四	企业管理费和利润						
总　计							

注：此表项目名称、暂定数量由招标人填写，编制招标控制价时，单价由招标人按有关计价规定确定；投标时，单价由投标人自主报价，按暂定数量计算合价计入投标总价中。结算时，按发承包双方确认的实际数量计算合价。

（6）总承包服务费计价表（表4-30）　填制说明：

① 编制招标工程量清单时，招标人应将拟定进行专业发包的专业工程、自行采购的材料设备等决定清楚，填写"项目名称"、"服务内容"，以便投标人决定报价。

② 编制招标控制价时，招标人按有关计价规定计价。

③ 编制投标报价时，由投标人根据工程量清单中的总承包服务内容，自主决定报价。

④ 办理工程结算时，发承包双方应按承包人已标价工程量清单中的报价计算，如发承包双方确定调整的，按调整后的金额计算。

表 4-30　总承包服务费计价表

工程名称：　　　　　　　标段：　　　　　　第　页　共　页

序号	项目名称	项目价值/元	服务内容	计算基础	费率/%	金额/元
1	发包人发包专业工程					
2	发包人供应材料					
	合　计	—	—		—	

注：此表"项目名称"、"服务内容"由招标人填写。编制招标控制价时，费率及金额由招标人按有关计价规定确定；投标时，费率及金额由投标人自主报价，计入投标总价中。

（7）索赔与现场签证计价汇总表（表4-31）　填制说明：本表是对发承包双方签证认可的"费用索赔申请（核准）表"和"现场签证表"的汇总。

（8）费用索赔申请（核准）表（表4-32）　填制说明：本表将费用索赔申请与核准设置于一个表，非常直观。使用本表时，承包人代表应按合同条款的约定阐述原因，附上索赔证据、费用计算报发包人，经监理工程师复核（按照发包人的授权不论是监理工程师或发包人现场代表均可），经造价工程师（此处造价工程师可以是承包人现场管理人员，也可以是发包人委托的工程造价咨询企业的人员）复核具体费用，经发包人审核后生效，该表以在选择栏中"□"内作标识"√"表示。

表 4-31　索赔与现场签证计价汇总表

工程名称：　　　　　　　　　　标段：　　　　　　　　第　页　共　页

序号	签证及索赔项目名称	计量单位	数量	单价/元	合价/元	索赔及签证依据
—	本页小计	—				—
—	合　　计	—				—

注：签证及索赔依据是指经双方认可的签证单和索赔依据的编号。

表 4-32　费用索赔申请（核准）表

工程名称：　　　　　　　　标段：　　　　　　　　编号：

致：_____（发包人全称）

根据施工合同条款第_____条的约定，由于_____原因，我方要求索赔金额（大写）_____（小写_____），请予核准。

附：1. 费用索赔的详细理由和依据：

　　2. 索赔金额的计算：

　　3. 证明材料：

承包人（章）

造价人员_____承包人代表_____日　期_____

复核意见： 　　根据施工合同条款第_____条的约定，你方提出的费用索赔申请经复核： 　　□不同意此项索赔，具体意见见附件。 　　□同意此项索赔，索赔金额的计算，由造价工程师复核。 　　　　　　监理工程师_____ 　　　　　　日　　　期_____	复核意见： 　　根据施工合同条款第_____条的约定，你方提出的费用索赔申请经复核，索赔金额为（大写）_____（小写_____）。 　　　　　　造价工程师_____ 　　　　　　日　　　期_____

续表

审核意见:
□不同意此项索赔。
□同意此项索赔,与本期进度款同期支付。
    发包人(章) 发包人代表_____ 日 期_____

注:1. 在选择栏中的"□"内作标识"√"。

2. 本表一式四份,由承包人填报,发包人、监理人、造价咨询人、承包人各存一份。

(9)现场签证表(表4-33) 填制说明:现场签证种类繁多,发承包双方在工程实施过程中来往信函就责任事件的证明均可称为现场签证,但并不是所有的签证均可马上算出价款,有的需要经过索赔程序,这时的签证仅是索赔的依据,有的签证可能根本不涉及价款。本表仅是针对现场签证需要价款结算支付的一种,其他内容的签证也可适用。考虑到招标时招标人对计日工项目的预估难免会有遗漏,造成实际施工发生后,无相应的计日工单价,现场签证只能包括单价一并处理,因此,在汇总时,有计日工单价的,可归并于计日工,如无计日工单价的,归并于现场签证,以示区别。当然,现场签证全部汇总于计日工也是一种可行的处理方式。

表 4-33 现场签证表

工程名称: 标段: 编号:

施工单位		日 期	
致:_____(发包人全称) 根据_____(指令人姓名) 年 月 日的口头指令或你方_____(或监理人)_____年_____月_____日的书面通知,我方要求完成此项工作应支付价款金额为(大写)_____(小写_____),请予核准。 附:1. 签证事由及原因: 2. 附图及计算式: 承包人(章) 造价人员_____承包人代表_____ 日 期_____			

续表

施工单位		日 期	
复核意见： 　　你方提出的此项签证申请经复核： 　　□不同意此项签证，具体意见见附件。 　　□同意此项签证，签证金额的计算，由造价工程师复核。 　　　　监理工程师＿＿＿＿＿＿ 　　　　日　　期＿＿＿＿＿＿		复核意见： 　　□此项签证按承包人中标的计日工单价计算，金额为（大写）＿＿＿＿＿＿元，（小写）＿＿＿＿＿＿元。 　　□此项签证因无计日工单价，金额为（大写）＿＿＿＿＿＿元，（小写）＿＿＿＿＿＿。 　　　　造价工程师＿＿＿＿＿＿ 　　　　日　　期＿＿＿＿＿＿	
审核意见： 　　□不同意此项签证。 　　□同意此项签证，价款与本期进度款同期支付。 　　　　　　　承包人（章） 　　　　　　　承包人代表＿＿＿＿＿＿＿＿＿＿ 　　　　　　　日　　期＿＿＿＿＿＿＿＿＿＿			

　　注：1. 在选择栏中的"□"内作标识"√"。
　　2. 本表一式四份，由承包人在收到发包人（监理人）的口头或书面通知后填写，发包人、监理人、造价咨询人、承包人各存一份。

4.4.1.7　规费、税金项目计价表

　　规费、税金项目计价表见表4-34。
　　填制说明：在施工实践中，有的规费项目，如工程排污费，并非每个工程所在地都要征收，实践中可作为按实计算的费用处理。

表 4-34 规费、税金项目计价表

工程名称：　　　　　　　　　标段：　　　　　　　　第　页　共　页

序号	项目名称	计算基础	计算基数	计算费率 /%	金额 /元
1	规费	定额人工费			
1.1	社会保险费	定额人工费			
(1)	养老保险费	定额人工费			
(2)	失业保险费	定额人工费			
(3)	医疗保险费	定额人工费			
(4)	工伤保险费	定额人工费			
(5)	生育保险费	定额人工费			
1.2	住房公积金	定额人工费			
1.3	工程排污费	按工程所在地环境保护部门收取标准,按实计入			
2	税金	分部分项工程费+措施项目费+其他项目费+规费-按规定不计税的工程设备金额			
合　计					

编制人（造价人员）：　　　　　　　复核人（造价工程师）：

4.4.1.8 工程计量申请（核准）表

工程计量申请（核准）表见表 4-35。

填制说明：本表填写的"项目编码"、"项目名称"、"计量单位"应与已标价工程量清单表中的一致，承包人应在合同约定的计量周期结束时，将申报数量填写在申报数量栏，发包人核对后如与承包人不一致，填在核实数量栏，经发承包双方共同核对确认的计量填在确认数量栏。

表 4-35 工程计量申请（核准）表

工程名称：　　　　　　　　　　　标段：　　　　　　　　　第 页 共 页

序号	项目编码	项目名称	计量单位	承包人申报数量	发包人核实数量	发承包人确认数量	备注
承包人代表：	监理工程师：		造价工程师：		发包人代表：		
日　　期：	日　　期：		日　　期：		日　　期：		

4.4.1.9 合同价款支付申请（核准）表

（1）预付款支付申请（核准）表（表 4-36）

表 4-36 预付款支付申请（核准）表

工程名称：　　　　　　　　　　　标段：　　　　　　　　　编号：

致：_____（发包人全称）

　　我方根据施工合同的约定，先申请支付工程预付款额为（大写）_____（小写 _____），请予核准。

序号	名　　称	申请金额/元	复核金额/元	备注
1	已签约合同价款金额			
2	其中：安全文明施工费			
3	应支付的预付款			
4	应支付的安全文明施工费			
5	合计应支付的预付款			

承包人（章）

造价人员_____承包人代表_____日　　期_____

续表

复核意见：	复核意见：
□与合同约定不相符,修改意见见附件。	你方提出的支付申请经复核,应支付预付款金额为(大写)_____(小写_____)。
□与合约约定相符,具体金额由造价工程师复核。	
监理工程师_____	造价工程师_____
日　期_____	日　期_____

审核意见：

□不同意。

□同意,支付时间为本表签发后的 15d 内。

发包人(章)

发包人代表_____

日　期_____

注：1. 在选择栏中的"□"内作标识"√"。

2. 本表一式四份,由承包人填报,发包人、监理人、造价咨询人、承包人各存一份。

（2）总价项目进度款支付分解表（表 4-37）

表 4-37　总价项目进度款支付分解表

工程名称：　　　　　　　　　　标段：　　　　　　　　　　单位：元

序号	项目名称	总价金额	首次支付	二次支付	三次支付	四次支付	五次支付	
	安全文明施工费							
	夜间施工增加费							
	二次搬运费							
	社会保险费							
	住房公积金							
	合　计							

编制人（造价人员）：　　　　　　复核人（造价工程师）：

注：1. 本表应由承包人在投标报价时根据发包人在招标文件明确的进度款支付周期与报价填写,签订合同时,发承包双方可就支付分解协商调整后作为合同附件。

2. 单价合同使用本表,"支付"栏时间应与单价项目进度款支付周期相同。

3. 总价合同使用本表,"支付"栏时间应与约定的工程计量周期相同。

（3）进度款支付申请（核准）表（表4-38）

表 4-38 进度款支付申请（核准）表

工程名称：　　　　　　　　标段：　　　　　　　　　编号：

致：＿＿＿＿＿＿＿＿＿＿＿＿＿＿＿＿＿＿＿＿＿＿＿（发包人全称）

　　　我方于＿＿＿＿至＿＿＿＿期间已完成了＿＿＿＿＿＿工作,根据施工合同的约定,现申请支付本期的工程款额为(大写)＿＿＿＿＿＿(小写＿＿＿＿＿＿),请予核准。

序号	名　称	实际金额/元	申请金额/元	复核金额/元	备注
1	累计已完成的合同价款				
2	累计已实际支付的合同价款				
3	本周期合计完成的合同价款				
3.1	本周期已完成单价项目的金额				
3.2	本周期应支付的总价项目的金额				
3.3	本周期已完成的计日工价款				
3.4	本周期应支付的安全文明施工费				
3.5	本周期应增加的合同价款				
4	本周期合计应扣减的金额				
4.1	本周期应抵扣的预付款				
4.2	本周期应扣减的金额				
5	本周期应支付的合同价款				

附:上述3、4详见附件清单。

承包人(章)

造价人员＿＿＿＿＿＿＿　承包人代表＿＿＿＿＿＿＿　日　期＿＿＿＿＿＿＿

续表

复核意见： 　　□与实际施工情况不相符，修改意见见附件。 　　□与实际施工情况相符，具体金额由造价工程师复核。 　　　　监理工程师_____ 　　　　日　　期_____	复核意见： 　　你方提供的支付申请经复核，本期间已完成工程款额为（大写）_____（小写_____），本期间应支付金额为（大写）_____（小写_____）。 　　　　造价工程师_____ 　　　　日　　期_____
审核意见： 　　□不同意。 　　□同意，支付时间为本表签发后的 15d 内。 　　　　　　　　　　　　发包人（章） 　　　　　　　　　　　　发包人代表_____ 　　　　　　　　　　　　日　　期_____	

注：1. 在选择栏中的"□"内作标识"√"。

2. 本表一式四份，由承包人填报，发包人、监理人、造价咨询人、承包人各存一份。

（4）竣工结算款支付申请（核准）表（表4-39）

表4-39　竣工结算款支付申请（核准）表

工程名称：　　　　　　　标段：　　　　　　　编号：

致：_____（发包人全称）

　　我方于_____至_____期间已完成合同约定的工作，工程已经完工，根据施工合同的约定，现申请支付竣工结算合同款额为（大写）_____（小写_____），请予核准。

序号	名　　称	申请金额/元	复核金额/元	备注
1	竣工结算合同价款总额			
2	累计已实际支付的合同价款			
3	应预留的质量保证金			
4	应支付的竣工结算款金额			

　　　　　　　　　　　　　　　　承包人（章）

造价人员_____承包人代表_____日　期_____

续表

复核意见： □与实际施工情况不相符,修改意见见附件。 □与实际施工情况相符,具体金额由造价工程师复核。 监理工程师_____ 日　　　期_____	复核意见： 你方提出的竣工结算款支付申请经复核,竣工结算款总额为(大写)_____(小写_____),扣除前期支付以及质量保证金后应支付金额为(大写)_____(小写_____)。 造价工程师_____ 日　　　期_____
审核意见： □不同意。 □同意,支付时间为本表签发后的15d内。 　　　　　　　　　　　发包人(章) 　　　　　　　　　　　发包人代表_____ 　　　　　　　　　　　日　　　期_____	

注: 1. 在选择栏中的 "□" 内作标识 "√"。

2. 本表一式四份, 由承包人填报, 发包人、监理人、造价咨询人、承包人各存一份。

（5）最终结清支付申请（核准）表（表 4-40）

表 4-40 最终结清支付申请（核准）表

工程名称：　　　　　　　　　标段：　　　　　　　　　编号：

致：_____(发包人全称)

我方于_____至_____期间已完成了缺陷修复工作,根据施工合同的约定,现申请支付最终结清合同款额为(大写)_____(小写_____),请予核准。

序号	名　　称	申请金额 /元	复核金额 /元	备注
1	已预留的质量保证金			
2	应增加因发包人原因造成缺陷的修复金额			
3	应扣减承包人不修复缺陷、发包人组织修复的金额			
4	最终应支付的合同价款			

　　　　　　　　　　　　　　　　　　　　　　承包人(章)

造价人员_____承包人代表_____日　　　期_____

续表

复核意见： □与实际施工情况不相符,修改意见见附件。 □与实际施工情况相符,具体金额由造价工程师复核。 监理工程师_____ 日　期_____	复核意见： 你方提出的支付申请经复核,最终应支付金额为（大写）_____（小写_____）。 造价工程师_____ 日　期_____
审核意见： □不同意。 □同意,支付时间为本表签发后的15d内。 　　　　发包人（章） 　　　　发包人代表_____ 　　　　日　期_____	

注：1. 在选择栏中的"□"内作标识"√"。

2. 本表一式四份,由承包人填报,发包人、监理人、造价咨询人、承包人各存一份。

4.4.1.10　主要材料、工程设备一览表

（1）发包人提供材料和工程设备一览表（表4-41）

表 4-41　发包人提供材料和工程设备一览表

工程名称：　　　　　　　标段：　　　　　　第　页　共　页

序号	材料（工程设备）名称、规格、型号	单位	数量	单价/元	交货方式	送达地点	备注

注：此表由招标人填写,供投标人在投标报价、确定总承包服务费时参考。

（2）承包人提供主要材料和工程设备一览表（适用于造价信息差额调整法）（表4-42）　填制说明：本表"风险系数"应由发包人在招标文件中按照《建设工程工程量清单计价规范》（GB 50500—2013）的要求合理确定。本表将风险系数、基准价、投标单价、发承包人确认单价在一个表内全部表示,可以大大减少发承包双方不必要的争议。

表 4-42 承包人提供主要材料和工程设备一览表（适用于造价信息差额调整法）

工程名称：　　　　　　　　　标段：　　　　　　　第 页 共 页

序号	名称、规格、型号	单位	数量	风险系数/%	基准单价/元	投标单价/元	发承包人确认单价/元	备注

注：1. 此表由招标人填写除"投标单价"栏的内容，投标人在投标时自主确定投标单价。

2. 投标人应优先采用工程造价管理机构发布的单价作为基准单价，未发布的，通过市场调查确定其基准单价。

（3）承包人提供主要材料和工程设备一览表（适用于价格指数差额调整法）（表 4-43）

表 4-43 承包人提供主要材料和工程设备一览表（适用于价格指数差额调整法）

工程名称：　　　　　　　　　标段：　　　　　　　第 页 共 页

序号	名称、规格、型号	变值权重 B	基本价格指数 F_0	现行价格指数 F_t	备注
	定值权重 A		—	—	
	合　计	1	—	—	

注：1. "名称、规格、型号"、"基本价格指数"栏由招标人填写，基本价格指数应首先采用程造价管理机构发布的工程价格指数，没有时，可采用发布的价格代替。如人工、机械费也采用本法调整由招标人在"名称"栏填写。

2. "变值权重"栏由投标人根据该项人工、机械费和材料、工程设备值在投标总报价中所占的比例填写，1 减去其比例为定值权重。

3. "现行价格指数"按约定的付款证书相关周期最后一天的前 42d 的各项价格指数填写，该指数应首先采用工程造价管理机构发布的价格指数，没有时，可采用发布的价格代替。

4.4.2　表格的应用

（1）工程计价表宜采用统一格式。各省、自治区、直辖市建设行政主管部门和行业建设主管部门可根据本地区、本行业的实际情况，在《建设工程工程量清单计价规范》（GB 50500—2013）中"附录 B"至"附录 L"计价表格的基础上补充完善。

（2）工程计价表格的设置应满足工程计价的需要，方便使用。

（3）工程量清单的编制使用表格包括：表 4-4、表 4-9、表 4-14、表 4-21、表 4-24、表 4-25（不含表 4-31～表 4-33）、表 4-34、表 4-41、表 4-42 或表 4-43。

（4）招标控制价、投标报价、竣工结算的编制使用表格：

① 招标控制价使用表格包括：表 4-5、表 4-10、表 4-14、表 4-15、表 4-16、表 4-17、表 4-21、表 4-22、表 4-24、表 4-25（不含表 4-31～表 4-33）、表 4-34、表 4-41、表 4-42 或表 4-43。

② 投标报价使用的表格包括：表 4-6、表 4-11、表 4-14、表 4-15、表 4-16、表 4-17、表 4-21、表 4-22、表 4-24、表 4-25（不含表 4-31～表 4-33）、表 4-34、表 4-37、招标文件提供的表 4-41、表 4-42 或表 4-43。

③ 竣工结算使用的表格包括：表 4-7、表 4-12、表 4-14、表 4-18、表 4-19、表 4-20、表 4-21、表 4-22、表 4-23、表 4-24、表 4-25、表 4-34、表 4-35、表 4-36、表 4-37、表 4-38、表 4-39、表 4-40、表 4-41、表 4-42 或表 4-43。

（5）工程造价鉴定使用表格包括：表 4-8、表 4-13、表 4-14、表 4-18～表 4-41、表 4-42 或表 4-43。

（6）投标人应按招标文件的要求，附工程量清单综合单价分析表。

Chapter

5

园林工程工程量计算与实例

5.1 园林工程工程量计算基础

5.1.1 工程量计算原则

（1）计算口径要一致，避免重复和遗漏 计算工程量时，根据施工图列出分项工程的口径（指分项工程包括的工作内容和范围），必须与预算定额（或清单工程量计算规范）中相应分项工程的口径一致（结合层）。相反，分项工程中涉及的工作内容，而相应预算定额（或清单工程量计算规则）中没有包括时，应另列项目计算。

（2）工程量计算规则要一致，避免错算 工程量计算必须与预算定额（或清单工程量计算规范）中规定的工程量计算规则（或工程量计算方法）相一致，确保计算结果准确。

（3）计量单位要一致 各分项工程量的计算单位，必须与预算定额（或清单工程量计算规范）中相应项目的计量单位一致。

（4）按顺序进行计算 计算工程量时应按着一定的顺序（自定）逐一进行计算，避免重复计算和漏算。

（5）计算精度要统一　为了计算方便，工程量的计算结果统一要求为：除钢材（以"t"为单位）、木材（以"m³"为单位）取三位小数外，其余项目通常取两位小数，以下四舍五入。

5.1.2　工程量计算方法

（1）按施工先后顺序计算　按施工先后顺序计算，即按工程施工顺序的先后来计算工程量。计算时，先地下后地上，先底层后上层，先主要后次要。大型和复杂工程应先划分区域，然后编成区号，分区计算。

（2）按定额项目的顺序计算　按定额项目的顺序计算，即按定额所列分部分项工程的次序来计算工程量。计算时按照施工图设计内容，由前到后，逐项对照定额进行计算工程量。采用这种方法计算工程量，要求熟悉施工图纸，具有较多的工程设计基础知识，并且要注意施工图中有的项目可能套不上定额项目，应单独列项，以编制补充定额，切记不可因定额缺项而漏项。

（3）用统筹法计算工程量　统筹法计算工程量是根据各分项工程量之间的固有规律和相互之间的依赖关系，运用统筹原理和统筹图来合理安排工程量的计算程序，并按其顺序计算工程量。用统筹法计算工程量的基本要点是：统筹程序、合理安排；利用基数、连续计算；一次计算、多次使用；结合实际、灵活机动。

5.1.3　工程量计算步骤

园林绿化工程工程量的计算通常应按下列步骤进行：

（1）列出分项工程项目名称　根据施工图纸，结合施工方案的有关内容，按照一定的计算顺序，逐一列出单位工程施工图预算（或清单工程量计价）的分项工程项目名称。所列的分项工程项目名称必须要与预算定额（或清单工程量计算规范）中的相应项目名称一致。

（2）列出工程量计算式　分项工程项目名称列出后，应根据施工图纸所示的部位、尺寸以及数量，按照工程量计算规则，分别列出工程量计算公式。

（3）调整计量单位　通常计算的清单工程量都是以米（m）、平方米（m²）、立方米（m³）等为单位，但预算定额中往往以10米（10m）、10平方米（10m²）、10立方米（10m³）、100平方米（100m²）、100立方米（100m³）等计量。单位一致，便于以后的计算。

（4）套用预算定额进行计算　各项工程量计算完毕经校核后，就可以编制单位工程施工图预算书（或投标报价文件）。

5.2　绿化工程工程量计算与实例

5.2.1　绿化工程施工识读

5.2.1.1　绿地设计图例及种植、喷灌工程图例

（1）园林绿地规划设计图例　园林绿地规划设计图例见表5-1。

表 5-1 园林绿地规划设计图例

序号	名称	图例	说明
建筑			
1	规划的建筑物		用粗实线表示
2	原有的建筑物		用细实线表示
3	规划扩建的预留地或建筑物		用中虚线表示
4	拆除的建筑物		用细实线表示
5	地下建筑物		用粗虚线表示
6	坡屋顶建筑		包括瓦顶、石片顶、饰面砖顶等
7	草顶建筑或简易建筑		—
8	温室建筑		—
工程设施			
9	护坡		—
10	挡土墙		突出的一侧表示被挡土的一方

续表

序号	名称	图例	说明
11	排水明沟	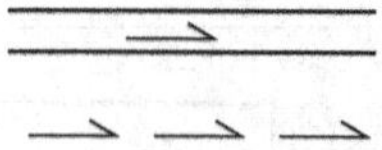	上图用于比例较大的图面 下图用于比例较小的图面
12	有盖的排水沟	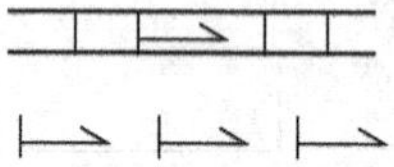	上图用于比例较大的图面 下图用于比例较小的图面
13	雨水井		—
14	消火栓井		—
15	喷灌点		—
16	道路	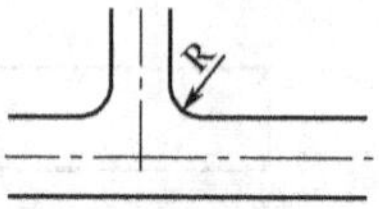	—
17	铺装路面		—
18	台阶	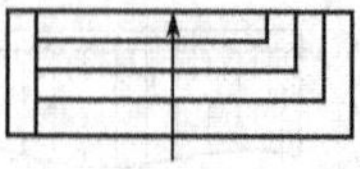	箭头指向表示向上
19	铺砌场地	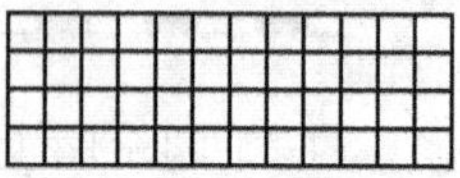	也可依据设计形态表示

续表

序号	名称	图例	说明
20	车行桥	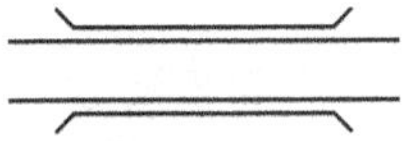	也可依据设计形态表示
21	人行桥	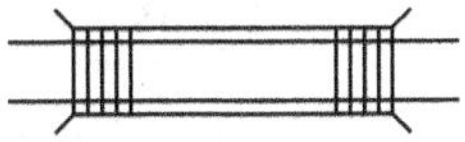	
22	亭桥	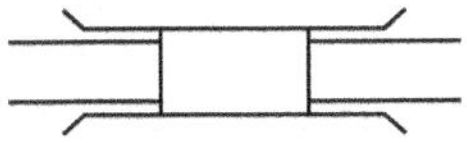	—
23	铁索桥	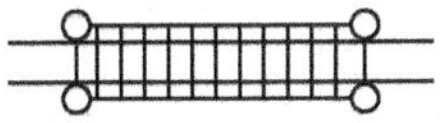	—
24	汀步	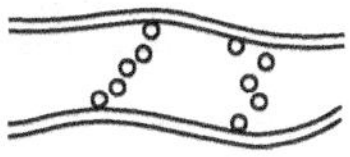	—
25	涵洞	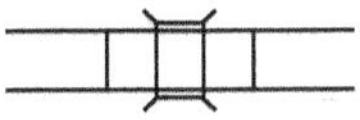	—
26	水闸	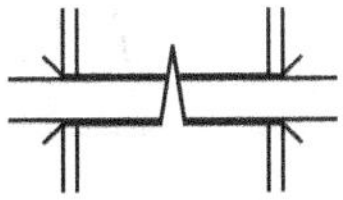	—
27	码头	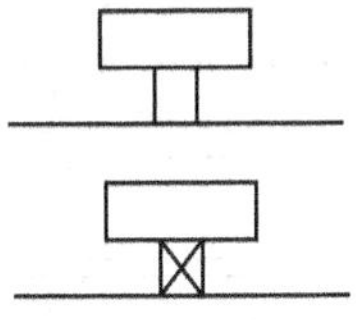	上图为固定码头 下图为浮动码头
28	驳岸	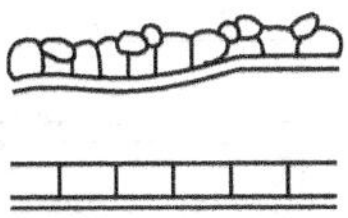	上图为假山石自然式驳岸 下图为整形砌筑 规划式驳岸

（2）城市绿地系统规划图例 城市绿地系统规划图例见表5-2。

表 5-2 城市绿地系统规划图例

序号	名称	图例	说明
工程设施			
1	电视差转台		—
2	发电站		—
3	变电所		—
4	给水厂		—
5	污水处理厂		—
6	垃圾处理站		—
7	公路、汽车游览路		上图以双线表示,用中实线;下图以单线表示,用粗实线
8	小路、步行游览路		上图以双线表示,用细实线;下图以单线表示,用中实线
9	山地步游小路	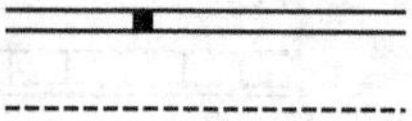	上图以双线加台阶表示,用细实线;下图以单线表示,用虚线

续表

序号	名称	图例	说明
10	隧道		—
11	架空索道线		—
12	斜坡缆车线		—
13	高架轻轨线	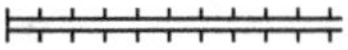	—
14	水上游览线		细虚线
15	架空电力电信线	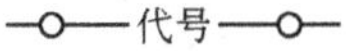 —o— 代号 —o—	粗实线中插入管线代号,管线代号按现行国家有关标准的规定标注
16	管线	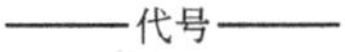 —— 代号 ——	—
用地类型			
17	村镇建设地	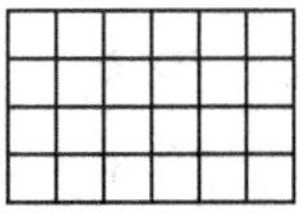	—
18	风景游览地	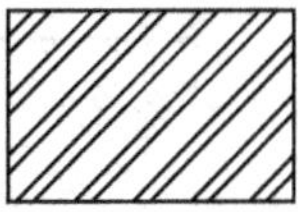	图中斜线与水平线成45°角
19	旅游度假地	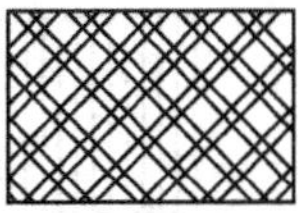	—

续表

序号	名称	图例	说明
20	服务设施地		—
21	市政设施地		—
22	农业用地		—
23	游憩、观赏绿地		—
24	防护绿地		—
25	文物保护地		包括地面和地下两大类,地下文物保护地外框用粗虚线表示
26	苗圃、花圃用地		—
27	特殊用地		—
28	针叶林地		需区分天然林地、人工林地时,可用细线界框表示天然林地,粗线界框表示人工林地

续表

序号	名称	图例	说明
29	阔叶林地		
30	针阔混交林地		
31	灌木林地		需区分天然林地、人工林地时,可用细线界框表示天然林地,粗线界框表示人工林地
32	竹林地		
33	经济林地		
34	草原、草甸		—

（3）种植工程常用图例　种植工程常用图例见表 5-3～表 5-5。

表 5-3　植物

序号	名称	图例	说明
1	落叶阔叶乔木		
2	常绿阔叶乔木		序号 1～14 中： 落叶乔、灌木均不填斜线；常绿乔、灌木加画 45°细斜线； 阔叶树的外围线用弧裂形或圆形线；针叶树的外围线用锯齿形或斜刺形线； 乔木外形成圆形；灌木外形成不规则形； 乔木图例中粗线小圆表示现有乔木，细线小十字表示设计乔木；灌木图例中黑点表示种植位置； 凡大片树林可省略图例中的小圆、小十字及黑点
3	落叶针叶乔木		
4	常绿针叶乔木		
5	落叶灌木		
6	常绿灌木		
7	阔叶乔木疏林		—
8	针叶乔木疏林		常绿林或落叶林根据图画表现的需要加或不加 45°细斜线
9	阔叶乔木密林		—

续表

序号	名称	图例	说明
10	针叶乔木密林		—
11	落叶灌木疏林		—
12	落叶花灌木疏林		—
13	常绿灌木密林		—
14	常绿花灌木密林		—
15	自然形绿篱		—
16	整形绿篱		—
17	镶边植物		—

序号	名称	图例	说明
18	一、二年生草木花卉		—
19	多年生及宿根草木花卉		—
20	一般草皮		—
21	缀花草皮		—
22	整形树木		—
23	竹丛		—
24	棕榈植物		—
25	仙人掌植物		—

续表

序号	名称	图例	说明
26	藤本植物		—
27	水生植物		—

表 5-4 枝干形态

序号	名称	图例	说明
1	主轴干侧分枝形		—
2	主轴干无分枝形		—
3	无主轴干多枝形		—
4	无主轴干垂枝形		—

续表

序号	名称	图例	说明
5	无主轴干丛生形		—
6	无主轴干匍匐形		—

表 5-5　树冠形态

序号	名称	图例	说明
1	圆锥形		树冠轮廓线,凡针叶树用锯齿形;凡阔叶树用弧裂形表示
2	椭圆形		—
3	圆球形		—
4	垂枝形		—
5	伞形		—
6	匍匐形		—

（4）绿地喷灌工程图例 绿地喷灌工程图例见表 5-6。

表 5-6 绿地喷灌工程图例

序号	名称	图例	说明
1	永久螺栓	M / φ	
2	高强螺栓	M / φ	
3	安装螺栓	M / φ	1. 细"+"线表示定位线 2. M 表示螺栓型号 3. φ 表示螺栓孔直径 4. d 表示膨胀螺栓、电焊铆钉直径 5. 采用引出线标注螺栓时，横线上标注螺栓规格，横线下标注螺栓孔直径 6. b 表示长圆形螺栓孔的宽度
4	胀锚螺栓	d	
5	圆形螺栓孔	φ	
6	长圆形螺栓孔	φ / b	
7	电焊铆钉	d	
8	偏心异径管		—
9	异径管		—
10	乙字管		—

续表

序号	名称	图例	说明
11	喇叭口		—
12	转动接头		—
13	短管		—
14	存水弯		—
15	弯头		—
16	正三通		—
17	斜三通		—
18	正四通		—

续表

序号	名称	图例	说明
19	斜四通		—
20	浴盆排水件		—
21	闸阀		—
22	角阀		—
23	三通阀		—
24	四通阀		—
25	截止阀		—
26	电动阀		—

续表

序号	名称	图例	说明
27	液动阀		—
28	气动阀		—
29	减压阀		左侧为高压端
30	旋塞阀	平面　　系统	—
31	底阀		—
32	球阀		—
33	隔膜阀		—
34	气开隔膜阀		—
35	气闭隔膜阀		—

续表

序号	名称	图例	说明
36	温度调节阀		—
37	压力调节阀		—
38	电磁阀		—
39	止回阀		—
40	消声止回阀		—
41	蝶阀		—
42	弹簧安全阀		左为通用
43	平衡锤安全阀		—
44	自动排气阀	平面　系统	—
45	浮球阀	平面　系统	—

续表

序号	名称	图例	说明
46	延时自闭冲洗阀		—
47	吸水喇叭口	平面 系统	—
48	疏水器		—
49	法兰连接		—
50	承插连接		—
51	活接头		—
52	管堵		—
53	法兰堵盖		—
54	弯折管		表示管道向后及向下弯转90°

续表

序号	名称	图例	说明
55	三通连接		—
56	四通连接		—
57	盲板		—
58	管道"丁"字上接		—
59	管道"丁"字下接		—
60	管道交叉		在下方和后面的管道应断开
61	温度计		—
62	压力表		—
63	自动记录压力表		—
64	压力控制器		—

序号	名称	图例	说明
65	水表		—
66	自动记录流量计		—
67	转子流量计		—
68	真空表		—
69	温度传感器	T	—
70	压力传感器	P	—
71	pH 值传感器	pH	—
72	酸传感器	H	—
73	碱传感器	Na	—
74	氯传感器	Cl	—

5.2.1.2 园林植物配制图识读

（1）园林植物配制图的内容　园林植物配置图（又称园林植物种植设计图）是用相应的平面图例在图样上表示设计植物的种类、数量、规格、种植位置，根据图样比例和植物种类的多少在图例内用阿拉伯数字对植物进行编号或直接用文字予以说明，具体包含的内容主要有：

① 苗木表。通常在图面上适当位置用列表的方式绘制苗木统计表，具体统计并详细说明设计植物的编号、图例、种类、规格（包括树干直径、高度或冠幅）和数量等。

② 施工说明。对植物选苗、栽植和养护过程中需要注意的问题进行说明。

③ 植物种植位置。通过不同图例区分植物种类。

④ 植物种植点的定位尺寸。种植位置用坐标网格进行控制，或可直接在图样上用具体尺寸标出株间距、行间距以及端点植物与参照物之间的距离。

⑤ 某些有着特殊要求的植物景观还需给出这一景观的施工放样图和剖、断面图。

园林植物种植设计图是组织种植施工、编制预算、养护管理及工程施工监理和验收的重要依据，它应能准确表达出种植设计的内容和意图，并且对于施工组织、施工管理以及后期的养护都能够起到很大的积极作用。

（2）园林植物配制图的识读

① 看标题栏、比例、指北针（或风玫瑰图）及设计说明。了解工程名称、性质、所处方位（及主导风向），明确工程的目的、设计范围、设计意图，了解绿化施工后应达到的效果。

② 看植物图例、编号、苗木统计表及文字说明。根据图示各植物编号，对照苗木统计表及技术说明了解植物的种类、名称、规格、数量等，验核或编制种植工程预算。

③ 看图示植物种植位置及配置方式。根据图示植物种植位置及配置方式，分析种植设计方案是否合理，植物栽植位置与建筑及构筑物和市政管线之间的距离是否符合有关设计规范的规定等技术要求。

④ 看植物的种植规格和定位尺寸，明确定点放线的基准。

⑤ 看植物种植详图，明确具体种植要求，组织种植施工。

5.2.2　绿化工程定额工程量计算规则

5.2.2.1　绿地整理工程工程量计算

（1）勘察现场

① 工作内容：绿化工程施工前需要进行现场调查，对架高物、地下管网、各种障碍物以及水源、地质、交通等状况进行全面了解，并做好施工安排或施工组织设计。

② 工程量：以植株计算，灌木类以每丛折合 1 株，绿篱每 1 延长米折合 1

株，乔木不分品种规格一律按"株"计算。

（2）清理绿化用地

① 工作内容：清理现场，土厚在±30cm 之内的挖、填、找平，按设计标高整理地面，渣土集中，装车外运。

a. 人工平整：地面凹凸高差在±30cm 以内的就地挖、填、找平；凡高差超出±30cm 的，每 10cm 增加人工费 35%，不足 10cm 的按 10cm 计算。

b. 机械平整：无论地面凹凸高差多少，一律执行机械平整。

② 工程量：工程量以"10m²"计算。

a. 拆除障碍物：视实际拆除体积以"m³"计算。

b. 平整场地：按设计供栽植的绿地范围以"m²"计算。

c. 客土：裸根乔木、灌木、攀缘植物和竹类，按其不同坑体规格以"株"计算；土球苗木，按不同球体规格以"株"计算；木箱苗木，按不同的箱体规格以"株"计算；绿篱，按不同槽（沟）断面，分单行双行以"m"计算；色块、草坪、花卉，按种植面积以"m²"计算。

d. 人工整理绿化用地是指±30cm 范围内的平整，超出该范围时按照人工挖土方相应的子目规定计算。

e. 机械施工的绿化用地的挖、填土方工程，其大型机械进出场费均按地方定额中关于大型机械进出场费的规定执行，列入其独立土石方工程概算。

f. 整理绿化用地渣土外运的工程量分以下两种情况以"m³"计算：

（a）自然地坪与设计地坪标高相差在±30cm 以内时，整理绿化用地渣土量按每平方米 0.05m³ 计算。

（b）自然地坪与设计地坪标高相差在±30cm 以外时，整理绿化用地渣土量按挖土方与填土方之差计算。

5.2.2.2 园林植树工程工程量计算

（1）刨树坑

① 工作内容：分为刨树坑、刨绿篱沟、刨绿带沟 3 项。

土壤划分为 3 种，分别是坚硬土、杂质土、普通土。

刨树坑是从设计地面标高下刨，无设计标高的以一般地面水平为准。

② 工程量：刨树坑以"个"计算，刨绿篱沟以"延长米"计算，刨绿带沟以"m³"计算。乔木胸径在 3～10cm 以内，常绿树高度在 1～4m 以内；大于以上规格的按大树移植处理。乔木应选择树体高大（在 5m 以上），具有明显树干的树木，如银杏、雪松等。

（2）施肥

① 工作内容：分为乔木施肥、观赏乔木施肥、花灌木施肥、常绿乔木施肥、绿篱施肥、攀缘植物施肥、草坪及地被施肥（施肥主要指有机肥，其价格已包括场外运费）7 项。

② 工程量：均按植物的株数计算，其他均以"m²"计算。

（3）修剪

① 工作内容：分为修剪、强剪、绿篱平剪 3 项。修剪是指栽植前的修根、修枝；强剪是指"抹头"；绿篱平剪是指栽植后的第一次顶部定高平剪及两侧面垂直或正梯形坡剪。

② 工程量：除绿篱以"延长米"计算外，树木均按株数计算。

（4）防治病虫害

① 工作内容：分为刷药、涂白、人工喷药 3 项。

② 工程量：均按植物的株数计算，其他均以"m^2"计算。

a. 刷药：泛指以波美度为 0.5 的石硫合剂为准，刷药的高度至分枝点，要求全面且均匀。

b. 涂白：其浆料以生石灰∶氯化钠∶水＝2.5∶1∶18 为准，刷涂料高度在 1.3m 以下，要上口平齐、高度一致。

c. 人工喷药：指栽植前需要人工肩背喷药防治病虫害，或必要的土壤有机肥人工拌农药灭菌消毒。

（5）树木栽植

① 栽植乔木。乔木根据其形态及计量的标准分为：按苗高计量的有西府海棠、木槿；按冠径计量的有金银木和丁香等。

a. 起挖乔木（带土球）。

（a）工作内容：起挖、包扎出坑、搬运集中、回土填坑。

（b）工程量：按土球直径分别列项，以"株"计算。特大或名贵树木另行计算。

b. 起挖乔木（裸根）。

（a）工作内容：起挖、出坑、修剪、打浆、搬运集中、回土填坑。

（b）工程量：按胸径分别列项，以"株"计算。特大或名贵树木另行计算。

c. 栽植乔木（带土球）。

（a）工作内容：挖坑、栽植（落坑、扶正、回土、捣实、筑水围）、浇水、覆土、保墒、整形、清理。

（b）工程量：按土球直径分别列项，以"株"计算。特大或名贵树木另行计算。

d. 栽植乔木（裸根）。

（a）工作内容：挖坑栽植、浇水、覆土、保墒、整形、清理。

（b）工程量：按胸径分别列项，以"株"计算。特大或名贵树木另行计算。

② 栽植灌木。灌木树体矮小（在 5m 以下），无明显主干或主干甚短。如月季、连翘、金银木等。

a. 起挖灌木（带土球）。

（a）工作内容：起挖、包扎、出坑、搬运集中、回土填坑。

（b）工程量：按土球直径分别列项，以"株"计算。特大或名贵树木另行计算。

b. 起挖灌木（裸根）。

（a）工作内容：起挖、出坑、修剪、打浆、搬运集中、回土填坑。

（b）工程量：按冠丛高分别列项，以"株"计算。

c. 栽植灌木（带土球）。

（a）工作内容：挖坑、栽植（扶正、捣实、回土、筑水围）、浇水、覆土、保墒、整形、清理。

（b）工程量：按土球直径分别列项，以"株"计算。特大或名贵树木另行计算。

d. 栽植灌木（裸根）。

（a）工作内容：挖坑、栽植、浇水、覆土、保墒、整形、清理。

（b）工程量：按冠丛高分别列项，以"株"计算。

③ 栽植绿篱。绿篱分为：落叶绿篱，如雪柳、小白榆等；常绿绿篱，如侧柏、小桧柏等。篱高是指绿篱苗木顶端距地平面高度。

a. 工作内容：开沟、排苗、回土、筑水围、浇水、覆土、整形、清理。

b. 工程量：按单、双排和高度分别列项，工程量以"延长米"计算，单排以"丛"计算，双排以"株"计算。绿篱，按单行或双行不同篱高以"m"计算（单行 3.5 株/m，双行 5 株/m）；色带以"m²"计算（色块 12 株/m²）。

④ 栽植攀缘类。攀缘类是能攀附他物向上生长的蔓性植物，多借助吸盘（如地锦等）、附根（如凌霄等）、卷须（如葡萄等）、蔓条（如爬蔓月季等）以及干茎本身（如紫藤等）的缠绕性而攀附他物。

a. 工作内容：挖坑、栽植、浇水、覆土、保墒、整形、清理。

b. 工程量：攀缘植物，按不同生长年限以"株"计算，每延长米栽 5～6 株；草花每 1m² 栽 35 株。

⑤ 栽植竹类。

a. 起挖竹类（散生竹）。

（a）工作内容：起挖、包扎、出坑、修剪、搬运集中、回土填坑。

（b）工程量：按胸径分别列项，以"株"计算。

b. 起挖竹类（丛生竹）。

（a）工作内容：起挖、包扎、出坑、修剪、搬运集中、回土填坑。

（b）工程量：按根盘丛径分别列项，以"丛"计算。

c. 栽植竹类（散生竹）。

（a）工作内容：挖坑、栽植（扶正、捣实、回土、筑水围）、浇水、覆土、保墒、整形、清理。

（b）工程量：按胸径分别列项，以"株"计算。

d. 栽植竹类（丛生竹）。

（a）工作内容：挖坑、栽植（扶正、捣实、回土、筑水围）、浇水、覆土、保墒、整形、清理。

（b）工程量：按根盘丛径分别列项，以"丛"计算。

e. 栽植水生植物。

（a）工作内容：挖淤泥、搬运、种植、养护。

（b）工程量：按荷花、睡莲分别列项，以"10 株"计算。

（6）树木支撑

① 工作内容：分为两架一拐、三架一拐、四脚钢筋架、竹竿支撑、幌绳绑扎五项。

② 工程量：均按植物的株数计算，其他均以"m^2"计算。

（7）新树浇水

① 工作内容：分为人工胶管浇水和汽车浇水两项。

② 工程量：除篱以"延长米"计算外，树木均按株数计算。

人工胶管浇水，距水源以 100m 以内为准，每超 50m 用工增加 14%。

（8）铺设盲管

① 工作内容：分为找泛水、接口、养护、清理、保证管内无滞塞物 5 项。

② 工程量：按管道中心线全长以"延长米"计算。

（9）清理竣工现场

① 工作内容：分为人力车运土、装载机自卸车运土 2 项。

② 工程量：每株树木（不分规格）按"$5m^2$"计算，绿篱每延长米按"$3m^2$"计算。

（10）原土过筛

① 工作内容：在保证工程质量的前提下，应充分利用原土降低造价，但原土含瓦砾、杂物率不得超过 30%，且土质理化性质须符合种植土地要求。

② 工程量：

a. 原土过筛：按筛后的好土以"m^3"计算。

b. 土坑换土：以实挖的土坑体积乘以系数 1.43 计算。

5.2.2.3 花卉与草坪种植工程工程量计算

（1）栽植露地花卉

① 工作内容：翻土整地、清除杂物、施基肥、放样、栽植、浇水、清理。

② 工程量：按草本花，木本花，球、地根类，一般图案花坛，彩纹图案花坛，立体花坛，五色草一般图案花坛，五色草彩纹图案花坛，五色草立体花坛分别列项，以"$10m^2$"计算。

每平方米栽植数量：草花 25 株；木本花卉 5 株；植根花卉，草本 9 株、木本 5 株。

（2）草皮铺种

① 工作内容：翻土整地、清除杂物、搬运草皮、浇水、清理。

② 工程量：按散铺、满铺、直生带、播种分别列项，以"$10m^2$"计算。种苗费未包括在定额内，须另行计算。

5.2.2.4 大树移植工程工程量计算

（1）工作内容

① 带土方木箱移植法：

a. 掘苗前，先按照绿化设计要求的树种、规格选苗，并在选好的树上做出明显标记，将树木的品种、规格（高度、干径、分枝点高度、树形及主要观赏面）分别记入卡片，以便分类，编出栽植顺序。

b. 掘苗与运输：

（a）掘苗。掘苗时，先根据树木的种类、株行距和干径的大小确定在植株根部留土台的大小。可按苗木胸径（即树木高 1.3m 处的树干直径）的 7～10 倍确定土台。

（b）运输。修整好土台之后，应立即上箱板，其操作顺序如下：上侧板、上钢丝绳、钉铁皮、掏底和上底板、上盖板、吊运装车、运输、卸车。

c. 栽植：（a）挖坑。（b）吊树入坑。（c）拆除箱板和回填土。（d）栽后管理。

② 软包装土球移植法：

a. 掘苗准备工作：掘苗的准备工作与方木箱的移植相似，但它不需要用木箱板、铁皮等材料和某些工具，材料中只要有蒲包片、草绳等物即可。

b. 掘苗与运输：（a）确定土球的大小。（b）挖掘。（c）打包。（d）吊装运输。（e）假植。（f）栽植。

（2）工程量

① 分为大型乔木移植、大型常绿树移植两部分，每部分又分带土台、装木箱 2 种。

② 大树移植的规格，乔木以胸径 10cm 以上为起点，分 10～15cm、15～20cm、20～30cm、30cm 以上 4 个规格。

③ 浇水按自来水考虑，为三遍水的费用。

④ 所用吊车、汽车可按不同规格计算。

⑤ 工程量按移植株数计算。

5.2.2.5　绿化养护工程工程量计算

（1）工作内容

① 乔木浇透水 10 次，常绿树木浇透水 6 次，花灌木浇透水 13 次，花卉每周浇透水 1～2 次。

② 中耕除草乔木 3 遍，花灌木 6 遍，常绿树木 2 遍；草坪除草可按草种不同修剪 2～4 次，草坪清杂草应随时进行。

③ 喷药乔木、花灌木、花卉 7～10 遍。

④ 打芽及定型修剪落叶乔木 3 次，常绿树木 2 次，花灌木 1～2 次。

⑤ 喷水移植大树浇水须适当喷水，常绿类 6～7 月份共喷 124 次，植保用农药化肥随浇水执行。

（2）工程量

① 乔木（果树）、灌木、攀缘植物以"株"计算；绿篱以"m"计算；草坪、花卉、色带、宿根以"m²"计算；丛生竹以"丛"计算。也可根据施工方

自身的情况、多年绿化养护的经验以及业主要求的时间进行列项计算。

② 冬期防寒是北方园林中常见的苗木防护措施，包括支撑竿、喷防冻液、搭风帐等。后期管理费中不含冬期防寒措施，需另行计算。乔木、灌木按数量以"株"计算；色带、绿篱按长度以"m"计算；木本、宿根花卉按面积以"m²"计算。

5.2.3 绿化工程清单工程量计算规则

5.2.3.1 绿地整理

绿地整理工程量清单项目设置、项目特征描述的内容、计量单位及工程量计算规则，应按表 5-7 的规定执行。

表 5-7 绿地整理（编码：050101）

项目编码	项目名称	项目特征	计量单位	工程量计算规则	工程内容
050101001	砍伐乔木	树干胸径	株	按数量计算	1. 砍伐 2. 废弃物运输 3. 场地清理
050101002	挖树根(蔸)	地径			1. 挖树根 2. 废弃物运输 3. 场地清理
050101003	砍挖灌木丛及根	丛高或蓬径	1. 株 2. m²	1. 以株计量，按数量计算 2. 以平方米计量，按面积计算	1. 砍挖 2. 废弃物运输 3. 场地清理
050101004	砍挖竹及根	根盘直径	1. 株 2. 丛	按数量计算	
050101005	砍挖芦苇(或其他水生植物)及根	根盘丛径	m²	按面积计算	
050101006	清除草皮	草皮种类		按面积计算	1. 除草 2. 废弃物运输 3. 场地清理
050101007	清除地被植物	植物种类	m²		1. 清除植物 2. 废弃物运输 3. 场地清理
050101008	屋面清理	1. 屋面做法 2. 屋面高度		按设计图示尺寸以面积计算	1. 原屋面清扫 2. 废弃物运输 3. 场地清理

续表

项目编码	项目名称	项目特征	计量单位	工程量计算规则	工程内容
050101009	种植土回(换)填	1. 回填土质要求 2. 取土运距 3. 回填厚度	1. m³ 2. 株	1. 以立方米计量,按设计图示回填面积乘以回填厚度以体积计算 2. 以株计量,按设计图示数量计算	1. 土方挖、运 2. 回填 3. 找平、找坡 4. 废弃物运输
050101010	整理绿化用地	1. 回填土质要求 2. 取土运距 3. 回填厚度 4. 找平找坡要求 5. 弃渣运距	m²	按设计图示尺寸以面积计算	1. 排地表水 2. 土方挖、运 3. 耙细、过筛 4. 回填 5. 找平、找坡 6. 拍实 7. 废弃物运输
050101011	绿地起坡造型	1. 回填土质要求 2. 取土运距 3. 起坡平均高度	m³	按设计图示尺寸以体积计算	1. 排地表水 2. 土方挖、运 3. 耙细、过筛 4. 回填 5. 找平、找坡 6. 废弃物运输
050101012	屋顶花园基底处理	1. 找平层厚度、砂浆种类、强度等级 2. 防水层种类、做法 3. 排水层厚度、材质 4. 过滤层厚度、材质 5. 回填轻质土厚度、种类 6. 屋面高度 7. 阻根层厚度、材质、做法	m²	按设计图示尺寸以面积计算	1. 抹找平层 2. 防水层铺设 3. 排水层铺设 4. 过滤层铺设 5. 填轻质土壤 6. 阻根层铺设 7. 运输

注: 1. 整理绿化用地项目包含厚度≤300mm回填土,厚度>300mm回填土。

2. 填方密实度要求,在无特殊要求情况下,项目特征可描述为满足设计和规范的要求。

3. 填方材料品种可以不描述,但应注明由投标人根据设计要求验方后方可填入,并符合相关工程的质量规范要求。

4. 填方粒径要求,在无特殊要求情况下,项目特征可以不描述。

5. 如需买土回填应在项目特征填方来源中描述,并注明买土方数量。

5.2.3.2　栽植花木

栽植花木工程量清单项目设置、项目特征描述的内容、计量单位及工程量计算规则，应按表 5-8 的规定执行。

表 5-8　栽植花木（编码：050102）

项目编码	项目名称	项目特征	计量单位	工程量计算规则	工程内容
050102001	栽植乔木	1. 种类 2. 胸径或干径 3. 株高、冠径 4. 起挖方式 5. 养护期	株	按设计图示数量计算	1. 起挖 2. 运输 3. 栽植 4. 养护
050102002	栽植灌木	1. 种类 2. 跟盘直径 3. 冠丛高 4. 蓬径 5. 起挖方式 6. 养护期	1. 株 2. m²	1. 以株计量，按设计图示数量计算 2. 以平方米计量，按设计图示尺寸以绿化水平投影面积计算	
050102003	栽植竹类	1. 竹种类 2. 竹胸径或根盘丛径 3. 养护期	1. 株 2. 丛	按设计图示数量计算	
050102004	栽植棕榈类	1. 种类 2. 株高、地径 3. 养护期	株		
050102005	栽植绿篱	1. 种类 2. 篱高 3. 行数、蓬径 4. 单位面积株数 5. 养护期	1. m 2. m²	1. 以米计量，按设计图示长度以延长米计算 2. 以平方米计量，按设计图示尺寸以绿化水平投影面积计算	1. 起挖 2. 运输 3. 栽植 4. 养护
050102006	栽植攀缘植物	1. 植物种类 2. 地径 3. 单位面积株数 4. 养护期	1. 株 2. m	1. 以株计量，按设计图示数量计算 2. 以米计量，按设计图示种植长度以延长米计算	

续表

项目编码	项目名称	项目特征	计量单位	工程量计算规则	工程内容
050102007	栽植色带	1. 苗木、花卉种类 2. 株高或蓬径 3. 单位面积株数 4. 养护期	m²	按设计图示尺寸以面积计算	
050102008	栽植花卉	1. 花卉种类 2. 株高或蓬径 3. 单位面积株数 4. 养护期	1. 株（丛、缸） 2. m²	1. 以株（丛、缸）计量，按设计图示数量计算	1. 起挖 2. 运输 3. 栽植 4. 养护
050102009	栽植水生植物	1. 植物种类 2. 株高或蓬径或芽数/株 3. 单位面积株数 4. 养护期	1. 丛（缸） 2. m²	2. 以平方米计量，按设计图示尺寸以水平投影面积计算	
050102010	垂直墙体绿化种植	1. 植物种类 2. 生长年数或地(干)径 3. 栽植容器材质、规格 4. 栽植基质种类、厚度 5. 养护期	1. m² 2. m	1. 以平方米计量，按设计图示尺寸以绿化水平投影面积计算 2. 以米计量，按设计图示种植长度以延长米计算	1. 起挖 2. 运输 3. 栽植容器安装 4. 栽植 5. 养护
050102011	花卉立体布置	1. 草本花卉种类 2. 高度或蓬径 3. 单位面积株数 4. 种植形式 5. 养护期	1. 单体（处） 2. m²	1. 以单体（处）计量，按设计图示数量计算 2. 以平方米计量，按设计图示尺寸以面积计算	1. 起挖 2. 运输 3. 栽植 4. 养护

续表

项目编码	项目名称	项目特征	计量单位	工程量计算规则	工程内容
050102012	铺种草皮	1. 草皮种类 2. 铺种方式 3. 养护期	m²	按设计图示尺寸以绿化投影面积计算	1. 起挖 2. 运输 3. 铺底砂(土) 4. 栽植 5. 养护
050102013	喷播植草(灌木)籽	1. 基层材料种类规格 2. 草(灌木)籽种类 3. 养护期			1. 基层处理 2. 坡地细整 3. 喷播 4. 覆盖 5. 养护
050102014	植草砖内植草	1. 草坪种类 2. 养护期			1. 起挖 2. 运输 3. 覆土(砂) 4. 栽植 5. 养护
050102015	挂网	1. 种类 2. 规格		按设计图示尺寸以挂网投影面积计算	1. 制作 2. 运输 3. 安放
050102016	箱/钵栽植	1. 箱/钵体材料品种 2. 箱/钵外形尺寸 3. 栽植植物种类、规格 4. 土质要求 5. 防护材料种类 6. 养护期	个	按设计图示箱/钵数量计算	1. 制作 2. 运输 3. 安放 4. 栽植 5. 养护

注：1. 挖土外运、借土回填、挖(凿)土(石)方应包括在相关项目内。
2. 苗木计算应符合下列规定：
(1) 胸径应为地表面向上 1.2m 高处树干直径。
(2) 冠径又称冠幅，应为苗木冠丛垂直投影面的最大直径和最小直径之间的平均值。
(3) 蓬径应为灌木、灌丛垂直投影面的直径。
(4) 地径应为地表面向上 0.1m 高处树干直径。
(5) 干径应为地表面向上 0.3m 高处树干直径。
(6) 株高应为地表面至树顶端的高度。
(7) 冠丛高应为地表面至乔(灌)木顶端的高度。
(8) 篱高应为地表面至绿篱顶端的高度。
(9) 养护期应为招标文件中要求苗木种植结束后承包人负责养护的时间。
3. 苗木移(假)植应按花木栽植相关项目单独编码列项。
4. 土球包裹材料、树体输液保湿及喷洒生根剂等费用包含在相应项目内。
5. 墙体绿化浇灌系统按"绿地喷灌"相关项目单独编码列项。
6. 发包人如有成活率要求时，应在特征描述中加以描述。

5.2.3.3 绿地喷灌

绿地喷灌工程量清单项目设置、项目特征描述的内容、计量单位及工程量计算规则，应按表 5-9 的规定执行。

表 5-9 绿地喷灌（编码：050103）

项目编码	项目名称	项目特征	计量单位	工程量计算规则	工程内容
050103001	喷灌管线安装	1. 管道品种、规格 2. 管件品种、规格 3. 管道固定方式 4. 防护材料种类 5. 油漆品种、刷漆遍数	m	按设计图示管道中心线长度以延长米计算，不扣除检查（阀门）井、阀门、管件及附件所占的长度	1. 管道铺设 2. 管道固筑 3. 水压试验 4. 刷防护材料、刷漆
050103002	喷灌配件安装	1. 管道附件、阀门、喷头品种、规格 2. 管道附件、阀门、喷头固定方式 3. 防护材料种类 4. 油漆品种、刷漆遍数	个	按设计图示数量计算	1. 管道附件、阀门、喷头安装 2. 水压试验 3. 刷防护材料、刷漆

注：1. 挖填土石方应按现行国家标准《房屋建筑与装饰工程工程量计算规范》（GB 50854—2013）附录 A 相关项目编码列项。

2. 阀门井应按现行国家标准《市政工程工程量计算规范》（GB 50857—2013）相关项目编码列项。

5.2.4 绿化工程清单工程量计算常用数据

5.2.4.1 绿地整理工程量计算公式

（1）横截面法计算土方量 横截面法适用于地形起伏变化较大或形状狭长的地带，其方法是：首先，根据地形图及总平面图，将要计算的场地划分成若干个横截面，相邻两个横截面距离视地形变化而定。在起伏变化大的地段，布置密一些（即距离短一些），反之则可适当长一些。然后，实测每个横截面特征点的标高，量出各点之间距离（若测区已有比较精确的大比例尺地形图，也可在图上设置横截面，用比例尺直接量取距离，按等高线求算高程，方法简捷，就其精度来说，没有实测的高），按比例尺把每个横截面绘制到厘米方格纸上，并套上相应的设计断面，则自然地面和设计地面两轮廓线之间的部分，即是需要计算的施工部分。

其具体计算步骤如下：

① 划分横截面：根据地形图（或直接测量）及竖向布置图，将要计算的场

地划分横截面 $A—A'$，$B—B'$，$C—C'$，…，划分原则为垂直等高线或垂直主要建筑物边长，横截面之间的间距可不等，地形变化复杂的间距宜小，反之宜大一些，但是最大不宜大于 $100m$。

② 画截面图形：按比例画每个横截面的自然地面和设计地面的轮廓线。设计地面轮廓线之间的部分，即为填方和挖方的截面。

③ 计算横截面面积：按表 5-10 的面积计算公式，计算每个截面的填方或挖方截面积。

表 5-10 常用横截面计算公式

序号	图示	面积计算公式
1		$F = h(b + nb)$
2		$F = h\left[b + \dfrac{h(m+n)}{2}\right]$
3		$F = b\dfrac{h_1 + h_2}{2} + nh_1h_2$
4		$F = h_1\dfrac{a_1 + a_2}{2} + h_2\dfrac{a_2 + a_3}{2} + h_3\dfrac{a_3 + a_4}{2} + h_4\dfrac{a_4 + a_5}{2}$
5		$F = \dfrac{1}{2}a(h_0 + 2h + h_n)$ $h = h_1 + h_2 + h_3 + \cdots + h_n$

④ 计算土方量：根据截面面积计算土方量：

$$V = \frac{1}{2}(F_1 + F_2) \times L \tag{5-1}$$

式中 V——相邻两截面间的土方量，m^3；

F_1，F_2——相邻两截面的挖（填）方截面积，m^2；

L——相邻两截面间的间距，m。

⑤ 按土方量汇总。

（2）方格网法计算土方量　方格网法是把平整场地的设计工作和土方量计算工作结合在一起进行的。

① 划分方格网。在附有等高线的地形图（图样常用比例为 1∶500）上作方格网，方格各边最好与测量的纵、横坐标系统对应，并对方格及各角点进行编号。方格边长在园林中一般用 20m×20m 或 40m×40m。然后将各点的设计标高和原地形标高分别标注于方格桩点的右上角和右下角，再将原地形标高与设计地面标高的差值（即各角点的施工标高）填在方格点的左上角，挖方为（＋）、填方为（－）。

其中原地形标高用插入法求得（图 5-1），方法是：设 H_x 为欲求角点的原地面高程，过此点作相邻两等高线间最小距离 L。

$$H_x = H_a \pm \frac{xh}{L} \tag{5-2}$$

式中　H_a——低边等高线的高程；

　　　x——角点至低边等高线的距离；

　　　h——等高差。

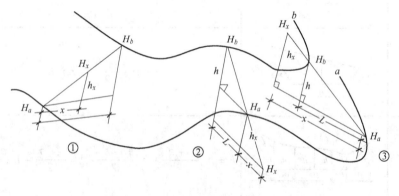

图 5-1　插入法求任意点高程示意图

插入法求某点地面高程通常会遇到以下 3 种情况。

a. 待求点标高 H_x 在两等高线之间，如图 5-1 中①所示：

$$H_x = H_a + \frac{xh}{L}$$

b. 待求点标高 H_x 在低边等高线的下方，如图 5-1 中②所示：

$$H_x = H_a - \frac{xh}{L}$$

c. 待求点标高 H_x 在低边等高线的上方，如图 5-1 中③所示：

$$H_x = H_a + \frac{xh}{L}$$

在平面图上线段 $H_a - H_b$ 是过待求点所做的相邻两等高线间最小水平距离 L。求出的标高数值一一标记在图上。

② 求施工标高。施工标高指方格网各角点挖方或填方的施工高度，其导出式为：

$$施工标高＝原地形标高－设计标高 \qquad (5\text{-}3)$$

从上式看出，要求出施工标高，必须先确定角点的设计标高。为此，具体计算时，要通过平整标高反推出设计标高。设计中通常取原地面高程的平均值（算术平均或加权平均）作为平整标高。平整标高的含义就是将一块高低不平的地面在保证土方平衡的条件下，挖高垫低使地面水平，这个水平地面的高程就是平整标高。它是根据平整前和平整后土方数相等的原理求出的。当平整标高求得后，就可用图解法或数学分析法来确定平整标高的位置，再通过地形设计坡度，可算出各角点的设计标高，最后将施工标高求出。

③ 零点位置。零点是指不挖不填的点，零点的连线即为零点线，它是填方与挖方的界定线，因而零点线是进行土方计算和土方施工的重要依据之一。要识别是否有零点存在，只要看一个方格内是否同时有填方与挖方，如果同时有，则说明一定存在零点线。为此，应将此方格的零点求出，并标于方格网上，再将零点相连，即可分出填挖方区域，该连线即为零点线。

零点可通过下式求得，如图 5-2(a) 所示：

$$x = \frac{h_1}{h_1 + h_2} a \qquad (5\text{-}4)$$

式中　x——零点距 h_1 一端的水平距离，m；

h_1, h_2——方格相邻二角点的施工标高绝对值，m；

a——方格边长。

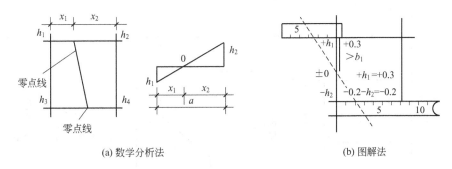

(a) 数学分析法　　　　　　　　　(b) 图解法

图 5-2　求零点位置示意

零点的求法还可采用图解法，如图 5-2(b) 所示。方法是将直尺放在各角点上标出相应的比例，而后用尺相接，凡与方格交点的为零点位置。

④ 计算土方工程量。根据各方格网底面积图形以及相应的体积计算公式（表 5-11）来逐一求出方格内的挖方量或填方量。

表 5-11 方格网计算土方量计算公式

项目	图式	计算公式
一点填方 或挖方 （三角形）		$V = \dfrac{1}{2}bc\dfrac{\sum h}{3} = \dfrac{bch_3}{6}$ 当 $b = c = a$ 时，$V = \dfrac{a^2 h_3}{6}$
二点填方 或挖方 （梯形）		$V_+ = \dfrac{b+c}{2}a\dfrac{\sum h}{4}$ $= \dfrac{a}{8}(b+c)(h_1+h_3)$ $V_- = \dfrac{d+e}{2}a\dfrac{\sum h}{4}$ $= \dfrac{a}{8}(d+e)(h_2+h_4)$
三点填方 或挖方 （五角形）		$V = \left(a^2 - \dfrac{bc}{2}\right)\dfrac{\sum h}{5}$ $= \left(a^2 - \dfrac{bc}{2}\right)\dfrac{h_1+h_2+h_4}{5}$
四点填方 或挖方 （正方形）		$V = \dfrac{a^2}{4}\sum h = \dfrac{a^2}{4}$ $(h_1+h_2+h_3+h_4)$

注：1. a 为方格网的边长，m；b，c 为零点到一角的边长，m；h_1，h_2，h_3，h_4 为方格网四点脚的施工高程，m，用绝对值代入；$\sum h$ 为填方或挖方施工高程的总和，m，用绝对值代入；V 为挖方或填方体积，m^3。

2. 本表公示是按各计算图形底面乘以平均施工高程而得出的。

⑤ 计算土方总量。将填方区所有方格的土方量（或挖方区所有方格的土方量）累计汇总，即得到该场地填方和挖方的总土方量，最后填入汇总表。

5.2.4.2 栽植花木工程工程量计算常用数据

（1）栽植穴、槽的规则 见表5-12～表5-16。

表 5-12 常绿乔木类种植穴规格 单位：cm

树高	土球直径	种植穴深度	种植穴直径
150	40～50	50～60	80～90
150～250	70～80	80～90	100～110
250～400	80～100	90～110	120～130
400 以上	140 以上	120 以上	180 以上

表 5-13 落叶乔木类种植穴规格 单位：cm

胸径	种植穴深度	种植穴直径	胸径	种植穴深度	种植穴直径
2～3	30～40	40～60	5～6	60～70	80～90
3～4	40～50	60～70	6～8	70～80	90～100
4～5	50～60	70～80	8～10	80～90	100～110

表 5-14 花灌木类种植穴规格 单位：cm

树高	土球(直径×高)	圆坑(直径×高)	说明
1.2～1.5	30×20	60×40	3株以上
1.5～1.8	40×30	70×50	
1.8～2.0	50×30	80×50	
2.0～2.5	70×40	90×60	

表 5-15 竹类种植穴规格 单位：cm

种植穴深度	种植穴直径
大于盘根或土球(块)厚度20～40	大于盘根或土球(块)直径40～60

表 5-16 绿篱类种植穴规格 单位：cm

种植高度	单行	双行
30～50	30×40	40×60
50～80	40×40	40×60
100～120	50×50	50×70
120～150	60×60	60×80

（2）各类苗木的质量标准

① 乔木类常用苗木产品主要规格质量标准见表 5-17。

表 5-17　乔木类常用苗木产品的主要规格质量标准

类型	树种	树高/m	干径/m	苗龄/a	冠径/m	分枝点高/m	移植次数/次
绿针叶乔木	南洋彬	2.5～3	—	6～7	1.0	—	2
	冷杉	1.5～2	—	7	0.8	—	2
	雪松	2.5～3	—	6～7	1.5	—	2
	柳杉	2.5～3	—	5～6	1.5	—	2
	云杉	1.5～2	—	7	0.8	—	2
	侧柏	2～2.5	—	5～7	1.0	—	2
	罗汉松	2～2.5	—	6～7	1.0	—	2
	油松	1.5～2	—	8	1.0	—	3
	白皮松	1.5～2	—	6～10	1.0	—	2
	湿地松	2～2.5	—	3～4	1.5	—	2
	马尾松	2～2.5	—	4～5	1.5	—	2
	黑松	2～2.5	—	6	1.5	—	2
	华山松	1.5～2	—	7～8	1.5	—	3
	圆柏	2.5～3	—	7	0.8	—	2
	龙柏	2～2.5	—	5～8	0.8	—	2
	铅笔柏	2.5～3	—	6～10	0.6	—	3
	榧树	1.5～2	—	5～8	0.6	—	2
落叶针叶乔木	水松	3.0～3.5	—	4～5	1.0	—	2
	水杉	3.0～3.5	—	4～5	1.0	—	2
	金钱松	3.0～3.5	—	6～8	1.2	—	2
	池杉	3.0～3.5	—	4～5	1.0	—	2
	落羽杉	3.0～3.5	—	4～5	1.0	—	2
常绿阔叶乔木	羊蹄甲	2.5～3	3～4	4～5	1.2	—	2
	榕树	2.5～3	4～6	5～6	1.0	—	2
	黄桷树	3～3.5	5～8	5	1.5	—	2
	女贞	2～2.5	3～4	4～5	1.2	—	1
	广玉兰	3.0	3～4	4～5	1.5	—	2
	白兰花	3～3.5	5～6	5～7	1.0	—	1
	芒果	3～3.5	5～6	5	1.5	—	2
	香樟	2.5～3	3～4	4～5	1.2	—	2
	蚊母	2	3～4	5	0.5	—	3
	桂花	1.5～2	3～4	4～5	1.5	—	2
	山茶花	1.5～2	3～4	5～6	1.5	—	2
	石楠	1.5～2	3～4	5	1.0	—	2
	枇杷	2～2.5	3～4	3～4	5～6	—	2

续表

类型		树种	树高 /m	干径 /m	苗龄 /a	冠径 /m	分枝点高 /m	移植次数 /次
落叶阔叶乔木	大乔木	银杏	2.5～3	2	15～20	1.5	2.0	3
		绒毛白蜡	4～6	4～5	6～7	0.8	5.0	2
		悬铃木	2～2.5	5～7	4～5	1.5	3.0	2
		毛白杨	6	4～5	4	0.8	2.5	1
		臭椿	2～2.5	3～4	3～4	0.8	2.5	1
		三角枫	2.5	2.5	8	0.8	2.0	2
		元宝枫	2.5	3	5	0.8	2.0	2
		洋槐	6	3～4	6	0.8	2.0	2
		合欢	5	3～4	6	0.8	2.5	2
		栾树	4	5	6	0.8	2.5	2
		七叶树	3	3.5～4	4～5	0.8	2.5	3
		国槐	4	5～6	8	0.8	2.5	2
		无患子	3～3.5	3～4	5～6	1.0	3.0	1
		泡桐	2～2.5	3～4	2～3	0.8	2.5	1
		枫杨	2～2.5	3～4	3～4	0.8	2.5	1
		梧桐	2～2.5	3～4	4～5	0.8	2.0	2
		鹅掌楸	3～4	3～4	4～6	0.8	2.5	2
		木棉	3.5	5～8	5	0.8	2.5	2
		垂柳	2.5～3	4～5	2～3	0.8	2.5	2
		枫香	3～3.5	3～4	4～5	0.8	2.5	2
		榆树	3～4	3～4	3～4	1.5	2	2
		榔榆	3～4	3～4	6	1.5	2	3
		朴树	3～4	3～4	5～6	1.5	2	2
		乌桕	3～4	3～4	6	2	2	2
		楝树	3～4	3～4	4～5	2	2	2
		杜仲	4～5	3～4	6～8	2	2	3
		麻栎	3～4	3～4	5～6	2	2	2
		榉树	3～4	3～4	8～10	2	2	3
		重阳木	3～4	3～4	5～6	2	2	2
		梓树	3～4	3～4	5～6	2	2	2
	中小乔木	白玉兰	2～2.5	2～3	4～5	0.8	0.8	1
		紫叶李	1.5～2	1～2	3～4	0.8	0.4	2
		樱花	2～2.5	1～2	3～4	1	0.8	2
		鸡爪槭	1.5	1～2	4	0.8	1.5	2
		西府海棠	3	1～2	4	1.0	0.4	2
		大花紫薇	1.5～2	1～2	3～4	0.8	1.0	1
		石榴	1.5～2	1～2	3～4	0.8	0.4～0.5	2
		碧桃	1.5～2	1～2	3～4	1.0	0.4～0.5	1
		丝棉木	2.5	2	4	1.5	0.8～1	1
		垂枝榆	2.5	4	7	1.5	2.5～3	2
		龙爪槐	2.5	4	10	1.5	2.5～3	3
		毛刺槐	2.5	4	3	1.5	1.5～2	1

② 灌木类常用苗木产品的主要规格质量标准见表 5-18。

表 5-18 灌木类常用苗木产品的主要规格质量标准

类型		树种	树高 /m	苗龄 /a	蓬径 /m	主枝数 /个	移植次数 /次	主条长 /m	基径 /cm
常绿阔叶灌木	丛生型	月桂	1～1.2	4～5	0.5	3	1～2	—	—
		海桐	0.8～1.0	4～5	0.8	3～5	1～2	—	
		夹竹桃	1～1.5	2～3	0.5	3～5	1～2	—	
		含笑	0.6～0.8	4～5	0.5	3～5	2	—	
		米仔兰	0.6～0.8	5～6	0.6	3	2	—	
		大叶黄杨	0.6～0.8	4～5	0.6	3	2	—	
		锦熟黄杨	0.3～0.5	3～4	0.3	3	1	—	
		云绵杜鹃	0.3～0.5	3～4	0.3	5～8	1～2	—	
		十大功劳	0.3～0.5	3	0.3	3～5	1	—	
		栀子花	0.3～0.5	2～3	0.3	3～5	1	—	
		黄蝉	0.6～0.8	3～4	0.6	3～5	1	—	
		南天竹	0.3～0.5	2～3	0.3	3	1	—	
		九里香	0.6～0.8	4	0.6	3～5	1～2	—	
		八角金盘	0.5～0.6	3～4	0.5	2	1	—	
		枸骨	0.6～0.8	3～4	0.6	3～5	2	—	
		丝兰	0.3～0.4	3～4	0.5	—	2	—	
	单干型	高接大叶黄杨	2	—	3	3	2	—	3～4
	丛生型	榆叶梅	1.5	3～5	0.8	5	2	—	
		珍珠梅	1.5	5	0.8	6	1	—	
		黄刺梅	1.5～2.0	4～5	0.8～1.0	6～8	—	—	
		玫瑰	0.8～1.0	4～5	0.5～0.6	5	1	—	
		贴梗海棠	0.8～1.8	4～5	0.8～1.0	5	1	—	
		木槿	1～1.5	2～3	0.5～0.6	5	1	—	
		太平花	1.2～1.5	2～3	0.5～0.8	6	1	—	
		红叶小檗	0.8～1.0	3～5	0.5	6	1	—	
		棣棠	1～1.5	6	0.8	6	1	—	
		紫荆	1～1.2	6～8	0.8～1.0	5	1	—	
		锦带花	1.2～1.5	2～3	0.5～0.8	6	1	—	
		腊梅	1.5～2.0	5～6	1～1.5	8	1	—	
		溲疏	1.2	3～5	0.6	5	1	—	
		金根木	1.5	3～5	0.8～1.0	5	1	—	
		紫薇	1～1.5	3～5	0.8～1.0	5	1	—	
		紫丁香	1.2～1.5	3	0.6	5	1	—	

续表

类型		树种	树高 /m	苗龄 /a	蓬径 /m	主枝数 /个	移植次数/次	主条长 /m	基径 /cm
落叶阔叶灌木	丛生型	木本绣球	0.8~1.0	4	0.6	5	1	—	—
		麻叶绣线菊	0.8~1.0	4	0.8~1.0	5	1	—	—
		猬实	0.8~1.0	3	0.8~1.0	7	1	—	—
	单干型	红花紫薇	1.5~2.0	3~5	0.8	5	1	—	3~4
		榆叶梅	1~1.5	5	0.8	5	1	—	3~4
		白丁香	1.5~2	3~5	0.8	5	1	—	3~4
		碧桃	1.5~2	4	0.8	5	1	—	3~4
	蔓生型	连翘	0.5~1	1~3	0.8	5	—	1.0~1.5	—
		迎春	0.4~1	1~2	0.5	5	—	0.6~0.8	—

③ 藤木类常用苗木产品主要规格质量标准见表 5-19。

表 5-19 藤木类常用苗木产品主要规格质量标准

类型	树种	苗龄 /a	分枝数 /支	主蔓径 /cm	主蔓长 /m	移植次数 /次
常绿藤木	金银花	3~4	3	0.3	1.0	1
	络石	3~4	3	0.3	1.0	1
	常春藤	3	3	0.3	1.0	1
	鸡血藤	3	2~3	1.0	1.5	1
	扶芳藤	3~4	3	1	1.0	1
	三角花	3~4	4~5	1	1~1.5	1
	木香	3	3	0.8	1.2	1
落叶藤叶	猕猴桃	3	4~5	0.5	2~3	1
	南蛇藤	3	4~5	0.5	1	1
	紫藤	4	4~5	1	1.5	1
	爬山虎	1~2	3~4	0.5	2~2.5	1
	野蔷薇	1~2	3	1	1.0	1
	凌霄	3	4~5	0.8	1.5	1
	葡萄	3	4~5	1	2~3	1

④ 竹类常用苗木产品主要规格质量标准见表 5-20。

⑤ 棕榈类等特种苗木产品主要规格质量标准见表 5-21。

表 5-20 竹类常用苗木产品主要规格质量标准

类型	树种	苗龄 /a	母竹分枝数 /支	竹鞭长 /cm	竹鞭个数 /个	竹鞭芽眼数 /个
散生竹	紫竹	2～3	2～3	>0.3	>2	>2
	毛竹	2～3	2～3	>0.3	>2	>2
	方竹	2～3	2～3	>0.3	>2	>2
	淡竹	2～3	2～3	>0.3	>2	>2
丛生竹	佛肚竹	2～3	1～2	>0.3	—	2
	凤凰竹	2～3	1～2	>0.3	—	2
	粉箪竹	2～3	1～2	>0.3	—	2
	撑篙竹	2～3	1～2	>0.3	—	2
	黄金间碧竹	3	2～3	>0.3	—	2
混生竹	倭竹	2～3	2～3	>0.3	—	>1
	苦竹	2～3	2～3	>0.3	—	>1
	阔叶箬竹	2～3	2～3	>0.3	—	>1

表 5-21 棕榈类等特种苗木产品主要规格质量标准

类型	树种	树高 /m	灌高 /m	树龄 /a	基径 /cm	冠径 /m	蓬径 /m	移植次数 /次
乔木型	棕榈	0.6～0.8	—	7～8	6～8	1	—	2
	椰子	1.5～2	—	4～5	15～20	1	—	2
	王棕	1～2	—	5～6	6～10	1	—	2
	假槟榔	1～1.5	—	4～5	6～10	1	—	2
	长叶刺葵	0.8～1.0	—	4～5	6～8	1	—	2
	油棕	0.8～1.0	—	4～5	6～10	1	—	2
	蒲葵	0.6～0.8	—	8～10	10～12	1	—	2
	鱼尾葵	1.0～1.5	—	4～6	6～8	1	—	2
灌木型	棕竹	—	0.6～0.8	5～6	—	—	0.6	2
	散尾葵	—	0.8～1	4～6	—	—	0.8	2

⑥ 球根花卉种球质量标准。

a. 鳞茎类种球规格等级标准应符合表 5-22 的要求。

表 5-22 鳞茎类种球产品规格等级标准   单位：cm

中文名称	科属	最小圆周	种球圆周长规格等级					最小直径	备注
			1 级	2 级	3 级	4 级	5 级		
百合	百合科 百合属	16	24+	22/24	20/22	18/20	16/18	5	直径 5
卷丹	百合科 百合属	14	20+	18/20	16/18	14/16	—	4.5	

续表

中文名称	科属	最小圆周	种球圆周长规格等级					最小直径	备注
			1级	2级	3级	4级	5级		
麝香百合	百合科 百合属	16	24⁺	22/24	20/22	18/20	16/18	5	—
川百合	百合科 百合属	12	18⁺	16/18	14/16	12/14	—	4	—
湖北百合	百合科 百合属	16	22⁺	20/22	18/20	16/18	—	5	直径17
兰州百合	百合科 百合属	12	17⁺	16/18	15/16	14/15	13/14	4	为"川百合"之变种
郁金香	百合科 郁金香属	8	20⁺	18/20	16/18	14/16	12/14	2.5	有皮
风信子	百科科 风信子属	14	20⁺	18/20	16/18	14/16	—	4.5	有皮
网球花	百合科 网球花属	12	20⁺	18/20	16/18	14/16	12/14	4	有皮
中国水仙	石蒜科 水仙属	15	24⁺	22/24	20/22	18/20	—	4.5	又名"金盏水仙",有皮,25.5⁺为特级
喇叭水仙	石蒜科 水仙属	10	18⁺	16/18	14/16	12/14	10/12	3.5	又名"洋水仙"、"漏斗水仙",有皮
口红水仙	石蒜科 水仙属	9	13⁺	11/13	9/11	—	—	3	又名"红口水仙",有皮
中国石蒜	石蒜科 石蒜属	7	13⁺	11/13	9/11	7/9	—	2	有皮
忽地笑	石蒜科 石蒜属	12	18⁺	16/18	14/16	12/19	—	3.5	直径6,有皮,黑褐色
石蒜	石蒜科 石蒜属	5	11⁺	9/11	7/9	5/7	—	1.5	有皮
葱莲	石蒜科 葱莲属	5	17⁺	11/17	9/11	7/9	5/7	1.5	又名"葱兰",有皮
韭莲	石蒜科 葱莲属	5	11⁺	9/11	7/9	5/7	—	1.5	又名"韭菜兰",有皮
花朱顶红	石蒜科 孤挺花属	16	24⁺	22/24	20/22	18/20	16/18	5	有皮
文殊兰	石蒜科 文殊兰属	14	20⁺	18/20	16/18	14/16	—	4.5	有皮

续表

中文名称	科属	最小圆周	种球圆周长规格等级					最小直径	备注
			1级	2级	3级	4级	5级		
蜘蛛兰	石蒜科蜘蛛兰属	20	30+	28/30	20/25	24/26	22/24	6	有皮
西班牙鸢尾	鸢尾科鸢尾属	8	16+	14/16	12/14	10/12	8/10	2.5	有皮
荷兰鸢属	鸢尾科鸢尾属	8	16+	14/16	12/14	10/12	8/10	2.5	有皮

注:"规格等级"栏中 24+ 表示在 24cm 以上为 1 级,22/24 表示在 22~24cm 为 2 级,以下依此类推。

b. 根茎类种球规格等级标准应符合表 5-23 和表 5-24 的要求。

表 5-23 根茎类种球产品规格等级标准表(一)　　　　　　　　单位:cm

编号	中文名称	科属	最小圆周	种球圆周长规格等级					最小直径	备注
				1级	2级	3级	4级	5级		
1	西伯利亚鸢属	鸢尾科鸢尾属	5	10+	9/10	8/9	7/8	6/7	1.5	—
2	德国鸢属	鸢尾科鸢尾属	5	9+	7/9	5/7	—	—	1.5	—

表 5-24 根茎类种球产品规格等级标准表(二)　　　　　　　　单位:cm

中文名称	科属	根茎规格等级					备注
		1级	2级	3级	4级	5级	
荷花	睡莲科莲属	主枝或侧枝,具侧芽,2~3 节间,尾端有节	主枝或侧枝;具顶芽,2 节间;尾端有节	主枝或侧枝,具顶芽,1 节间,尾端有节	2~3 级侧枝,具顶芽,2~3 节间,尾端有节	主枝或侧枝,具顶芽,2 节间,尾端有节	莲属另一种, N. Lotea 与 N. Nucifera 相同
睡莲	睡莲科睡莲属	具侧芽,最短 5,最小直径 2.5	具顶芽,最短 3,最小直径 2	具顶芽,最短 2,最小直径 1	—	—	同属各种均略同

c. 球茎类种球规格等级标准应符合表 5-25 的要求。

表 5-25 球茎类产品规格等级标准 单位：cm

中文名称	科属	最小圆周	种球圆周长规格等级					最小直径	备注
			1级	2级	3级	4级	5级		
唐菖蒲	鸢尾科唐菖蒲属	8	18+	16/18	14/16	12/14	10/12	2.5	—
小苍兰	鸢尾科香雪兰属	3	11+	9/11	7/9	5/7	3/5	1.5	又名"香雪兰"
番红花	鸢尾科番红花属	5	11+	9/11	7/9	5/7	—	1.5	
高加索番红花	鸢尾科番红花属	7	12+	11/12	10/11	9/10	8/9	2	又名"金线番红花"
美丽番红花	鸢尾科番红花属	5	9+	7/9	5/7	—	1.5	—	
秋水仙	百合科秋水仙属	13	6+	15/16	14/15	13/14	—	3.5	外皮黑褐色
晚香玉	百合科晚香玉属	8	16+	14/16	12/14	10/12	8/10	2.5	—

d. 块茎类、块根类种球规格等级标准应符合表 5-26 的要求。

表 5-26 块茎类、块根类产品规格等级标准 单位：cm

中文名称	科属	最小圆周	种球圆周长规格等级					最小直径	备注（直径等级）
			1级	2级	3级	4级	5级		
花毛茛	毛茛科毛茛属	3.5	13+	11/13	9/11	13+	7/9	1.0	—
马蹄莲	天南星科马蹄莲属	12	20+	18/20	16/18	14/16	12/14	4	—
花叶芋	天南星科五彩芋属	10	16+	14/16	12/14	10/12	—	3	—
球根秋海棠	秋海棠科秋海棠属	10	16+	14/16	12/14	10/12	—	3	6+、5/6 4/5、3/4
大丽花	菊科大丽花属	3.2	—	—	—	—	—	1	2+、1.5/2 1/1.5、1

5.2.5 绿化工程工程量计算实例

【例 5-1】 某公园绿地整理施工场地的地形方格网如图 5-3 所示，方格网边长为 20m，试计算土方量。

【解】

（1）根据方格网各角点地面标高和设计标高，计算施工高度，如图 5-4 所示。

44.72		44.76		44.80		44.84		44.88
1	44.26	2	44.51	3	44.84	4	45.59	5	45.86
	I		II		III		IV	
44.67		44.71		44.75		44.79		44.83
6	44.18	7	44.43	8	44.55	9	45.25	10	45.64
	V		VI		VII		VIII	
44.61		44.65		44.69		44.73		44.77
11	44.09	12	44.23	13	44.39	14	44.48	15	45.54

图 5-3　绿地整理施工场地方格网

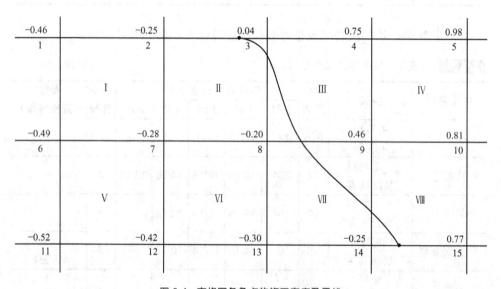

图 5-4　方格网各角点的施工高度及零线

（2）计算零点，求零线。由图 5-4 可见，边线 2-3，3-8，8-9，9-14，14-15 上，角点的施工高度符号改变，说明这些边线上必有零点存在，按公式可计算各零点位置：

2-3 线，$x_{2\text{-}3}=\dfrac{0.25}{0.25+0.04}\times 20=17.24$（m）

3-8 线，$x_{3\text{-}8}=\dfrac{0.04}{0.04+0.20}\times 20=3.33$（m）

8-9 线，$x_{8\text{-}9}=\dfrac{0.20}{0.20+0.46}\times20=6.06$（m）

9-14 线，$x_{9\text{-}14}=\dfrac{0.46}{0.46+0.25}\times20=12.96$（m）

14-15 线，$x_{14\text{-}15}=\dfrac{0.25}{0.25+0.77}\times20=4.9$（m）

将所求各零点位置连接起来，便是零线，即表示挖方与填方的分界线，如图 5-4 所示。

（3）计算各方格网的土方量。

① 方格网 I、V、Ⅵ 均为四点填方，则：

方格 I：$V_{I}^{(-)}=\dfrac{a^{2}}{4}\sum h=\dfrac{20^{2}}{4}\times(0.46+0.25+0.49+0.28)=148(\mathrm{m}^{3})$

方格 V：$V_{I}^{(-)}=\dfrac{20^{2}}{4}\times(0.49+0.28+0.52+0.42)=171(\mathrm{m}^{3})$

方格 Ⅵ：$V_{Ⅵ}^{(-)}=\dfrac{20^{2}}{4}\times(0.28+0.2+0.42+0.30)=120(\mathrm{m}^{3})$

② 方格 Ⅳ 为四点挖方，则：

$V_{Ⅵ}^{(+)}=\dfrac{20^{2}}{4}\times(0.75+0.98+0.46+0.81)=300(\mathrm{m}^{3})$

③ 方格 Ⅱ，Ⅶ 为三点填方一点挖方，计算图形如图 5-5 所示。

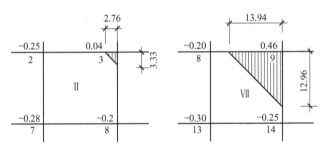

(a) 方格Ⅱ挖填方示意图　　(b) 方格Ⅶ挖填方示意图

图 5-5　三填一挖方格网

方格 Ⅱ：

$$V_{Ⅱ}^{(+)}=\dfrac{bc}{6}\sum h=\dfrac{2.76\times3.33}{6}\times0.04=0.06(\mathrm{m}^{3})$$

$$V_{Ⅷ}^{(-)}=\left(a^{2}-\dfrac{bc}{2}\right)\dfrac{\sum h}{5}$$

$$=\left(20^{2}-\dfrac{2.76\times3.33}{2}\right)\times\dfrac{0.25+0.28+0.20}{5}$$

$$=57.73(\mathrm{m}^{3})$$

方格Ⅶ：

$$V_{Ⅶ}^{(+)} = \frac{13.94 \times 12.96}{6} \times 0.46 = 13.85(\text{m}^3)$$

$$V_{Ⅶ}^{(-)} = \left(20^2 - \frac{13.94 \times 12.96}{2}\right) \times \frac{0.2 + 0.3 + 0.25}{5} = 46.45(\text{m}^3)$$

④ 方格Ⅲ，Ⅷ为三点挖方一点填方，如图5-6所示。

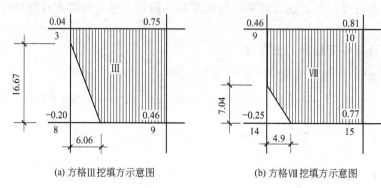

(a) 方格Ⅲ挖填方示意图　　　　(b) 方格Ⅷ挖填方示意图

图 5-6　三挖一填方格网

方格Ⅲ：

$$V_{Ⅲ}^{(+)} = \left(a^2 - \frac{bc}{2}\right)\frac{\Sigma h}{5}$$

$$= \left(20^2 - \frac{16.67 \times 6.06}{2}\right) \times \frac{0.04 + 0.75 + 0.46}{5}$$

$$= 87.37(\text{m}^3)$$

$$V_{Ⅲ}^{(-)} = \frac{bc}{6}h = \frac{16.67 \times 6.06}{6} \times 0.2 = 3.37(\text{m}^3)$$

方格Ⅷ：

$$V_{Ⅷ}^{(+)} = \left(20^2 - \frac{7.04 \times 4.9}{2}\right) \times \frac{0.46 + 0.81 + 0.77}{5} = 156.16(\text{m}^3)$$

$$V_{Ⅷ}^{(-)} = \frac{7.04 \times 4.9}{6} \times 0.25 = 1.44(\text{m}^3)$$

（4）将以上计算结果汇总于表5-27，并求余（缺）土外运（内运）量。

表 5-27　土方工程量汇总　　　　　　　　　　　　　　　单位：m³

方格网号	Ⅰ	Ⅱ	Ⅲ	Ⅳ	Ⅴ	Ⅵ	Ⅶ	Ⅷ	合计
挖方	—	0.06	87.37	300	—	—	13.85	156.16	557.44
填方	148	57.73	3.37	—	171	120	46.45	1.44	547.99
土方外运	$V = 557.44 - 547.99 = +9.45$								

【例 5-2】 如图 5-7 所示为某小区绿化局部，以栽植花木为主，各种花木已在图中标出，求工程量（养护期均为 3 年）。

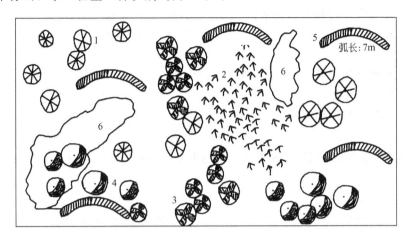

图 5-7 某小区绿化局部

1—乔木；2—竹类；3—棕榈类；4—灌木；5—绿篱；6—攀缘植物

注：攀缘植物约 80 株。

【解】

（1）清单工程量

① 栽植乔木 13 株

② 栽植竹类 1 丛

③ 栽植棕榈类 13 株

④ 栽植灌木 11 株

⑤ 栽植绿篱 7×5＝35m

⑥ 栽植攀缘植物 80 株

清单工程量计算见表 5-28。

表 5-28 清单工程量计算

序号	项目编码	项目名称	项目特征描述	工程量合计	计量单位
1	050102001001	栽植乔木	养护期 3 年	13	株
2	050102003001	栽植竹类	养护期 3 年	1	丛
3	050102004001	栽植棕榈类	养护期 3 年	13	株
4	050102002001	栽植灌木	养护期 3 年	11	株
5	050102005001	栽植绿篱	5 行,养护 3 年	35	m
6	050102006001	栽植攀缘植物	养护 3 年	80	株

（2）定额工程量

① 栽植乔木 13 株。

a. 普坚土种植裸根乔木胸径 5cm 以内、7cm 以内、10cm 以内、12cm 以内、15cm 以内、20cm 以内、25cm 以内分别套定额 2-1、2-2、2-3、2-4、2-5、2-6、2-7。

b. 砂砾坚土种植裸根乔木胸径 5cm 以内、7cm 以内、10cm 以内、13cm 以内、15cm 以内、20cm 以内、25cm 以内分别套定额 2-44、2-45、2-46、2-47、2-48、2-49、2-50。

② 栽植竹类 1 丛，约 7200 株（单位为株）。

a. 普坚土种植：

（a）丛生竹：球径 50cm×40cm、70cm×50cm、80cm×60cm，分别套定额 2-36、2-37、2-38。

（b）散生竹：胸径 2cm 以内、4cm 以内、6cm 以内、8cm 以内、10cm 以内，分别套定额 2-39、2-40、2-41、2-42、2-43。

b. 砂砾坚土种植：

（a）丛生竹：球径 50cm×40cm、70cm×50cm、80cm×60cm，分别套定额 2-79、2-80、2-81。

（b）散生竹：胸径 2cm 以内、4cm 以内、6cm 以内、8cm 以内、10cm 以内，分别套定额 2-82、2-83、2-84、2-85、2-86。

③ 栽植灌木 11 株。

a. 普坚土种植：裸根灌木高度 1.5m 以内、1.8m 以内、2m 以内、2.5m 以内，分别套定额 2-8、2-9、2-10、2-11。

b. 砂砾坚土种植：裸根灌木高度 1.5m 以内、1.8m 以内、2m 以内、2.5m 以内，分别套用定额 2-51、2-52、2-53、2-54。

④ 栽植绿篱 35m。

a. 砂砾坚土种植：

（a）绿篱：单行高度 0.6m、0.8m、1m、1.2m、1.5m、2m 以内，分别套定额 2-55、2-56、2-57、2-58、2-59、2-60。

（b）绿篱：双行高度 0.6m、0.8m、1m、1.2m、1.5m、2m 以内，分别套定额 2-61、2-62、2-63、2-64、2-65、2-66。

b. 普坚土种植：

（a）绿篱：单行高度 0.6m、0.8m、1m、1.2m、1.5m、2m 以内，分别套定额 2-12、2-13、2-14、2-15、2-16、2-17。

（b）绿篱：双行高度 0.6m、0.8m、1m、1.2m、1.5m、2m 以内，分别套定额 2-18、2-19、2-20、2-21、2-22、2-23。

⑤ 栽植攀缘植物 8（10 株）（单位为 10 株）。

攀缘植物：生长年限 3 年生长、4 年生长、5 年生长、6～8 年生长，分别套定额 2-87、2-88、2-89、2-90。

【例 5-3】 如图 5-8 所示为一个栽植工程局部示意，图中有一花坛（栽植花卉约 82 株），长 6m，宽 2m，水池尺寸如图所示，求工程量（植物养护期为 2 年）。

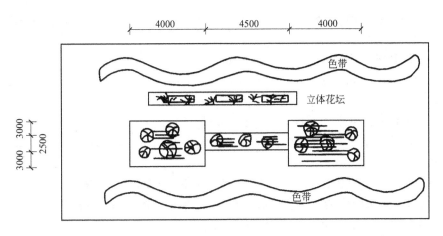

图 5-8 栽植工程局部示意 （单位：mm）

注：1. 色带弧长均为 18m 色带宽 2m。

2. 草皮约 245m²。

3. 喷播植草 85m²。

【解】

（1）清单工程量

① 栽植色带 18×2×2＝72 （m²）

② 栽植花卉约 82 株

③ 栽植水生植物约 13 丛

④ 铺种草皮 245.00m² （图 5-8 中给出）

⑤ 喷播植草 85.00m² （图 5-8 中给出）

清单工程量计算见表 5-29。

表 5-29 清单工程量计算

序号	项目编码	项目名称	项目特征描述	工程量合计	计量单位
1	050102007001	栽植色带	养护期 2 年	72	m²
2	050102008001	栽植花卉	养护期 2 年	82	株
3	050102009001	栽植水生植物	养护期 2 年	13	丛
4	050102012001	铺种草皮	养护期 2 年	245	m²
5	050102013001	喷播植草（灌木）籽	养护期 2 年	85	m²

（2）定额工程量

① 栽植色带

a. 普坚土种植 72m²＝7.2 （10m²）（单位：10m²）

色带高度 0.8m 以内、1.2m 以内、1.5m 以内、1.8m 以内分别套定额2-24、2-25、2-26、2-27。

b. 砂砾坚土种植 $72m^2 = 7.2$ （$10m^2$）

色带高度 0.8m、1.2m、1.5m、1.8m 以内分别套定额 2-67、2-68、2-69、2-70。

② 栽植花卉 8.2 （10 株）（单位：10 株）

由于是立体花坛，故套定额 2-99；如果是五色草立体花坛，则套定额 2-100。

③ 栽植水生植物约 120 株，即为 12 （10 株）（单位：10 株）

如果水生植物为荷花则套定额 2-101；如果是睡莲，则套定额 2-102。

④ 铺种草皮 $245m^2 = 24.5$ （$10m^2$）（单位：$10m^2$）

a. 种草根套定额 2-91。

b. 铺草卷套定额 2-92。

c. 播草籽套定额 2-93。

⑤ 喷播植草 $85m^2 = 0.85$ （$100m^2$）（单位：$100m^2$）

a. 坡度 1：1 以下：8m 以内、12m 以内、12m 以外，分别套定额 2-103、2-104、2-105。

b. 坡度 1：1 以上：8m 以内、12m 以内、12m 以外，分别套定额 2-106、2-107、2-108。

【例 5-4】 某公共绿地，因工程建设需要，需进行重建。绿地面积为 $300m^2$，原有 20 株乔木需要伐除，其胸径 18cm、地径 25cm；绿地需要进行土方堆土造型计 $180m^3$，平均堆土高度 60cm；新种植树种为：香樟 30 株，胸径 25cm、冠径 300～350cm；新铺草坪为：百慕大满铺 $300m^2$，苗木养护期均为一年。试列出该绿化工程分部分项工程量清单。

【解】

清单工程量计算表见表 5-30，分部分项工程和单价措施项目清单与计价表见表 5-31。

表 5-30　清单工程量计算

工程名称：某公园绿地工程

序号	项目编码	项目名称	计算式	工程量合计	计量单位
1	050101001001	砍伐乔木		20	株
2	050101010001	整理绿化用地		300	m^2
3	050101011001	绿地起坡造型	略	180	m^3
4	050102001001	栽植乔木		30	株
5	050102012001	铺种草皮		300	m^2

表 5-31 分部分项工程和单价措施项目清单与计价

工程名称：某公园绿地工程

序号	项目编号	项目名称	项目特征描述	计量单位	工程数量	金额/元		
						综合单价	合价	其中：暂估价
1	050101001001	砍伐乔木	树干胸径:18cm	株	20			
2	050101010001	整理绿化用地	1. 回填土质要求:富含有机质种植土 2. 取土运距:根据场内挖填平衡,自行考虑土源及运距 3. 回填厚度:≤30cm 4. 弃渣运距:自行考虑	m²	300			
3	050101011001	绿地起坡造型	1. 回填土质要求:富含有机质种植土 2. 取土运距:自行考虑 3. 起坡平均高度:60cm	m³	180			
4	050102001001	栽植乔木	1. 种类:香樟 2. 胸径:25cm 3. 冠径:300～350cm 4. 养护期:一年	株	30			
5	050102012001	铺种草皮	1. 草皮种类:百慕大 2. 铺种方式:满铺 3. 养护期:一年	m²	300			
			合计					

【例 5-5】 如图 5-9 所示，攀缘植物紫藤，共 6 株，求工程量。

【解】

（1）清单工程量 攀缘植物紫藤 6 株

清单工程量计算见表 5-32。

表 5-32 清单工程量计算

项目编码	项目名称	项目特征描述	工程量合计	计量单位
050102006001	栽植攀缘植物	紫藤	6	株

（2）定额工程量 攀缘植物紫藤 0.6（10 株）（单位：10 株）。

【例 5-6】 某绿化带建二条绿篱，如图 5-10 所示，求工程量。

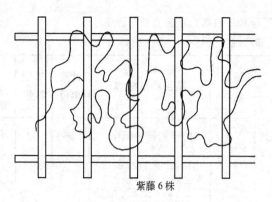

紫藤 6 株

图 5-9　攀缘植物——紫藤

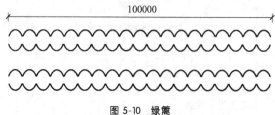

100000

图 5-10　绿篱

【解】

(1) 清单工程量　双行绿篱 $100 \times 2 = 200$ （m）

清单工程量计算见表 5-33。

表 5-33　清单工程量计算

项目编码	项目名称	项目特征描述	工程量合计	计量单位
050102005001	栽植绿篱	2 行	200	m

(2) 定额工程量　双行绿篱 200m，即 20 (10m)（单位：10m）。

双行绿篱高度不同，所选定额也不同，具体见表 5-34。

表 5-34　双行绿篱的定额选择

序号	定额编号	双行绿篱高度(以内)/m
1	2-138	0.6
2	2-139	0.8
3	2-140	1
4	2-141	1.2
5	2-142	1.5
6	2-143	2

【例 5-7】　某公园绿地，共栽植广玉兰 38 株（胸径 7～8cm），旱柳 83 株（胸径 9～10cm）。试计算工程量，并填写分部分项工程量清单与计价表和工程量清单综合单价分析表。

【解】

根据施工图计算可知：

广玉兰（胸径7～8cm），38株；旱柳（胸径9～10cm），83株，共121株。

（1）广玉兰（胸径7～8cm），38株

① 普坚土种植（胸径7～8cm）：

a. 人工费：14.37元/株×38株＝546.06（元）

b. 材料费：5.99元/株×38株＝227.62（元）

c. 机械费：0.34元/株×38株＝12.92（元）

d. 合计：786.6元

② 普坚土掘苗，胸径10cm以内：

a. 人工费：8.47元/株×38株＝321.86（元）

b. 材料费：0.17元/株×38株＝6.46（元）

c. 机械费：0.20元/株×38株＝7.6（元）

d. 合计：335.92元

③ 裸根乔木客土（100×70），胸径7～10cm以内：

a. 人工费：3.76元/株×38株＝142.88（元）

b. 材料费：0.55元/株×5×38株＝104.5（元）

c. 机械费：0.07元/株×38株＝2.66（元）

d. 合计：250.04元

④ 场外运苗，胸径10cm以内，38株：

a. 人工费：5.15元/株×38株＝195.7（元）

b. 材料费：0.24元/株×38株＝9.12（元）

c. 机械费：7.00元/株×38株＝266（元）

d. 合计：470.82元

⑤ 广玉兰（胸径7～8cm）：

a. 材料费：76.5元/株×38株＝2907（元）

b. 合计：2907元

⑥ 综合：

a. 直接费小计：4750.38元，其中人工费：1206.5元

b. 管理费：4750.38元×34％＝1615.13（元）

c. 利润：4750.38元×8％＝380.03（元）

d. 小计：4750.38元＋1615.13元＋380.03元＝6745.54（元）

e. 综合单价：6745.54元÷38株＝177.51（元/株）

（2）旱柳（胸径9～10cm），83株

① 普坚土种植（胸径7～8cm）：

a. 人工费：14.37元/株×83株＝1192.71（元）

b. 材料费：5.99元/株×83株＝497.17（元）

c. 机械费：0.34元/株×83株＝28.22（元）

d. 合计：1718.1元

② 普坚土掘苗，胸径 10cm 以内：

a. 人工费：8.47 元/株×83 株＝703.01（元）

b. 材料费：0.17 元/株×83 株＝14.11（元）

c. 机械费：0.20 元/株×83 株＝16.6（元）

d. 合计：733.72 元

③ 裸根乔木客土（100×70），胸径 7～10cm 以内：

a. 人工费：3.76 元/株×83 株＝312.08（元）

b. 材料费：0.55 元/株×5×83 株＝228.25（元）

c. 机械费：0.07 元/株×83 株＝5.81（元）

d. 合计：546.14 元

④ 场外运苗，胸径 10cm 以内，83 株：

a. 人工费：5.15 元/株×83 株＝427.45（元）

b. 材料费：0.24 元/株×83 株＝19.92（元）

c. 机械费：7.00 元/株×83 株＝581（元）

d. 合计：1028.37 元

⑤ 旱柳（胸径 9～10cm）：

a. 材料费：28.8 元/株×83 株＝2390.4（元）

b. 合计：2390.4 元

⑥ 综合：

a. 直接费小计：6416.73 元，其中人工费：2635.25 元

b. 管理费：6416.73 元×34％＝2181.69（元）

c. 利润：6416.73 元×8％＝513.34（元）

d. 小计：6416.73 元＋2181.69 元＋513.34 元＝9111.76（元）

e. 综合单价：9111.76 元÷83 株＝109.78（元/株）

分部分项工程和单价措施项目清单与计价及综合单价分析，见表 5-35～表 5-37。

表 5-35　分部分项工程和单价措施项目清单与计价

工程名称：公园绿地种植工程　　　　　　标段：　　　　　　　　　第　页　共　页

序号	项目编号	项目名称	项目特征描述	计算单位	工程量	金额/元		其中
						综合单价	合价	暂估价
1	050102001001	栽植乔木	广玉兰,胸径 7～8cm	株	38	177.51	6745.54	
2	050102001002	栽植乔木	旱柳,胸径 9～10cm	株	83	109.78	9111.76	
		合计					15857.3	

表5-36 综合单价分析

工程名称：公园绿地种植工程　　　　标段：　　　　第　页　共　页

项目编码	050102001001	项目名称	栽植乔木	计量单位	m	工程量	38

综合单价组成明细

定额编号	定额名称	定额单位	数量	单价/元				合价/元			
				人工费	材料费	机械费	管理费和利润	人工费	材料费	机械费	管理费和利润
2-3	普坚土种植，胸径10cm以内	株	1	14.37	5.99	0.34	8.69	14.37	5.99	0.34	8.69
3-1	普坚土掘苗，胸径10cm以内	株	1	8.47	0.17	0.20	3.71	8.47	0.17	0.20	3.71
4-3	裸根乔木客土(100×70),胸径10cm以内	株	1	3.76	—	0.07	1.61	3.76	—	0.07	1.61
3-25	场外运苗，胸径10cm以内	株	1	5.15	0.24	7.00	5.21	5.15	0.24	7.00	5.21
—	广玉兰，胸径10cm以内	株	1	—	76.5	—	32.13	—	76.5	—	32.13
人工单价	小计							31.75	82.9	7.61	51.35
30.81元/工日	未计价材料费								3.9		
清单项目综合单价								177.51			

材料费明细	名称、规格、型号	单位	数量	单价/元	合价/元	暂估单价/元	暂估合价/元
	土	m³	0.78	5	3.9	—	—
	其他材料费				—		3.9
	材料费小计				—		3.9

表5-37 综合单价分析

工程名称：公园绿地种植工程　　　　标段：　　　　第　页　共 83 页

项目编码	05010200I001	项目名称	栽植乔木	计量单位	m	工程量	

综合单价组成明细

定额编号	定额名称	定额单位	数量	单价/元				合价/元			
				人工费	材料费	机械费	管理费和利润	人工费	材料费	机械费	管理费和利润
2-3	普坚土种植,胸径10cm以内	株	1	14.37	5.99	0.34	8.69	14.37	5.99	0.34	8.69
3-1	普坚土掘苗,胸径10cm以内	株	1	8.47	0.17	0.20	3.71	8.47	0.17	0.20	3.71
4-3	裸根乔木客土(100×70),胸径10cm以内	株	1	3.76	—	0.07	1.61	3.76	—	0.07	1.61
3-25	场外运苗,胸径10cm以内	株	1	5.15	0.24	7.00	5.21	5.15	0.24	7.00	5.21
—	旱柳,胸径9~10cm	株	1	—	28.8	—	12.10	—	28.8	—	12.10
人工单价			小计					31.75	35.2	7.61	31.32
30.81元/工日			未计价材料费								
清单项目综合单价								109.78			

材料费明细	名称、规格、型号	单位	数量	单价/元	合价/元	暂估单价/元	暂估合价/元
	土	m³	0.78	5	3.9	—	—
	其他材料费			—	3.9	—	—
	材料费小计			—	3.9	—	3.9

5.3 园路、园桥工程工程量计算与实例

5.3.1 园路、园桥工程施工识读

5.3.1.1 园路工程施工图识读

（1）园路及地面工程图例 园路及地面工程图例见表 5-38。

表 5-38 园路及地面工程图例

序号	名称	图例	说明
1	道路		—
2	铺装路面		—
3	台阶		箭头指向表示向上
4	铺砌场地		也可依据设计形态表示

（2）园路工程施工图识读 园路施工图主要包括：园路路线平面图、路线纵断面图、路基横断面图、铺装详图以及园路透视效果图。园路施工图是用来说明园路的游览方向和平面位置、线型状况以及沿线的地形和地物、纵断面标高和坡度、路基的宽度和边坡、路面结构、铺装图案、路线上的附属构筑物如桥梁、涵洞、挡土墙的位置等。

① 路线平面图。路线平面图的任务是表达路线的线型（直线或曲线）状况和方向以及沿线两侧一定范围内的地形和地物等，地形和地物一般用等高线和图例表示，图例画法应符合《总图制图标准》（GB/T 50103—2010）的规定。

路线平面图使用的比例较小，通常采用 1：500～1：2000 的比例。因此，在路线平面图中依道路中心画一条粗实线来表示道路。如比例较大，也可按路面宽画双线表示路线。新建道路用中粗线，原有道路用细实线。路线平面由直线段和曲线段（平曲线）组成，如图 5-11 所示是路线平面图图例画法，其中，α 为转折角（也称偏角，按前进方向右转或左转），R 是曲线半径，E 表示外距（交角点到曲线中心距离），L 是曲线长，EC 为切线，T 为切线长。

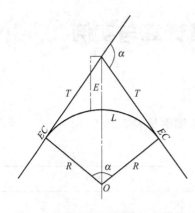

图 5-11　路线平面图图例画法（平曲线）

在图纸的适当位置画路线平曲线表，按交角点编号表列平曲线要素，包括交角点里程桩、转折角 α（按前进方向右转或左转）、曲线半径 R、切线长 T、曲线长 L、外距 E（交角点到曲线中心距离）。

除此之外，还需注意若路线狭长需要画在几张图纸上时，应分段绘制。路线分段应在整数里程桩断开。断开的两端应画出垂直于路线的接线图（点画线）。接图时应以两图的路线"中心线"为准，并将接图线重合在一起，指北针同向。每张图纸右上角应绘出角标，注明图纸序号和图纸总张数。

② 路基横断面图。道路的横断面形式依据车行道的条数通常可分为"一块板"（机动与非机动车辆在一条车行道上混合行驶，上行下行不分隔）、"二块板"（机动与非机动车辆混驶，但上下行由道路中央分隔带分开）等几种形式。公园中常见的路多为"一块板"。通常在总体规划阶段会初步定出园路的分级、宽度及断面形式等，但在进行园路技术设计时仍需结合现场情况重新进行深入设计，选择并最终确定适宜的园路宽度和横断面形式。

园路宽度的确定依据其分级而定，应充分考虑所承载的内容（表 5-39），园路的横断形式最常见的为"一块板"形式，在面积较大的公园主路中偶尔也会出现"二块板"的形式。园林中的道路不像城市中的道路那样具有一定的程式化，有时道路的绿化带会被路侧的绿化所取代，变化形式较为灵活。

表 5-39　游人及各种车辆的最小运动宽度

交通种类	最小宽度/m	交通种类	最小宽度/m
单人	≥0.75	小轿车	2.00
自行车	0.6	消防车	2.06
三轮车	1.24	卡车	2.50
手扶拖拉机	0.84～1.5	大轿车	2.66

路基横断面图是指用垂直于设计路线的剖切面进行剖切所得到的图形，作为计算土石方和路基施工依据。

路基横断面图通常可以分为填方段（称路堤）、挖方段（称路堑）和半填半挖路基三种形式。

路基横断面图通常采用的比例有1：50，1：100，1：200。通常画在透明方格纸上，便于计算土方量。

如图5-12所示为路基横断面示意，沿道路路线一般每隔20m画一路基横断面图，沿着桩号从下到上，从左到右布置图形。

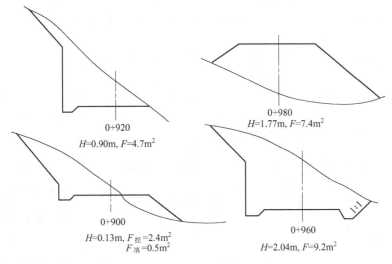

图 5-12　路基横断面

③ 铺装详图。铺装详图用于表达园路面层的结构和铺装图案。常见的园路路面有：花街路面（用砖、石板、卵石组成各种图案）、卵石路面、混凝土板路面、嵌草路面、雕刻路面等。

④ 园路工程施工图阅读。阅读园路工程施工图时，主要应注意以下几点：

a. 图名、比例。

b. 了解道路宽度，广场外轮廓具体尺寸，放线基准点、基准线坐标。

c. 了解广场中心部位和四周标高，回转中心标高、高处标高。

d. 了解园路、广场的铺装情况，包括：根据不同功能所确定的结构、材料、形状（线型）、大小、花纹、色彩、铺装形式、相对位置、做法处理和要求。

e. 了解排水方向及雨水口位置。

5.3.1.2　园桥工程施工图识读

（1）驳岸挡土墙工程图例　驳岸挡土墙工程图例见表5-40。

（2）园桥工程施工图识读

① 总体布置图。如图5-13所示是一座单孔实腹式钢筋混凝土和块石结构的拱桥总体布置。

表 5-40 驳岸挡土墙工程图例

序号	名称	图例	序号	名称	图例
1	护坡		11	焦砟、矿渣	
2	挡土墙		12	金属	
3	驳岸		13	排水明沟	
4	台阶		14	有盖的排水沟	
5	普通砖		15	天然石材	
6	耐火砖		16	毛石	
7	空心砖		17	松散材料	
8	饰面砖		18	木材	
9	混凝土		19	胶合板	
10	钢筋混凝土		20	石膏板	

续表

序号	名称	图例	序号	名称	图例
21	多孔材料		23	纤维材料或人造板	
22	玻璃				

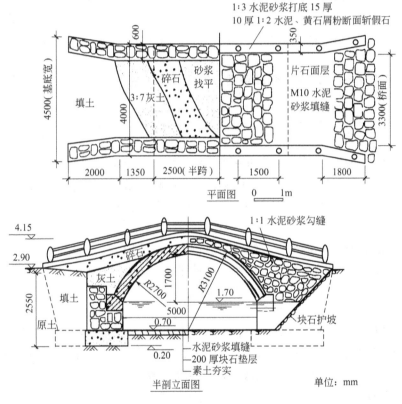

图 5-13　拱桥总体布置

　　a. 平面图。平面图一半表达外形，一半采用分层局部剖面表达桥面各层构造。平面图还表达了栏杆的布置和檐石的表面装修要求。

　　b. 立面图。立面图采用半剖，主要表达拱桥的外形、内部构造、材料要求和主要尺寸。

　　② 构件详图与说明。在拱桥工程图中，栏杆望柱、抱鼓石、桥心石等都应

画大样图表达它们的样式。

用文字注写桥位所在河床的工程地质情况，也可绘制地质断面图，还应注写设计标高、矢跨比、限载吨位以及各部分的用料要求和施工要求等。

5.3.2 园路、园桥工程定额工程量计算规则

5.3.2.1 园路工程工程量计算

（1）整理路床

① 工作内容：厚度在 30cm 以内挖、填、找平、夯实、整修，弃土于 2m 以外。

② 工程量：园路整理路床的工程量按路床的面积计算，以"10m²"计算。

（2）垫层

① 工作内容：筛土、浇水、拌和、铺设、找平、灌浆、捣实、养护。

② 工程量：园路垫层的工程量按不同垫层材料，以垫层的体积计算，计量单位为"m³"。垫层计算宽度应比设计宽度大 10cm，即两边各放宽 5cm。

（3）面层

① 工作内容：放线、整修路槽、夯实、修平垫层、调浆、铺面层、嵌缝、清扫。

② 工程量：按不同面层材料、厚度，以园路面层的面积计算。计量单位为"10m²"。

a. 卵石面层：按拼花、彩边素色分别列项，以"10m²"计算。

b. 混凝土面层：按纹形、水刷纹形、预制方格、预制异形、预制混凝土大块面层、预制混凝土假冰片面层、水刷混凝土路面分别列项，以"10m²"计算。

c. 八五砖面层：按平铺、侧铺分别列项，以"10m²"计算。

d. 石板面层：按方整石板面层、乱铺冰片石面层、瓦片、碎缸片、弹石片、小方碎石、六角板分别列项，以"10m²"计算。

（4）甬路

① 工作内容：园林建筑及公园绿地内的小型甬路、路牙、侧石等工程。定额中不包括刨槽、垫层及运土，可按相应项目定额执行。砌侧石、路缘石、砖石及树穴是按 1：3 白灰砂浆铺底、1：3 水泥砂浆勾缝考虑的。

② 工程量：

a. 侧石、路缘、路牙按实铺尺寸以"延长米"计算。

b. 庭院工程中的园路垫层按图示尺寸以"m³"计算。带路牙者，园路垫层宽度按路面宽度加 20cm 计算；无路牙者，园路垫层宽度按路面宽度加 10cm 计算；蹬道带山石挡土墙者，园路垫层宽度按蹬道宽度加 120cm 计算；蹬道无山石挡土墙者，园路垫层宽度按蹬道宽度加 40cm 计算。

c. 庭院工程中的园路定额是指庭院内的行人甬路、蹬道和带有部分踏步的

坡道，不适用于厂、院及住宅小区内的道路，由垫层、路面、地面、路牙、台阶等组成。

d. 山丘坡道所包括的垫层、路面、路牙等项目，分别按相应定额子目的人工费乘以系数 1.4 计算，材料费不变。

e. 室外道路宽度在 14m 以内的混凝土路、停车场（厂、院）及住宅小区内的道路套用"建筑工程"预算定额；室外道路宽度在 14m 以外的混凝土路、停车场套用"市政道路工程"预算定额，沥青所有路面套用"市政道路工程"预算定额；庭院内的行人甬路、蹬道和带有部分踏步的坡道套用"庭院工程"预算定额。

f. 绿化工程中的住宅小区、公园中的园路套用"建筑工程"预算定额，园路路面面层以"m²"计算，垫层以"m³"计算；别墅中的园路大部分套用"庭院工程"预算定额。

5.3.2.2 园桥工程工程量计算

（1）工作内容：选石、修石、运石，调、运、铺砂浆，砌石，安装桥面。

（2）工程量：

① 桥的毛石基础、条石桥墩的工程量按其体积计算，计量单位为"m³"。

② 园桥的桥台、护坡的工程量按不同石料（毛石或条石），以其体积计算，计量单位为"m³"。

③ 园桥的石桥面的工程量按其面积计算，计量单位为"10m²"。

④ 石桥桥身的砖石背里和毛石金刚墙，分别执行砖石工程的砖石挡土墙和毛石墙相应定额子目。其工程量均按图示尺寸以"m³"计算。

⑤ 河底海墁、桥面石安装，按设计图示面积、不同厚度以"m²"计算；石栏板（含抱鼓）安装，按设计底边（斜栏板按斜长）长度，以"块"计算；石望柱按设计高度，以"根"计算。

⑥ 定额中规定，$\phi 10mm$ 以内的钢筋按手工绑扎编制，$\phi 10mm$ 以外的钢筋按焊接编制，钢筋加工、制作按不同规格和不同的混凝土制作方法分别按设计长度乘以理论质量以"t"计算。

⑦ 石桥的金刚墙细石安装项目中，已综合了桥身的各部位金刚墙的因素。雁翅金刚墙、分水金刚墙和两边的金刚墙，均套用相应的定额。

定额中的细石安装是按青白石和花岗石两种石料编制的，如实际使用砖磕石、汉白玉石料时，执行青白石相应定额子目；使用其他石料时，应另行计算。

5.3.3 园路、园桥工程清单工程量计算规则

5.3.3.1 园路、园桥工程

园路、园桥工程工程量清单项目设置、项目特征描述的内容、计量单位及工程量计算规则，应按表 5-41 的规定执行。

表 5-41 园路、园桥工程（编码：050201）

项目编码	项目名称	项目特征	计量单位	工程量计算规则	工程内容
050201001	园路	1. 路床土石类别 2. 垫层厚度、宽度、材料种类 3. 路面厚度、宽度、材料种类 4. 砂浆强度等级	m²	按设计图示尺寸以面积计算，不包括路牙	1. 路基、路床整理 2. 垫层铺筑 3. 路面铺筑 4. 路面养护
050201002	踏（蹬）道			按设计图示尺寸以水平投影面积计算，不包括路牙	
050201003	路牙铺设	1. 垫层厚度、材料种类 2. 路牙材料种类、规格 3. 砂浆强度等级	m	按设计图示尺寸以长度计算	1. 基层清理 2. 垫层铺设 3. 路牙铺设
050201004	树池围牙、盖板（箅子）	1. 围牙材料种类、规格 2. 铺设方式 3. 盖板材料种类、规格	1. m 2. 套	1. 以米计量，按设计图示尺寸以长度计算 2. 以套计量，按设计图示数量计算	1. 清理基层 2. 围牙、盖板运输 3. 围牙、盖板铺设
050201005	嵌草砖（格）铺装	1. 垫层厚度 2. 铺设方式 3. 嵌草砖（格）品种、规格、颜色 4. 漏空部分填土要求	m²	按设计图示尺寸以面积计算	1. 原土夯实 2. 垫层铺设 3. 铺砖 4. 填土
050201006	桥基础	1. 基础类型 2. 垫层及基础材料种类、规格 3. 砂浆强度等级	m³	按设计图示尺寸以体积计算	1. 垫层铺筑 2. 起重架搭、拆 3. 基础砌筑 4. 砌石

续表

项目编码	项目名称	项目特征	计量单位	工程量计算规则	工程内容
050201007	石桥墩、石桥台	1. 石料种类、规格 2. 勾缝要求 3. 砂浆强度等级、配合比	m³	按设计图示尺寸以体积计算	1. 石料加工 2. 起重架搭、拆 3. 墩、台、券石、脸砌筑 4. 勾缝
050201008	拱券石	1. 石料种类、规格 2. 券脸雕刻要求 3. 勾缝要求 4. 砂浆强度等级、配合比	m²	按设计图示尺寸以面积计算	1. 石料加工 2. 起重架搭、拆 3. 砌石 4. 填土夯实
050201009	石券脸				
050201010	金刚墙砌筑		m³	按设计图示尺寸以体积计算	
050201011	石桥面铺筑	1. 石料种类、规格 2. 找平层厚度、材料种类 3. 勾缝要求 4. 混凝土强度等级 5. 砂浆强度等级、配合比	m²	按设计图示尺寸以面积计算	1. 石材加工 2. 抹找平层 3. 起重架搭、拆 4. 桥面桥面踏步铺设 5. 勾缝
050201012	石桥面檐板	1. 石料种类、规格 2. 勾缝要求 3. 砂浆强度等级、配合比			1. 石材加工 2. 檐板铺设 3. 铁锔、银锭安装 4. 勾缝

续表

项目编码	项目名称	项目特征	计量单位	工程量计算规则	工程内容
050201013	石汀步 (步石、飞石)	1. 石料种类、规格 2. 砂浆强度等级、配合比	m³	按设计图示尺寸以体积计算	1. 基层整理 2. 石材加工 3. 砂浆调运 4. 砌石
050201014	木制步桥	1. 桥宽度 2. 桥长度 3. 木材种类 4. 各部位截面长度 5. 防护材料种类	m²	按桥面板设计图示尺寸以面积计算	1. 木桩加工 2. 打木桩基础 3. 木梁、木桥板、木桥栏杆、木扶手制作、安装 4. 连接铁件、螺栓安装 5. 刷防护材料
050201015	栈道	1. 栈道宽度 2. 支架材料种类 3. 面层木材种类 4. 防护材料种类	m²	按栈道面板设计图示尺寸以面积计算	1. 凿洞 2. 安装支架 3. 铺设面板 4. 刷防护材料

注：1. 园路、园桥工程的挖土方、开凿石方、回填等应按现行国家标准《市政工程工程量计算规范》（GB 50857—2013）相关项目编码列项。

2. 如遇某些构配件使用钢筋混凝土或金属构件时，应按现行国家标准《房屋建筑与装饰工程工程量计算规范》（GB 50854—2013）或《市政工程工程量计算规范》（GB 50857—2013）相关项目编码列项。

3. 地伏石、石望柱、石栏杆、石栏板、扶手、撑鼓等应按现行国家标准《仿古建筑工程工程量计算规范》（GB 50855—2013）相关项目编码列项。

4. 亲水（小）码头各分部分项目按照园桥相应项目编码列项。

5. 台阶项目按现行国家标准《房屋建筑与装饰工程工程量计算规范》（GB 50854—2013）相关项目编码列项。

6. 混合类构件园林按现行国家标准《房屋建筑与装饰工程工程量计算规范》（GB 50854—2013）或《通用安装工程工程量计算规范》（GB 50856—2013）相关项目编码列项。

5.3.3.2　驳岸、护岸

驳岸、护岸工程量清单项目设置、项目特征描述的内容、计量单位及工程量计算规则，应按表 5-42 的规定执行。

表 5-42　驳岸、护岸（编码：050202）

项目编码	项目名称	项目特征	计量单位	工程量计算规则	工程内容
050202001	石(卵石)砌驳岸	1. 石料种类、规格 2. 驳岸截面、长度 3. 勾缝要求 4. 砂浆强度等级、配合比	1. m³ 2. t	1. 以立方米计量，按设计图示尺寸以体积计算 2. 以吨计量，按质量计算	1. 石料加工 2. 砌石(卵石) 3. 勾缝
050202002	原木桩驳岸	1. 木材种类 2. 桩直径 3. 桩单根长度 4. 防护材料种类	1. m； 2. 根	1. 以米计量，按设计图示桩长(包括桩尖)计算 2. 以根计量，按设计图示数量计算	1. 木桩加工 2. 打木桩 3. 刷防护材料
050202003	满(散)铺砂卵石护岸(自然护岸)	1. 护岸平均宽度 2. 粗细砂比例 3. 卵石粒径	1. m²； 2. t	1. 以平方米计量，按设计图示尺寸以护岸展开面积计算 2. 以吨计量，按卵石使用质量计算	1. 修边坡 2. 铺卵石
050202004	点(散)布大卵石	1. 大卵石粒径 2. 数量	1. 块(个) 2. t	1. 以块(个)计量，按设计图数量计算 2. 以吨计量，按卵石使用质量计算	1. 布石 2. 安砌 3. 成型
050202005	框格花木护岸	1. 展开宽度 2. 护坡材质 3. 框格种类与规格	m²	按设计图示尺寸展开宽度乘以长度以面积计算	1. 修边坡 2. 安放框格

注：1. 驳岸工程的挖土方、开凿石方、回填等应按现行国家标准《房屋建筑与装饰工程工程量计算规范》(GB 50854—2013) 相关项目编码列项。

2. 木桩钎(梅花桩)按原木桩驳岸项目单独编码列项。

3. 钢筋混凝土仿木桩驳岸，其钢筋混凝土及表面装饰按现行国家标准《房屋建筑与装饰工程工程量计算规范》(GB 50854—2013) 相关项目编码列项，若表面"塑松皮"按"园林景观工程"相关项目编码列项。

4. 框格花木护岸的铺草皮、撒草籽等应按"绿化工程"相关项目编码列项。

5.3.4 园路、园桥工程清单工程量计算常用数据

5.3.4.1 基础模板工程量计算

独立基础模板工程量区别不同形状以图示尺寸计算，如阶梯形按各阶的侧面面积，锥形按侧面面积与锥形斜面面积之和计算。杯形、高杯形基础模板工程量，按基础各阶层的侧面表面积与杯口内壁侧面积之和计算，但杯口底面不计算模板面积。其计算方法可用计算式表示如下：

$$F_{总} = (F_1 + F_2 + F_3 + F_4) \times N \tag{5-5}$$

式中 $F_{总}$——杯形基础模板接触面面积，m^2；

F_1——杯形基础底部模板接触面面积，$F_1 = (A + B) \times 2h_1$，$m^2$；

F_2——杯形基础上部模板接触面面积，$F_2 = (a_1 + b_1) \times 2(h - h_1 - h_3)$，$m^2$；

F_3——杯形基础中部棱台接触面面积，$F_3 = \dfrac{1}{3} \times (F_1 + F_2 + \sqrt{F_1 F_2})$，$m^2$；

F_4——杯形基础杯口内壁接触面面积，$F_4 = \overline{L}(h - h_2)$，$m^2$；$\overline{L}$指杯形基础杯口内壁的平均周长；

N——杯形基础数量，个。

上述公式中字母符号含义如图5-14所示。

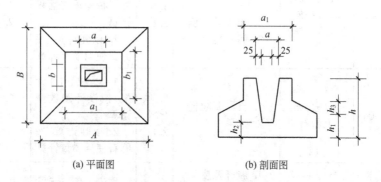

(a) 平面图 (b) 剖面图

图5-14 杯形基础计算公式中字母含义

5.3.4.2 砌筑砂浆配合比设计

园路桥工程根据需要的砂浆的强度等级进行配合比设计，设计步骤如下：

（1）计算砂浆试配强度 $f_{m,0}$ 为使砂浆强度达到95%的强度保证率，满足设计强度等级的要求，砂浆的试配强度应按下式进行计算：

$$f_{m,0} = k f_2 \tag{5-6}$$

式中 $f_{m,0}$——砂浆的试配强度，应精确至0.1MPa，MPa；

f_2——砂浆强度等级值，应精确至0.1MPa，MPa；

k——系数，按表5-43取值。

表 5-43 砂浆强度标准差 σ 及 k 值

施工水平 \ 强度等级	强度标准差σ /MPa							k
	M5	**M7.5**	**M10**	**M15**	**M20**	**M25**	**M30**	
优良	1.00	1.50	2.00	3.00	4.00	5.00	6.00	1.15
一般	1.25	1.88	2.50	3.75	5.00	6.25	7.50	1.20
较差	1.50	2.25	3.00	4.50	6.00	7.50	9.00	1.25

（2）计算水泥用量 Q_C（kg/m³）

$$Q_C = 1000(f_{m,0} - \beta)/(\alpha \times f_{cr}) \qquad (5-7)$$

式中 Q_C——每立方米砂浆的水泥用量，应精确至 1kg，kg；

f_{cr}——水泥的实测强度，应精确至 0.1MPa，MPa；

α、β——砂浆的特征系数，其中 α 取 3.03，β 取 −15.09。

（3）石灰膏用量应按下式计算

$$Q_D = Q_A - Q_C \qquad (5-8)$$

式中 Q_D——每立方米砂浆的石灰膏用量，应精确至 1kg，kg；石灰膏使用时的稠度宜为 120mm±5mm；

Q_C——每立方米砂浆的水泥用量，应精确至 1kg，kg；

Q_A——每立方米砂浆中水泥和石灰膏总量，应精确至 1kg，可为 350kg，kg。

（4）每立方米砂浆中的砂用量 每立方米砂浆中的砂用量应按干燥状态（含水率小于 0.5%）的堆积密度值作为计算值（kg）。

（5）选定用水量 用水量的选定要符合砂浆稠度的要求，施工中可以根据操作者的手感经验或按表 5-44 中确定。

表 5-44 砌筑砂浆用水量

砂浆品种	水泥砂浆	混合砂浆
用水量/(kg/m³)	270～330	260～300

注：1. 混合砂浆用水量，不含石灰膏或黏土膏中的水分。

2. 当采用细砂或粗砂时，用水量分别取上限或下限。

3. 稠度小于 70mm 时，用水量可小于下限。

4. 当施工现场炎热或在干燥季节，可适当增加用水量。

（6）砂浆试配与配合比的确定 砌筑砂浆配合比的试配和调整方法基本与普通混凝土相同。

5.3.5 园路、园桥工程工程量计算实例

【例 5-8】 如图 5-15 所示为一个树池，各尺寸在图中已标注，求工程量。

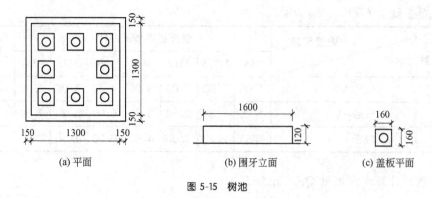

图 5-15　树池

【解】

（1）清单工程量

① 围牙

$L = 1.3 \times 2 + (1.3 + 0.15 \times 2) \times 2 = 5.8$（m）

② 盖板

$L = 0.16 \times 4 \times 8 = 5.12$（m）

清单工程量计算见表 5-45。

表 5-45　清单工程量计算

序号	项目编码	项目名称	项目特征描述	工程量合计	计量单位
1	050201004001	树池围牙、盖板(算子)	平铺围牙	5.8	m
2	050201004002	树池围牙、盖板(算子)	盖板规格160mm×160mm	5.12	m

（2）定额工程量　盖板、围牙定额工程量同清单工程量，套定额 2-38。

【例 5-9】　如图 5-16 所示为某石桥的基础局部示意，尺寸在图上已标注，求工程量。

【解】

（1）清单工程量　$V = 3 \times 1.4 \times (0.3 + 0.25) = 2.31$（m³）

清单工程量计算见表 5-46。

表 5-46　清单工程量计算

项目编码	项目名称	项目特征描述	工程量合计	计量单位
050201006001	桥基础	矩形基础	2.31	m³

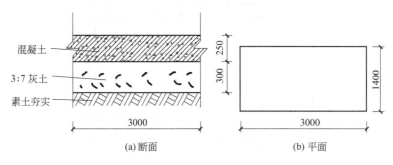

图 5-16 石桥基础局部示意

（2）定额工程量

① 整理场地

$S = 3 \times 1.4 \times 2 = 8.4$（m²）

（桥基的整理场地按其底面积乘以系数 2，以"m²"为单位计算）

② 挖土方

$V = 3 \times 1.4 \times (0.3 + 0.25) = 2.31$（m³）

套定额 1-4。

③ 素土夯实

$V = 3 \times 1.4 \times 0.15 = 0.63$（m³）

④ 3∶7 灰土

$V = 3 \times 1.4 \times 0.3 = 1.26$（m³）

⑤ 混凝土基础

$V = 3 \times 1.4 \times 0.25 = 1.05$（m³）

套定额 7-1。

【例 5-10】 如图 5-17 所示为一个木桥示意，各尺寸在图中已标出，求工程量。

【解】

（1）清单工程量

$S = 16.1 \times (3.6 + 0.14 \times 2) = 62.468$（m²）

清单工程量计算见表 5-47。

表 5-47 清单工程量计算

项目编码	项目名称	项目特征描述	工程量合计	计量单位
050201014001	木制步桥	桥宽 3.88m，桥长 16.1m	62.47	m²

（2）定额工程量

① 平整场地

$S = 62.468 \times 2 = 124.94$（m²）

（步桥按其底面积乘以系数 2，以"m²"为单位计算）

套定额 1-1。

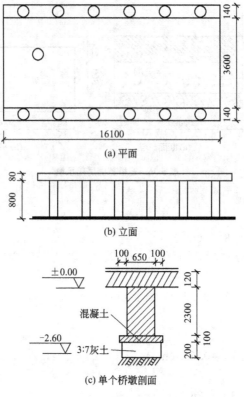

图 5-17　某木桥示意

注：共 4 个桥墩。

② 素土夯实

$V=62.468\times0.15=9.37$（m^3）

③ 挖土方

$V=(16.1+0.1\times2)\times(3.6+0.14\times2+0.1\times2)\times2.6=172.91$（m^3）

套定额 1-4（长和宽两边各增加 10cm）。

④ 3：7 灰土垫层

$V=(0.1\times2+0.65+0.1\times2)\times(3.6+0.14\times2+0.1\times2)\times0.2\times4=3.43$（m^3）

（长和宽两边各增加 10cm）

⑤ 混凝土桥墩、桥柱

$V=(0.2+0.65)\times(3.6+0.14\times2+0.1\times2)\times0.1\times4+0.65\times(3.6+0.14\times2+0.1\times2)\times2.3\times4=25.79$（m^3）

套定额 7-16。

⑥ 混凝土桥面

$V=16.1\times(3.6+0.14\times2)\times0.12=7.50$（m^3）

⑦ 木桥面

$16.1\times(3.6+0.14\times2)=62.47$（m^2）

套定额 7-84。

⑧ 木栏杆

16.1×2=32.2（m）

⑨ 木柱 1.2（10 根）（单位 10 根）

【例 5-11】 如图 5-18 所示为某湖局部驳岸示意，求工程量。

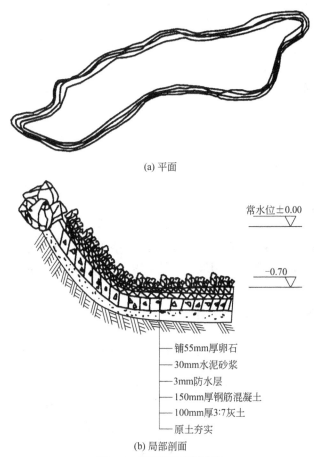

(a) 平面

铺55mm厚卵石

30mm水泥砂浆

3mm防水层

150mm厚钢筋混凝土

100mm厚3:7灰土

原土夯实

(b) 局部剖面

图 5-18 某湖局部驳岸示意

注：驳岸长度 200m，宽约 1.5m，卵石均厚 0.22m。

【解】

（1）清单工程量

$S=1.5×200=300$（m²）

清单工程量计算见表 5-48。

表 5-48 清单工程量计算

项目编码	项目名称	项目特征描述	工程量合计	计量单位
050202003001	满(散)铺沙卵石护岸(自然护岸)	护岸平均宽 1.5m	300	m²

（2）定额工程量

① 平整场地

$S＝200×1.5＝300$（m²）

② 挖土方

$V＝200×1.5×0.31$（均高）$＝93$（m³）

③ 原土夯实

$S＝200×1.5＝300$（m²）

④ 3：7 灰土

$V＝300×0.1＝30$（m³）

⑤ 钢筋混凝土

$V＝300×0.15＝45$（m³）

⑥ 防水层

$S＝1.5×200＝300$（m²）

⑦ 水泥砂浆找平层

$S＝300$（m²）

⑧ 铺卵石

$V＝1.5×200×0.22$（均厚）$＝66$（m³）

【例 5-12】 已知某园路长 150m、宽 5m，路两边设有混凝土路缘，用 C20 混凝土预制路缘石 1：2.5 水泥砂浆砌筑。如图 5-19 所示，求混凝土路缘的工程量。

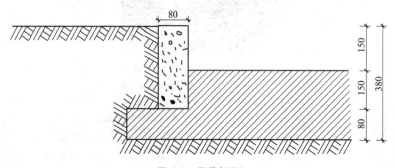

图 5-19　路缘剖面

【解】

混凝土路缘的工程量＝园路长×2

$$＝150×2＝300$$（m）

说明：因路两边都设有混凝土路缘，所以要乘以 2。

清单工程量计算见表 5-49。

表 5-49　清单工程量计算

项目编码	项目名称	项目特征描述	工程量合计	计量单位
050201003001	路牙铺设	混凝土路牙,C20 混凝土预制 路牙 1：2.5 水泥砂浆	300	m

【例 5-13】 某小型停车场，长 16m、宽 6m，地面为嵌草砖铺装，如图 5-20 所示（有路牙加 0.2m，无路牙加 0.1m），求工程量。

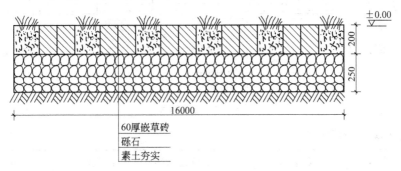

图 5-20 嵌草砖地面铺装示意

【解】

（1）清单工程量 嵌草砖路面工程量为：

$S = 长 × 宽$

$= 16 × 6 = 96 （m^2）$

清单工程量计算见表 5-50。

表 5-50 清单工程量计算

项目编码	项目名称	项目特征描述	工程量合计	计量单位
050201005001	嵌草砖(格)铺装	砾石垫层厚 0.25m	96	m²

（2）定额工程量

① 整理路床

$S = 长 × 宽 = 16 × (6 + 0.1) = 9.76 （10m^2）$

② 挖土方

$V = 长 × 宽 × 厚 = 16 × 6 × 0.45 = 43.2 （m^3）$

③ 砾石

$V = 长 × 宽 × 厚 = 16 × (6 + 0.1) × 0.25 = 24.4 （m^3）$

④ 嵌草砖路面

$S = 长 × 宽 = 16 × 6 = 96 （m^2）$

【例 5-14】 如图 5-21 所示，求石桥基础工程量。

【解】

（1）清单工程量 石桥基础层工程量（一个桥墩）为：

$V = 长 × 宽 × 厚 = 0.6 × (5 + 0.1 × 2) × 0.1 = 0.31 （m^3）$

清单工程量计算见表 5-51。

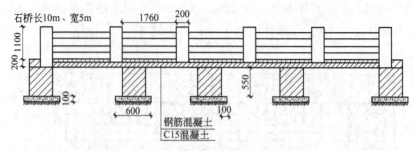

图 5-21 石桥示意

表 5-51 清单工程量计算

项目编码	项目名称	项目特征描述	工程量合计	计量单位
050201006001	桥基础	矩形基础	0.31	m³

(2) 定额工程量 石桥基础层工程量 (一个桥墩，套定额 7-1)

$V = 长×宽×厚$

$= 0.6×(5+0.1×2)×0.1 = 0.31 (m³)$ (按设计图示尺寸以体积计算)

【例 5-15】 某公园步行木桥，桥面总长为 6m、宽为 1.5m，桥板厚度为 25mm，满铺平口对缝，采用木桩基础；原木梢径 $\phi80mm$、长 5m，共 16 根；横梁原木梢径 $\phi80mm$、长 1.8m，共 9 根；纵梁原木梢径 $\phi100mm$、长 5.6m，共 5 根。栏杆、栏杆柱、扶手、扫地杆、斜撑采用枋木 80mm×80mm (刨光)，栏杆高 900mm。全部采用杉木。试计算工程量。

【解】

(1) 业主计算 业主根据施工图计算步行木桥工程量为：

$S = 6×1.5 = 9.00m²$。

(2) 投标人计算

① 原木桩工程量 (查原木材积表) 为 0.64m³。

a. 人工费：25 元/工日×5.12 工日 = 128 元

b. 材料费：原木 800 元/m³×0.64m³ = 512 元

c. 合计：640.00 元

② 原木横、纵梁工程量 (查原木材积表) 为 0.472m³。

a. 人工费：25 元/工日×3.42 工日 = 85.5 元

b. 材料费：原木 800 元/m³×0.472m³ = 377.60 元

　　　　扒钉 3.2 元/kg×15.5kg = 49.60 元

小计：427.20 元

c. 合计：512.7 元

③ 桥板工程量 3.142m³。

a. 人工费：25 元/工日×22.94 工日 = 573.5 元

b. 材料费：板材 1200 元/m³×3.142m³=3770.4 元

　　　　　铁钉 2.5 元/kg×21kg=52.5 元

小计：3822.90 元

c. 合计：4396.4 元

④ 栏杆、扶手、扫地杆、斜撑工程量 0.24m³。

a. 人工费：25 元/工日×3.08 工日=77.00 元

b. 材料费：枋材 1200 元/m³×0.24m³=288.00 元

　　　　　铁材：3.2 元/kg×6.4kg=20.48 元

小计：308.48 元

c. 合计：385.48 元

⑤ 综合。

a. 直接费用合计：5934.58 元

b. 管理费：直接费×25%=5934.58 元×25%=1483.65 元

c. 利润：直接费×8%=5934.58 元×8%=474.77 元

d. 总计：7893.00 元

e. 综合单价：877.00 元

分部分项工程量清单与计价、工程量清单综合单价分析见表 5-52、表 5-53。

表 5-52 分部分项工程量清单与计价

工程名称：某公园步行木桥施工工程　　　标段：　　　　　第 页 共 页

序号	项目编号	项目名称	项目特征描述	计量单位	工程数量	综合单价	合价	其中：暂估价
1	050201014001	木制步桥	1. 桥面长 6m、宽 1.5m、桥板厚 0.025m 2. 原木桩基础、梢径 Φ80mm、长 5m、16 根 3. 原木横梁，梢径 Φ80mm、长 1.8m、9 根 4. 原木纵梁，梢径 Φ100mm、长 5.6m、5 根 5. 栏杆、扶手、扫地杆、斜撑枋木 80mm×80mm（刨光），栏高 900mm 6. 全部采用杉木	m²	9	877.00	7893.00	
合计							7893.00	

表5-53　工程量清单综合单价分析

工程名称：某公园步行木桥施工工程　　　　标段：　　　　　　　　　　　　　　　　　　　第　页　共　9　页

| 项目编码 | 0502010140001 | 项目名称 | 木制步桥 | 计量单位 | m² | 工程量 | 65.23 |

综合单价组成明细

定额编号	定额名称	定额单位	数量	单价/元				合价/元			
				人工费	材料费	机械费	管理费和利润	人工费	材料费	机械费	管理费和利润
—	原木桩基础	m³	0.071	128	800	—	306.24	9.09	56.8	—	21.74
—	原木梁	m³	0.052	85.5	800	—	292.20	4.45	41.6	—	15.19
—	桥板	m³	0.369	573.5	1200	—	414.92	211.6	442.8	—	153.11
—	栏杆、扶手、斜撑	m³	0.027	77.00	1200	—	421.45	2.08	32.4	—	11.38
人工单价			小计					227.22	573.6	—	201.42
25元/工日			未计价材料费						65.23		
清单项目综合单价									1067.47		

材料费明细	名称、规格、型号	单位	数量	单价/元	合价/元	暂估单价/元	暂估合价/元
	扒钉	kg	1.72	3.2	5.5	—	
	铁钉	kg	2.33	2.5	5.83	—	
	铁材	kg	0.71	3.2	2.27	—	
	其他材料费			—	51.63		—
	材料费小计			—	65.23		—

5.4 园林景观工程工程量计算与实例

5.4.1　园林景观工程施工识读

5.4.1.1　园林景观工程常用识图图例

（1）山石工程图例　山石工程图例见表 5-54。

表 5-54　山石

序号	名称	图例	说明
1	自然山石假山		—
2	人工塑石假山		—
3	土石假山		包括土包石、石包土及土假山
4	独立景石		由形态奇特、色彩美观的天然块石,如湖石、黄蜡石独置而成的石景

（2）水体工程图例　水体工程图例见表 5-55。

表 5-55　水体

序号	名称	图例	说明
1	自然形水体		岸线呈自然形的水体
2	规则形水体		岸线呈规则形的水体

续表

序号	名称	图例	说明
3	跌水瀑布	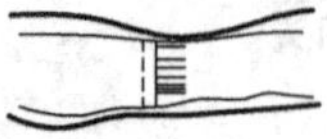	—
4	旱涧	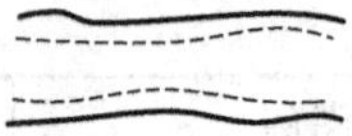	旱季一般无水或断续有水的山涧
5	溪涧	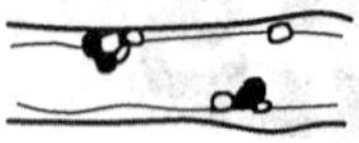	指山间两岸多石滩的小溪

（3）水池、花架及小品工程图例 水池、花架及小品工程图例见表5-56。

表 5-56 水池、花架及小品工程图例

序号	名称	图例	说明
1	雕塑	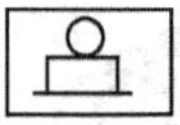	
2	花台	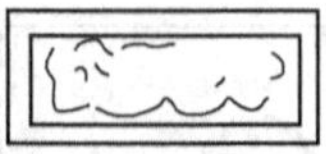	仅表示位置。不表示具体形态，以下同，也可依据设计形态表示
3	坐凳		
4	花架	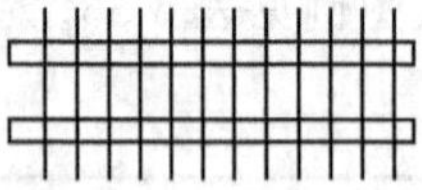	
5	围墙	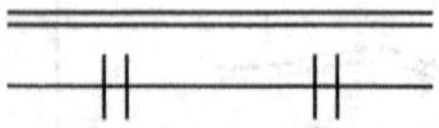	上图为实砌或漏空围墙 下图为栅栏或篱笆围墙
6	栏杆	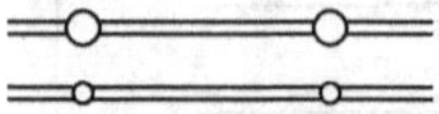	上图为非金属栏杆 下图为金属栏杆

续表

序号	名称	图例	说明
7	园灯	⊗	—
8	饮水台	(方框内圆圈对角线图例)	—
9	指示牌	▬▬▬▬	—

（4）喷泉工程图例　喷泉工程图例见表 5-57。

表 5-57　喷泉工程图例

序号	名称	图例	说明
1	喷泉	(圆圈带喷水图例)	仅表示位置,不表示具体形态
2	阀门(通用)、截止阀	⟶⋈⟶ / ⟶T⟶	1. 没有说明时,表示螺纹连接;法兰连接时⟶┤⋈├⟶;焊接时⟶⋈⟶
3	闸阀	⟶⋈⟶	2. 轴测图画法:阀杆为垂直 (斜线图例);阀杆为水平 (斜线图例)
4	手动调节阀	⟶⋈⟶	
5	球阀、转心阀	⟶◀▶⟶	—
6	蝶阀	⟶▣⟶	—

序号	名称	图例	说明
7	角阀	—●┤ 或	—
8	平衡阀		—
9	三通阀	—●┬ 或	—
10	四通阀		—
11	节流阀		—
12	膨胀阀	或	也称"隔膜阀"
13	旋塞		
14	快放阀		也称"快速排污阀"
15	止回阀		左、中为通用画法,流法均由空白三角形至非空白三角形;中也代表升降式止回阀;右代表旋启式止回阀

续表

序号	名称	图例	说明
16	减压阀	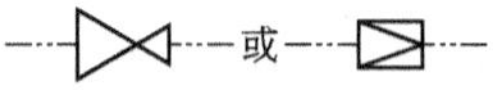	左图小三角为高压端,右图右侧为高压端。其余同阀门类推
17	安全阀		左图为通用,中为弹簧安全阀,右为重锤安全阀
18	疏水阀	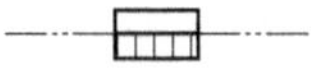	在不致引起误解时,也可用  ——⬤——表示,也称"疏水器"
19	浮球阀	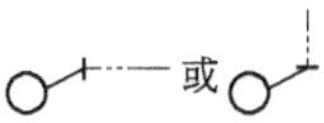	—
20	集气罐、排气装置	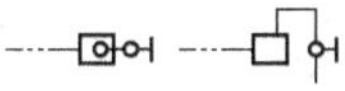	左图为平面图
21	自动排气阀		—
22	除污器(过滤器)	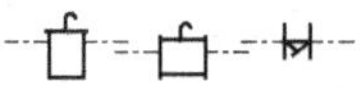	左为立式除污器,中为卧式除污器,右为 Y 形过滤器
23	节流孔板、减压孔板	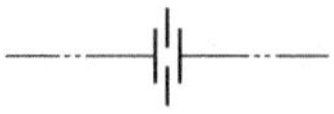	在不致引起误解时,也可用  ——‖‖——表示
24	补偿器(通用)		也称"伸缩器"

续表

序号	名称	图例	说明
25	矩形补偿器	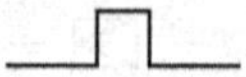	—
26	套管补偿器		—
27	波纹管补偿器		—
28	弧形补偿器		—
29	球形补偿器	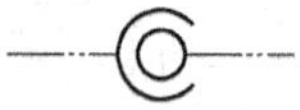	—
30	变径管异径管		左图为同心异径管,右图为偏心异径管
31	活接头	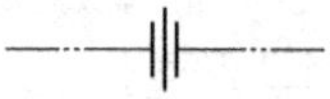	—
32	法兰	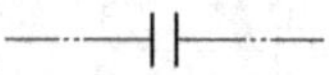	—
33	法兰盖		—

续表

序号	名称	图例	说明
34	丝堵		也可表示为：—┤|
35	可曲挠橡胶软接头		—
36	金属软管		也可表示为：—WWW—
37	绝热管		—
38	保护套管		—
39	伴热管		—
40	固定支架		—
41	介质流向	⟶ 或 ⇨	在管道断开处时，流向符号宜标注在管道中心线上，其余可同管径标注位置
42	坡度及坡向	$i = 0.003$ 或 ⟶ $i = 0.003$	坡度数值不宜与管道起、止点标高同时标注。标注位置同管径标注位置
43	套管伸缩器		—

续表

序号	名称	图例	说明
44	方形伸缩器		—
45	刚性防水套管		—
46	柔性防水套管		—
47	波纹管		—
48	可曲挠橡胶接头		—
49	管道固定支架		—
50	管道滑动支架		—
51	立管检查口		—
52	水泵	平面　系统	—
53	潜水泵		—

续表

序号	名称	图例	说明
54	定量泵		—
55	管道泵		—
56	清扫口	平面　系统	—
57	通气帽	成品　铅丝球	—
58	雨水斗	YD-　YD- 平面　系统	—
59	排水漏斗	平面　系统	—
60	圆形地漏		通用。如为无水封,地漏应加存水弯
61	方形地漏		—
62	自动冲洗水箱		—
63	挡墩		—

序号	名称	图例	说明
64	减压孔板		—
65	除垢器		—
66	水锤消除器		—
67	浮球液位器		—
68	搅拌器		—

5.4.1.2 园林景观工程施工图识读

（1）假山工程施工图

① 假山施工平面图。

a. 假山的平面位置、尺寸。

b. 山峰、制高点、山谷、山洞的平面位置、尺寸及各处高程。

c. 假山附近地形及建筑物、地下管线及与山石的距离。

d. 植物及其他设施的位置、尺寸。

e. 图纸的比例尺一般为（1∶20）～（1∶50），度量单位为 mm。

② 假山施工立面图。立面图是在与假山立面平行的投影面所作的投影图。立面图是表示假山的造型及气势最好的施工图。

a. 假山的层次、配置形式。

b. 假山的大小及形状。

c. 假山与植物及其他设备的关系。

③ 假山施工剖面图。

a. 假山各山峰的控制高程。

b. 假山的基础结构。

　　c. 管线位置、管径。

　　d. 植物种植池的做法、尺寸、位置。

　　(2) 水景工程施工图　水景工程施工图主要有总体布置图和构筑物结构图。

　　① 总体布置图。总体布置图主要表示整个水景工程各构筑物在平面和立面的布置情况。总体布置图以平面布置图为主，必要时配置立面图。

　　为了使图形主次分明，结构上的次要轮廓线和细部构造均省略不画，用图例或示意图表示这些构造的位置和作用。图中通常只注写构筑物的外形轮廓尺寸和主要定位尺寸，主要部位的高程和填挖方坡度。总体布置图的绘图比例一般为 (1∶200)～(1∶500)。总体布置图的主要内容如下：

　　a. 工程设施所在地区的地形现状、河流及流向、水面、地理方位等。

　　b. 各工程构筑物的相互位置、主要外形尺寸、主要高程。

　　c. 工程构筑物与地面交线、填挖方的边坡线。

　　② 构筑物结构图。结构图是以水景工程中某一构筑物为对象的工程图。其主要包括：结构布置图、分部和细部构造图以及钢筋混凝土结构图。构筑物结构图必须把构筑物的结构形状、尺寸大小、材料、内部配筋及相邻结构的连接方式等都表达清楚。结构图主要包括平、立、剖面图，详图和配筋图，绘图比例通常为 (1∶5)～(1∶100)。构筑物结构图主要内容如下：

　　a. 表明工程构筑物的结构布置、形状、尺寸和材料。

　　b. 表明构筑物各分部和细部构造、尺寸和材料。

　　c. 表明钢筋混凝土结构的配筋情况。

　　d. 工程地质情况及构筑物与地基的连接方式。

　　e. 相邻构筑物之间的连接方式。

　　f. 附属设备的安装位置。

　　g. 构筑物的工作条件，如常水位和最高水位等。

　　(3) 给水排水施工图

　　① 给排水施工图的内容。给排水施工图可分为室内给排水施工图与室外给排水施工图两大类，它们通常都是由以下两个方面组成：

　　a. 基本图。基本图主要包括：管道平面布置图、剖面图、系统轴测图（又称管道系统图）以及原理图及说明等。

　　b. 详图。详图要求表明各局部的详细尺寸及施工要求。

　　② 给排水管道平面图。

　　a. 室内给排水管道平面图。室内给排水管道平面图表示建筑物内的给水和排水工程内容，主要包括平面图、系统图和详图。室内与室外的分界一般以建筑物外墙为界，有时给水以进口处的阀门为界，排水以室外第一个排水检查井为界。

　　b. 室外给排水管道平面图。室外给水系统的主要组成见表 5-58。

表 5-58 室外给水系统的主要组成

序号	项目	说明
1	取水构筑物	指在水源建造的取水构筑物
2	一级水泵站	从取水构筑物取水,将水送到净水构筑物
3	净水构筑物	包括反应池、沉淀池、澄清池、快滤池等,对水进行净化处理,使水质达到用水标准
4	清水池	储存处理过的净水
5	二级泵站	将清水加压送至输水管网
6	输水管	由二级泵站至水塔或配水管网的输水管道
7	水塔	收集、储备、调节二级泵站与用户之间的水量,并将水压入配水管网

③ 给排水管道系统图。给排水管道系统图主要分为给水系统和排水系统两大部分,是用轴测投影的方式来表示给排水管道系统的上、下层之间,前后、左右之间的空间关系的。在系统图中除注有各管径尺寸及主管编号外,还注有管道的标高和坡度。

④ 给排水管道详图。给排水管道详图又称大样图,它表示某些设备或管道节点的详细构造与安装要求。有的详图可直接查阅标准图集或室内给排水手册,如水表、卫生设备等安装详图。

(4) 园林电气施工图

① 电气施工图的内容与组成。电气施工图通常由首页、电气外线总平面图、电气平面图、电气系统图、设备布置图、控制原理图以及详图等部分组成,见表5-59。

表 5-59 电气施工图的内容与组成

序号	项目	说明
1	首页	首页的内容主要包括图纸目录、图例、设备明细表和施工说明等
2	电气外线总平面图	电气外线总平面图是根据建筑总平面图绘制的变电所、架空线路或地下电缆位置并注明有关施工方法的图样
3	电气平面图	电气平面图是表示各种电气设备与线路平面布置的图纸,它是电气安装的重要依据
4	电气系统图	电气系统图是概括整个工程或其中某一工程的供电方案与供电方式,并用单线连接形式表示线路的图样。它比较集中地反映了电气工程的规模
5	设备布置图	设备布置图是表示各种电气设备的平面与空间的位置、安装方式及其相互关系的图纸

续表

序号	项目	说明
6	控制原理图	控制原理图是单独用来表示电气设备及元件控制方式及其控制线路的图样,主要表示电气设备及元件的启动、保护、信号、联锁、自动控制及测量等。通过控制原理图可以知道各设备元件的工作原理、控制方式,掌握建筑物的功能实现的方法等
7	详图	详图一般采用标准图,主要表明线路敷设、灯具、电气安装及防雷接地、配电箱(板)制作和安装的详细做法和要求

② 电气平面图。电气平面图是电气安装的重要依据,它是将同一层内不同高度的电气设备及线路都投影到同一平面上来表示的。平面图主要包括变配电平面图、动力平面图、照明平面图、防雷接地平面图以及弱电（电话、广播）平面图等。如图 5-22 所示为某屋顶花园的供电、照明平面。

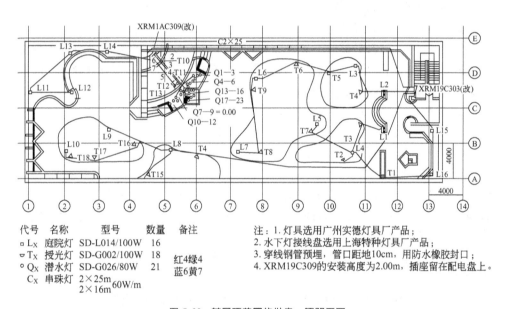

代号	名称	型号	数量	备注
□ Lₓ	庭院灯	SD-L014/100W	16	
▽ Tₓ	授光灯	SD-G002/100W	18	红4绿4
○ Qₓ	潜水灯	SD-G026/80W	21	蓝6黄7
Cₓ	串珠灯	2×25m 60W/m 2×16m		

注:1. 灯具选用广州实德灯具厂产品;
2. 水下灯接线盘选用上海特种灯具厂产品;
3. 穿线钢管预埋,管口距地10cm,用防水橡胶封口;
4. XRM19C309的安装高度为2.00m,插座留在配电盘上。

图 5-22 某屋顶花园的供电、照明平面

③ 电气系统图。电气系统图主要可以为电力系统图、照明系统图以及弱电（电话、广播等）系统图。电气系统图上标有整个建筑物内的配电系统和容量分配情况、配电装置、导线型号、截面、敷设方式以及管径等。

④ 电气详图。电气安装工程的局部安装大样、配件构造等均要用电气详图表示出来才能施工。通常施工图不绘制电气详图,电气详图与一些具体工程的做法均参考标准图或通用图册施工。有些设计单位为避免重复作图,提高设计速度,还自行编绘了通用图集供安装施工使用。

5.4.2 园林景观工程定额工程量计算规则

5.4.2.1 假山工程工程量计算

（1）假山工程

① 工作内容：假山工程量一般以设计的山石实际吨位数为基数来推算，并以工日数表示。假山采用的山石种类不同、假山造型不同、假山砌筑方式不同都会影响工程量。由于假山工程的变化因素太多，每工日的施工定额也不容易统一，因此准确计算工程量有一定难度。根据十几项假山工程施工资料统计的结果，包括放样、选石、配制水泥砂浆及混凝土、吊装山石、堆砌、刹垫、搭拆脚手架、抹缝、清理、养护等全部施工工作在内的山石施工平均工日定额，在精细施工条件下，应为 0.1～0.2t/工日；在大批量粗放施工情况下，则应为 0.3～0.4t/工日。

② 工程量计算公式见 5.4.4 节。

假山顶部凸出的石块，不得执行人造独立峰定额。人造独立峰（仿孤块峰石）是指人工叠造的独立峰石。

（2）景石、散点石工程

① 工作内容：景石是指不具备山形但以奇特的形状为审美特征的石质观赏品；散点石是指无呼应联系的一些自然山石分散布置在草坪、山坡等处，主要起点缀环境、烘托野地氛围的作用。

② 工程量计算公式见 5.4.4 节。

（3）堆砌假山工程

① 工作内容：放样、选石、运石、调制及运送混凝土（砂浆）、堆砌、搭拆脚手架、塞垫嵌缝、清理、养护。

② 工程量：堆砌湖石假山、黄石假山、整块湖石峰、人造湖石峰、人造黄石峰以及石笋安装、土山点石的工程量均按不同山、峰高度，以堆砌石料的质量计算。计量单位为"t"。

布置景石的工程量按不同单块景石，以布置景石的质量计算，计量单位为"t"。

自然式护岸的工程量按护岸石料质量计算，计量单位为"t"。

$$堆砌假山石料质量 = 进场石料验收质量 - 剩余石料质量 \tag{5-9}$$

（4）塑假石山工程

① 工作内容：放样、挖土方、浇捣混凝土垫层、砌骨架或焊接骨架、挂钢网、堆筑成形。

② 工程量：砖骨架塑假石山的工程量按不同高度，以塑假石山的外围表面积计算，计量单位为"10m²"。

钢骨架、钢网塑假石山的工程量按其外围表面积计算，计量单位为"10m²"。

5.4.2.2 土方工程量计算

（1）工作内容　工作内容主要包括平整场地，挖地槽、挖地坑、挖土方、回填土、运土等。

（2）工程量计算

① 工程量　除注明者外，均按图示尺寸以体积计算。

② 挖土方　凡平整场地厚度在 30cm 以上，槽底宽度在 3m 以上和坑底面积在 20m² 以上的挖土，均按挖土方计算。

③ 挖地槽　凡槽宽在 3m 以内，槽长为槽宽 3 倍以上的挖土，均按挖地槽计算。外墙地槽长度按其中心线长度计算，内墙地槽长度按内墙地槽的净长计算；宽度按图示宽度计算；凸出部分挖土量应予以增加。

④ 挖地坑　凡挖土底面积在 20m² 以内，槽宽在 3m 以内，槽长小于槽宽 3 倍者按挖地坑计算。

⑤ 挖土方、地槽、地坑的高度　按室外自然地坪至槽底的距离计算。

⑥ 挖管沟槽　宽度按规定尺寸计算，如无规定可按表 5-60 计算。沟槽长度不扣除检查井，检查井的凸出管道部分的土方也不增加。

表 5-60 沟槽底宽度

管径/mm	铸铁管、钢管、石棉水泥管	混凝土管、钢筋混凝土管	缸瓦管	附注
50～75	0.6	0.8	0.7	(1)本表为埋深在 1.5m 以内沟槽底宽度,单位为"m"
100～200	0.7	0.9	0.8	
250～350	0.8	1.0	0.9	(2)当深度在 2m 以内,有支撑时,表中数值适当增加 0.1m
400～450	1.0	1.3	1.1	(3)当深度在 3m 以内,有支撑时,表中数值适当增加 0.2m
500～600	1.3	1.5	1.4	

⑦ 平整场地是指厚度在 ±30cm 以内的就地挖、填、找平工程，其工程量按建筑物的首层建筑面积计算。

⑧ 回填土、场地填土，分松填和夯填，以"m³"计算。挖地槽原土回填的工程量，可按地槽挖土工程量乘以系数 0.6 计算。

a. 满堂红挖土方，其设计室外地坪以下部分如采用原土者，此部分不计取原土价值的措施费和各项间接费用。

b. 大开槽四周的填土，按回填土定额执行。

c. 地槽、地坑回填土的工程量，可按地槽地坑的挖土工程量乘以系数 0.6 计算。

d. 管道回填土按挖土体积减去垫层和直径大于 500mm（包括 500mm）的管道体积计算。管道直径小于 500mm 的可不扣除其所占体积，管道在 500mm 以上的应减除管道体积。每米管道应减土方量可按表 5-61 计算。

表 5-61 每米管道应减土方量

管道种类	减土方量/m³					
	直径/mm					
	500～600	700～800	900～1000	1100～1200	1300～1400	1500～1600
钢管	0.24	0.44	0.71	—	—	—
铸铁管	0.27	0.49	0.77	—	—	—
钢筋混凝土管及缸瓦管	0.33	0.60	0.92	1.15	1.35	1.55

e. 用挖槽余土做填土时，应套用相应的填土定额，结算时应减去其利用部分的土的价值，但措施费和各项间接费不予扣除。

5.4.2.3 砖石工程量计算

（1）工作内容　工作内容包括砖基础与砌体、其他砌体、毛石基础及护坡等。

（2）工程量计算

① 一般规定：

a. 砌体砂浆强度等级为综合强度等级，编排预算时不得调整。

b. 砌墙综合了墙的厚度，划分为外墙和内墙。

c. 砌体内采用钢筋加固者，按设计规定的质量，套用"砖砌体加固钢筋"定额。

d. 檐高是指由设计室外地坪至前后檐口滴水的高度。

② 工程量计算规则：

a. 标准砖墙体计算厚度，按表 5-62 计算。

表 5-62 标准砖墙体计算厚度

墙体	1/4 砖	1/2 砖	3/4 砖	1 砖	$1\frac{1}{2}$ 砖	2 砖	$2\frac{1}{2}$ 砖	3 砖
计算厚度/mm	53	115	180	240	365	490	615	740

b. 基础与墙身的划分：砖基础与砖墙以设计室内地坪为界，设计室内地坪以下为基础、以上为墙身，如墙身与基础为两种不同材料时以材料为分界线。砖围墙以设计室外地坪为分界线。

c. 外墙基础长度，按外墙中心线计算；内墙基础长度，按内墙净长计算。墙基大放脚处重叠因素已综合在定额内；凸出墙外的墙垛的基础大放脚宽出部分不增加，嵌入基础的钢筋、铁杆、管件等所占的体积不予扣除。

d. 砖基础工程量不扣除 0.3m² 以内的孔洞，基础内混凝土的体积应扣除，但砖过梁应另列项目计算。

e. 基础抹隔潮层按实抹面积计算。

f. 外墙长度按外墙中心线长度计算，内墙长度按内墙净长计算。女儿墙工程量并入外墙计算。

g. 计算实砌砖墙身时，应扣除门窗洞口（门窗框外围面积），过人洞空圈，嵌入墙身的钢筋砖柱、梁、过梁、圈梁的体积，但不扣除每个面积在 $0.3m^2$ 以内的孔洞梁头、梁垫、檩头、垫木、木砖、砌墙内的加固钢筋、墙基抹隔潮层等及内墙板头压 1/2 墙者所占的体积。凸出墙面的窗台虎头砖、压顶线、门窗套、三皮砖以下的腰线、挑檐等体积也不增加。嵌入外墙的钢筋混凝土板头已在定额中考虑，计算工程量时不再扣除。

h. 墙身高度从首层设计室内地坪算至设计要求高度。

i. 砖垛、三皮砖以上的檐槽、砖砌腰线的体积，并入所附的墙身体积内计算。

j. 附墙烟囱（包括附墙通风道、垃圾道）按其外形体积计算，并入所依附的墙体积内。不扣除横断面积在 $0.1m^2$ 以内的孔洞的体积，但孔洞内的抹灰工料不增加。如每一孔洞横断面积超过 $0.1m^2$，应扣除孔洞所占体积，孔洞内的抹灰应另列项计算。如砂浆强度等级不同，可按相应墙体定额执行。附墙烟囱如带缸瓦管、除灰门或垃圾道带有垃圾道门、垃圾斗、通风百叶窗、铁算子以及钢筋混凝土预制盖等，均应另列项目计算。

k. 框架结构间砌墙，分为内、外墙，以框架间的净空面积乘以墙厚度按相应的砖墙定额计算。框架外表面镶包砖部分也并入框架结构间砌墙的工程量内一并计算。

l. 围墙以"m^3"计算，按相应外墙定额执行，砖垛和压顶等工程量应并入墙身内计算。

m. 暖气沟及其他砖砌沟道不分墙身和墙基，其工程量合并计算。

n. 砖砌地下室内外墙身工程量与砌砖计算方法相同，但基础与墙身的工程量合并计算，按相应内外墙定额执行。

o. 砖柱不分柱身和柱基，其工程量合并计算，按砖柱定额执行。

p. 空花墙按带有空花部分的局部外形体积以"m^3"计算，空花所占体积不扣除，实砌部分另按相应定额计算。

q. 半圆旋按图示尺寸以"m^3"计算，执行相应定额。

r. 零星砌体定额适用于厕所蹲台、小便槽、水池腿、煤箱、台阶、台阶挡墙、花台、花池、房上烟囱、阳台隔断墙、小型池槽、楼梯基础、垃圾箱等，以"m^3"计算。

s. 炉灶按外形体积以"m^3"计算，不扣除各种空洞的体积。定额中只考虑了一般的铁件及炉灶台面抹灰，如炉灶面镶贴块料面层则应另列项计算。

t. 毛石砌体按图示尺寸以"m^3"计算。

u. 砌体内通风铁箅的用量按设计规定计算，但安装工已包括在相应定额内，不另计算。

5.4.2.4　混凝土及钢筋混凝土工程量计算

(1) 工作内容　工作内容主要包括现浇、预制、接头灌缝混凝土及混凝土安装、运输等。

(2) 工程量计算

① 一般规定：

a. 混凝土及钢筋混凝土工程预算定额是综合定额，包括：模板、钢筋和混凝土各工序的工料及施工机械的耗用量。模板、钢筋不需单独计算。如与施工图规定的用量另加损耗后的数量不同时，可按实际情况调整。

b. 定额中模板是按木模板、工具式钢模板、定型钢模板等综合考虑的，实际采用模板不同时，不得换算。

c. 钢筋定额是按手工绑扎、部分焊接及点焊编制的，实际施工与定额不同时，不得换算。

d. 混凝土设计强度等级与定额不同时，应以定额中选定的石子粒径，按相应的混凝土配合比换算，但混凝土搅拌用水不换算。

② 工程量计算规则：

a. 混凝土和钢筋混凝土：以"m³"为计算单位的各种构件，均根据图示尺寸以构件的体积计算，不扣除其中的钢筋、铁件、螺栓和预留螺栓孔洞所占的体积。

b. 基础垫层：混凝土的厚度在 12cm 以内者为垫层，执行基础定额。

c. 基础：

(a) 带形基础。带形基础是指凡在墙下的基础或柱与柱之间与单独基础相连接的带形结构。与带形基础相连的杯形基础，执行杯形基础定额。

(b) 独立基础。包括各种形式的独立柱和柱墩，独立基础的高度按图示尺寸计算。

(c) 满堂基础。底板定额适用于无梁式和有梁式满堂基础的底板。有梁式满堂基础中的梁、柱另按相应的基础梁或柱定额执行。梁只计算凸出基础的部分；伸入基础底板的部分，并入满堂基础底板工程量内。

d. 柱：

(a) 柱高为柱基上表面至柱顶面的高度。

(b) 依附于柱上的云头、梁垫的体积另列项目计算。

(c) 多边形柱，按相应的圆柱定额执行，其规格按断面对角线长套用定额。

(d) 依附于柱上的牛腿的体积，并入柱身体积计算。

e. 梁：

(a) 梁的长度。梁与柱交接时，梁长应按柱与柱之间的净距计算；次梁与主梁或柱交接时，次梁的长度算至柱侧面或主梁侧面；梁与墙交接时，伸入墙内的梁头应包括在梁的长度内计算。

（b）梁头处如有浇制垫块者，其体积并入梁内一起计算。

（c）凡加固墙身的梁均按圈梁计算。

（d）戗梁按设计图示尺寸以"m³"计算。

f. 板：

（a）有梁板是指带有梁的板，按其形式可分为梁式楼板、井式楼板和密肋形楼板。梁与板的体积合并计算，应扣除面积大于 0.3m² 的孔洞所占的体积。

（b）平板是指无柱、无梁，直接由墙承重的板。

（c）亭屋面板（曲形）是指古典建筑中亭面板，为曲形状。其工程量按设计图示尺寸以体积计算。

（d）凡不同类型的楼板交接时，均以墙的中心线为分界。

（e）伸入墙内的板头，其体积应并入板内计算。

（f）现浇混凝土挑檐，天沟与现浇屋面板连接时，以外墙皮为分界线；与圈梁连接时，以圈梁外皮为分界线。

（g）戗翼板是指古建筑中的翘角部位，并连有飞椽的翼角板。椽望板是指古建筑中的飞沿部位，并连有飞椽和出沿椽重叠之板。其工程量按设计图示尺寸以体积计算。

（h）中式屋架是指古典建筑中立贴式屋架。其工程量（包括童柱、立柱、大梁）按设计图示尺寸以体积计算。

g. 枋、桁：

（a）枋子、桁条、梁垫、梓桁、云头、斗拱、椽子等构件，均按设计图示尺寸以体积计算。

（b）枋与柱交接时，枋的长度应按柱与柱间的净距计算。

h. 其他：

（a）整体楼梯。应分层按其水平投影面积计算。楼梯井宽度超过 50cm 时其面积应扣除。伸入墙内部分的体积已包括在定额内，不另计算，但楼梯基础、栏板、栏杆、扶手应另列项目套用相应定额计算。

楼梯的水平投影面积包括踏步、斜梁、休息平台、平台梁以及楼梯与楼板连接的梁。

楼梯与楼板的划分以楼梯梁的外侧面为分界。

（b）阳台、雨篷。均按伸出墙外的水平投影面积计算，伸出墙外的牛腿已包括在定额内不再计算，但嵌入墙内的梁应按相应定额另列项目计算。阳台上的栏板、栏杆及扶手均应另列项目计算，楼梯、阳台的栏板、栏杆、吴王靠（美人靠）、挂落均按"延长米"计算，其中包括楼梯伸入墙内的部分。楼梯斜长部分的栏板长度，可按其水平长度乘以系数 1.15 计算。

（c）小型构件。是指单位体积小于 0.1m³ 的未列入项目的构件。

（d）古式零件。是指梁垫、云头、插角、宝顶、莲花头子、花饰块等以及单件体积小于 0.05m³ 的未列入项目的古式小构件。

（e）池槽。按体积计算。

i. 装配式构件制作、安装、运输：

（a）装配式构件一律按施工图示尺寸以体积计算，空腹构件应扣除空腹体积。

（b）预制混凝土板或补现浇板缝时，按平板定额执行。

（c）预制混凝土花漏窗按其外围面积以"m²"计算，边框线抹灰另按抹灰工程规定计算。

5.4.2.5 木结构工程量计算

（1）工作内容　工作内容主要包括门窗制作及安装、木装修、间壁墙、顶棚、地板、屋架等。

（2）工程量计算

① 一般规定：

a. 定额中凡包括玻璃安装项目的，其玻璃品种及厚度均为参考规格。如实际使用的玻璃品种及厚度与定额不同，玻璃厚度及单价应按实际情况调整，但定额中的玻璃用量不变。

b. 凡综合刷油者，定额中除了在项目中已注明者外，均为底油一遍，调和漆两遍，木门窗的底油包括在制作定额中。

c. 一玻一纱窗，不分纱扇所占的面积大小，均按定额执行。

d. 木墙裙项目中已包括制作安装踢脚板，其不另计算。

② 工程量计算规则：

a. 定额中的普通窗适用于：平开式，上、中、下悬式，中转式及推拉式。均按框外围面积计算。

b. 定额中的门框料是按无下坎计算的。如设计有下坎，应按相应门下坎定额执行，其工程量按门框外围宽度以"延长米"计算。

c. 各种门如亮子或门扇安纱扇时，纱门扇或纱亮子按框外围面积另列项目计算，纱门扇与纱亮子以门框中坎的上皮为界。

d. 木窗台板按"m²"计算。如图纸未注明窗台板长度和宽度时，可按窗框的外围宽度两边共加 10cm 计算，凸出墙面的宽度按抹灰面增加 3cm 计算。

e. 木楼梯（包括休息平台和靠墙踢脚板）按水平投影面积以"m²"计算（不计伸入墙内部分的面积）。

f. 挂镜线按"延长米"计算，如与窗帘盒相连接，应扣除窗帘盒长度。

g. 门窗贴脸的长度，按门窗框的外围尺寸以"延长米"计算。

h. 暖气罩、玻璃黑板按边框外围尺寸以垂直投影面积计算。

i. 木隔板按图示尺寸以"m²"计算。定额内按一般固定考虑，如用角钢托架，角钢应另行计算。

j. 间壁墙的高度按图示尺寸计算，长度按净长计算，应扣除门窗洞口，但不扣除面积在 0.3m² 以内的孔洞。

k. 厕所浴室木隔断，其高度自下横枋底面算至上横坊顶面，以"m²"计算，门扇面积并入隔断面积内计算。

l. 预制钢筋混凝土厕浴隔断上的门扇，按扇外围面积计算，套用厕所浴室隔断门定额。

m. 半截玻璃间壁，其上部为玻璃间壁、下部为半砖墙或其他间壁，分别计算工程量，套用相应定额。

n. 顶棚面积以主墙实际面积计算，不扣除间壁墙、检查洞、穿过顶棚的柱、垛、附墙烟囱及水平投影面积在 $1m^2$ 以内的柱帽等所占的面积。

o. 木地板以主墙间的净面积计算，不扣除间壁墙、穿过木地板的柱、垛和附墙烟囱等所占的面积，但门和空圈的开口部分不增加。

p. 木地板定额中，木踢脚板数量不同时，均按定额执行。当设计不用木踢脚板时，可扣除其数量但人工不变。

q. 栏杆的扶手均以"延长米"计算。楼梯踏步部分的栏杆、扶手的长度可按全部水平投影长度乘以系数 1.15 计算。

r. 屋架分不同跨度，按"架"计算，屋架跨度按墙、柱中心线长度计算。

s. 楼梯底钉顶棚的工程量均以楼梯水平投影面积乘以系数 1.10，按顶棚面层定额计算。

5.4.2.6 地面工程量计算

（1）工作内容　工作内容主要包括垫层、防潮层、整体面层、块料面层等。

（2）工程量计算

① 一般规定：

a. 混凝土强度等级及灰土、白灰焦渣、水泥焦渣的配合比与设计要求不同时，允许换算。但整体面层与块料面层的结合层或底层砂层的砂浆厚度，除定额注明允许换算外一律不得换算。

b. 散水、斜坡、台阶、明沟均已包括了土方、垫层、面层及沟壁。如垫层、面层的材料品种、含量与设计不同时，可以换算，但土方量和人工、机械费一律不得调整。

c. 随打随抹地面只适用于设计中无厚度要求的随打随抹面层，如设计中有厚度要求时，应按水泥砂浆抹地面定额执行。

② 工程量计算规则：

a. 楼地面层。

（a）水泥砂浆随打随抹、砖地面及混凝土面层，按主墙间的净空面积计算，应扣除凸出地面的构筑物，设备基础所占的面积（不需做面层的沟盖板所占的面积也应扣除），不扣除柱、垛、间壁墙、附墙烟囱以及 $0.3m^2$ 以内孔洞所占的面积，但门洞、空圈不增加。

（b）水磨石面层及块料面层均按图示尺寸以"m²"计算。

b. 防潮层。

（a）平面。地面防潮层同地面面层，与墙面连接处的高在 50cm 以内时其展开面积的工程量，按平面定额计算；超过 50cm 者，其立面部分的全部工程量按立面定额计算。墙基防潮层，外墙长以外墙中心线长度，内墙按内墙净长乘宽度计算。

（b）立面。墙身防潮层按图示尺寸以"m²"计算，不扣除面积在 0.3m² 以内的孔洞。

c. 伸缩缝。各类伸缩缝，按不同用料以"延长米"计算。外墙伸缩缝如内外双面填缝者，工程量加倍计算。伸缩缝项目，适用于屋面、墙面及地面等部位。

d. 踢脚板。

（a）水泥砂浆踢脚板以"延长米"计算，不扣除门洞及空圈的长度，但门洞、空圈和垛的侧壁不增加。

（b）水磨石踢脚板、预制水磨石及其他块料面层踢脚板，均按图示尺寸以净长计算。

e. 水泥砂浆及水磨石楼梯面层。以水平投影面积计算，定额内已包括踢脚板及底面抹灰、刷浆工料。楼梯井在 50cm 以内者不予扣除。

f. 散水。按外墙外边线的长度乘以宽度以"m²"计算（台阶、坡道所占的长度不扣除，四角延伸部分不增加）。

g. 坡道。以水平投影面积计算。

h. 各类台阶。均以水平投影面积计算，定额内已包括面层及面层下的砌砖或混凝土的工料。

5.4.2.7 屋面工程量计算

（1）工作内容

工作内容主要包括保温层、找平层、卷材屋面及屋面排水等。

（2）工程量计算

① 一般规定：

a. 水泥瓦、黏土瓦的规格与定额不同时，除瓦的数量可以换算外，其他工料均不得调整。

b. 铁皮屋面及铁皮排水项目，铁皮咬口和搭接的工料包括在定额内不另计算。铁皮厚度如与定额规定不同时，允许换算，其他工料不变。刷冷底子油一遍已综合在定额内，不另计算。

② 工程量计算规则：

a. 保温层。按图示尺寸的面积乘平均厚度以"m³"计算，不扣除烟囱、风帽及水斗斜沟所占面积。

b. 瓦屋面。按图示尺寸的屋面投影面积乘屋面坡度延尺系数以"m²"计算，不扣除房上烟囱、风帽底座、风道、屋面小气窗和斜沟等所占面积，屋面小气窗出檐与屋面重叠部分的面积不增加，但天窗出檐部分重叠的面积应计入相应屋面工程量内。瓦屋面的出线、披水、梢头抹灰、脊瓦等工料均已综合在定额内，不另计算。

c. 卷材屋面。按图示尺寸的水平投影面积乘屋面坡度延尺系数以"m^2"计算，不扣除房上烟囱、风帽底座、风道斜沟等所占面积，其根部弯起部分不另计算。天窗出沿部分重叠的面积应按图示尺寸以"m^2"计算，并入卷材屋面工程量内，如图纸未注明尺寸，伸缩缝、女儿墙可按 25cm 计算，天窗处可按 50cm 计算，局部增加层数时，另计增加部分。

d. 水落管长度。按图示尺寸以展开长度计算。如无图示尺寸，由沿口下皮算至设计室外地坪以上 15cm 为止，上端与铸铁弯头连接者，算至接头处。

e. 屋面抹水泥砂浆找平层。屋面抹水泥砂浆找平层的工程量与卷材屋面相同。

5.4.2.8 装饰工程量计算

（1）工作内容　工作内容主要包括抹白灰砂浆、抹水泥砂浆等。

（2）工程量计算

① 一般规定：

a. 抹灰厚度及砂浆种类，一般不得换算。

b. 抹灰不分等级，定额水平是根据园林建筑质量要求较高的情况综合考虑的。

c. 阳台、雨篷抹灰定额内已包括底面抹灰及刷浆，不另行计算。

d. 凡室内净高超过 3.6m 的内檐装饰，其所需脚手架可另行计算。

e. 内檐墙面抹灰综合考虑了抹水泥窗台板，如设计要求做法与定额不同时可以换算。

f. 设计要求抹灰厚度与定额不同时，定额内砂浆体积应按比例调整，人工、机械不得调整。

② 工程量计算规则：

a. 工程量均按设计图示尺寸计算。

b. 顶棚抹灰。

（a）顶棚抹灰面积。以主墙内的净空面积计算，不扣除间壁墙、垛、柱、所占的面积，带有钢筋混凝土梁的顶棚，梁的两侧抹灰面积应并入顶棚抹灰工程量内计算。

（b）密肋梁和井字梁顶棚抹灰面积。以展开面积计算。

（c）檐口顶棚的抹灰。并入相同的顶棚抹灰工程量内计算。

（d）有坡度及拱顶的顶棚抹灰面积。按展开面积以"m^2"计算。

c. 内墙面抹灰。

（a）内墙面抹灰面积。应扣除门、窗洞口和空圈所占的面积，不扣除踢脚板、挂镜线以及面积在 0.3m^2 以内的孔洞和墙与构件交接处的面积。洞口侧壁和顶面不增加，但垛的侧面抹灰应与内墙面抹灰的工程量合并计算。

内墙面抹灰的长度以主墙间的图示净长尺寸计算，其高度确定如下：

无墙裙有踢脚板，其高度由地或楼面算至板或顶棚下皮；有墙裙无踢脚板，其高度按墙裙顶点至顶棚底面另增加 10cm 计算。

(b) 内墙裙抹灰面积。以长度乘高度计算，应扣除门窗洞口和空圈所占面积，并增加窗洞口和空圈的侧壁和顶面的面积。垛的侧壁面积并入墙裙内计算。

(c) 吊顶顶棚的内墙面抹灰。其高度按楼地面顶面至顶棚底面另加 10cm 计算。

(d) 墙中的梁、柱等的抹灰。按墙面抹灰定额计算，其凸出墙面的梁、柱抹灰工程量按展开面积计算。

d. 外墙面抹灰。

(a) 外墙抹灰。应扣除门、窗洞口和空圈所占的面积，不扣除面积在 $0.3m^2$ 以内的孔洞面积。门窗洞口及空圈的侧壁、垛的侧面抹灰，并入相应的墙面抹灰中计算。

(b) 外墙窗间墙抹灰。以展开面积按外墙抹灰相应定额计算。

(c) 独立柱及单梁等抹灰。应另列项目，其工程量按结构设计尺寸断面计算。

(d) 外墙裙抹灰。按展开面积计算，门口和空圈所占面积应扣除，侧壁并入相应定额计算。

(e) 阳台、雨篷抹灰。按水平投影面积计算，其中定额包括底面、上面、侧面及牛腿的全部抹灰面积。阳台的栏杆、栏板抹灰应另列项目，按相应定额计算。

(f) 挑檐、天沟、腰线、栏杆扶手、门窗套、窗台线压顶等结构设计尺寸断面。以展开面积按相应定额以"m^2"计算。窗台线与腰线连接时，并入腰线内计算。

外窗台抹灰长度，如设计图纸无规定，可按窗外围宽度两边加 20cm 计算，窗台展开宽度按 36cm 计算。

(g) 水泥字。水泥字按"个"计算。

(h) 栏板、遮阳板抹灰。以展开面积计算。

(i) 水泥黑板，布告栏。按框外围面积计算，黑板边框抹灰及粉笔灰槽已考虑在定额内，不得另行计算。

(j) 镶贴各种块料面层。均按设计图示尺寸以展开面积计算。

(k) 池槽等。按图示尺寸以展开面积计算。

e. 刷浆，水质涂料工程。

(a) 墙面。按垂直投影面积计算，应扣除墙裙的抹灰面积，不扣除门窗洞口面积，但垛侧壁、门窗洞口侧壁、顶面不增加。

(b) 顶棚。按水平投影面积计算，不扣除间壁墙、垛、柱、附墙烟囱、检查洞所占面积。

f. 勾缝。按墙面垂直投影面积计算，应扣除墙面和墙裙抹灰面积，不扣除门窗套和腰线等零星抹灰及门窗洞口所占面积，但垛和门窗洞口侧壁和顶面的勾缝面积不增加。独立柱、房上烟囱勾缝按图示外形尺寸以"m^2"计算。

g. 墙面贴壁纸。按图示尺寸以实铺面积计算。

5.4.2.9　金属结构工程量计算

（1）工作内容　工作内容主要包括柱、梁、屋架等。

（2）工程量计算

① 一般规定：

a. 构件制作是按焊接为主考虑的。构件局部采用螺栓连接的情况，已考虑在定额内不再换算；如果构件以铆接为主，应另行补充定额。

b. 刷油定额中一般均综合考虑了金属面调和漆两遍。如设计要求与定额不同时，按装饰分部油漆定额换算。

c. 定额中的钢材价格是按各种构件的常用材料规格和型号综合测算取定的，编制预算时不得调整。如设计采用低合金钢，允许换算定额中的钢材价格。

② 工程量计算规则：

a. 构件制作、安装、运输工程量：均按设计图纸的钢材质量计算，所需的螺栓、电焊条等的质量已包括在定额内，不另增加。

b. 钢材质量计算：按设计图纸的主材几何尺寸以"t"计算，均不扣除孔眼、切肢、切边的质量，多边形按矩形计算。

c. 钢柱工程量：计算钢柱工程量时，依附于柱上的牛腿及悬臂梁的主材质量，应并入柱身主材质量计算，套用钢柱定额。

5.4.2.10　园林小品工程量计算

（1）工作内容

① 园林景观小品，是指园林建设中的工艺点缀品，艺术性较强，它包括堆塑装饰和小型钢筋混凝土、金属构件等小型设施。

② 园林小摆设是，指各种仿匾额、花瓶、花盆、石鼓、坐凳、小型水盆、花坛池、花架等。

（2）工程量计算

① 堆塑装饰工程分别按展开面积以"m^2"计算。

② 小型设施工程量预制或现制水磨石景窗、平板凳、花檐、角花、博古架、飞来椅、木纹板的工作内容包括：制作、安装及拆除模板，制作及绑扎钢筋，制作及浇捣混凝土，砂浆抹平，构件养护，面层磨光及现场安装。

a. 预制或现制水磨石景窗、平板凳、花檐、角花、博古架的工程量均按不同水磨石断面面积、预制或现制，以其长度计算，计量单位为"10m"。

b. 水磨木纹板的工程量按不同水磨程度，以其面积计算。制作工程量计量单位为"m^2"，安装工程量计量单位为"$10m^2$"。

5.4.3　园林景观工程清单工程量计算规则

5.4.3.1　堆塑假山

堆塑假山工程量清单项目设置、项目特征描述的内容、计量单位及工程量计算规则，应按表 5-63 的规定执行。

5.4.3.2　原木、竹构件

原木、竹构件工程量清单项目设置、项目特征描述的内容、计量单位及工程量计算规则，应按表 5-64 的规定执行。

5.4.3.3　亭廊屋面

亭廊屋面工程量清单项目设置、项目特征描述的内容、计量单位及工程量计算规则，应按表 5-65 的规定执行。

5.4.3.4　花架

花架工程量清单项目设置、项目特征描述的内容、计量单位及工程量计算规则，应按表 5-66 的规定执行。

5.4.3.5　园林桌椅

园林桌椅工程量清单项目设置、项目特征描述的内容、计量单位及工程量计算规则，应按表 5-67 的规定执行。

5.4.3.6　喷泉安装

喷泉安装工程量清单项目设置、项目特征描述的内容、计量单位及工程量计算规则，应按表 5-68 的规定执行。

5.4.3.7　杂项

杂项工程量清单项目设置、项目特征描述的内容、计量单位及工程量计算规则，应按表 5-69 的规定执行。

5.4.3.8　园林景观工程清单相关问题及说明

① 混凝土构件中的钢筋项目应按现行国家标准《房屋建筑与装饰工程工程量计算规范》（GB 50854—2013）中相应项目编码。

② 石浮雕、石镂字应按现行国家标准《仿古建筑工程工程量计算规范》（GB 50855—2013）附录 B 中的相应项目编码列项。

5.4.4　园林景观工程清单工程量计算常用数据

（1）假山工程量计算公式如下：

$$W = AHRK_n \tag{5-10}$$

式中　W——石料质量，t；

　　　　A——假山平面轮廓的水平投影面积，m^2；

　　　　H——假山着地点至最高顶点的垂直距离，m；

　　　　R——石料密度，黄（杂）石 2.6t/m^3、湖石 2.2t/m^3；

　　　　K_n——折算系数，高度在 2m 以内 $K_n=0.65$，高度在 4m 以内 $K_n=0.56$。

表5-63 堆塑假山（编码：050301）

项目编码	项目名称	项目特征	计量单位	工程量计算规则	工程内容
050301001	堆筑土山丘	1. 土丘高度 2. 土丘坡度要求 3. 土丘底外接矩形面积	m³	按设计图示山丘水平投影外接矩形面积乘以高度的1/3以体积计算	1. 取土、运土 2. 堆砌、夯实 3. 修整
050301002	堆砌石假山	1. 堆砌高度 2. 石料种类、单块质量 3. 混凝土强度等级 4. 砂浆强度等级、配合比	t	按设计图示尺寸以质量计算	1. 选料 2. 起重架搭、拆 3. 堆砌、修整
050301003	塑假山	1. 假山高度 2. 骨架材料种类、规格 3. 山皮料料种类 4. 混凝土强度等级 5. 砂浆强度等级、配合比 6. 防护材料种类	m²	按设计图示尺寸以展开面积计算	1. 骨架制作 2. 假山胎模制作 3. 塑假山 4. 山皮料安装 5. 刷防护材料
050301004	石笋	1. 石笋高度 2. 石笋材料种类 3. 砂浆强度等级、配合比	支	1. 以块（支、个）计量，按设计图示数量计算	1. 选石料 2. 石笋安装
050301005	点风景石	1. 石料种类 2. 石料规格、质量 3. 砂浆配合比	1. 块 2. t	2. 以吨计量，按设计图示石料质量计算	1. 选石料 2. 起重架搭、拆 3. 点石

续表

项目编码	项目名称	项目特征	计量单位	工程量计算规则	工程内容
050301006	池石、盆景山	1. 底盘种类 2. 山石高度 3. 山石种类 4. 混凝土砂浆强度等级 5. 砂浆强度等级配合比	1. 座 2. 个	1. 以座计量,按设计图示数量计算 2. 以吨计量,按设计图示石料质量计算	1. 底盘制作、安装 2. 池、盆景山石安装、砌筑
050301007	山(卵)石护角	1. 石料种类、规格 2. 砂浆配合比	m^3	按设计图示尺寸以体积计算	1. 石料加工 2. 砌石
050301008	山坡(卵)石台阶	1. 石料种类、规格 2. 台阶坡度 3. 砂浆强度等级	m^2	按设计图示尺寸以水平投影面积计算	1. 选石料 2. 台阶砌筑

注: 1. 假山(堆筑土山丘除外)工程的挖土方、开凿石方、回填等应按现行国家标准《房屋建筑与装饰工程工程量计算规范》(GB 50854—2013)相关项目编码列项。

2. 如遇某些构配件使用钢筋混凝土或金属构件时,应按现行国家标准《房屋建筑与装饰工程工程量计算规范》(GB 50854—2013)或《市政工程工程量计算规范》(GB 50857—2013)相关项目编码列项。

3. 散铺河滩石按点风景石项目单独编码列项。

4. 堆筑土山丘,适用于荞填、堆筑而成。

表 5-64 原木、竹构件（编码：050302）

项目编码	项目名称	项目特征	计量单位	工程量计算规则	工程内容
050302001	原木（带树皮）柱、梁、檩、椽	1. 原木种类 2. 原木（梢）径（不含树皮厚度）	m	按设计图示尺寸以长度计算（包括榫长）	
050302002	原木（带树皮）墙	3. 墙龙骨材料种类,规格 4. 墙底层材料种类,规格	m²	按设计图示尺寸以面积计算（不包括柱,梁）	
050302003	树枝吊挂楣子	5. 构件联结方式 6. 防护材料种类		按设计图示尺寸以框外围面积计算	1. 构件制作 2. 构件安装 3. 刷防护材料
050302004	竹柱、梁、檩、椽	1. 竹种类 2. 竹（直）梢径 3. 连接方式 4. 防护材料种类	m	按设计图示尺寸以长度计算	
050302005	竹编墙	1. 竹种类 2. 墙龙骨材料种类,规格 3. 墙底层材料种类,规格 4. 防护材料种类	m²	按设计图示尺寸以面积计算（不包括柱,梁）	
050302006	竹吊挂楣子	1. 竹种类 2. 竹梢径 3. 防护材料种类		按设计图示尺寸以框外围面积计算	

注：1. 木构件连接方式应包括：开榫连接、铁件连接、扒钉连接、铁钉连接。

2. 竹构件连接方式应包括：竹钉固定、竹篾绑扎、铁丝连接。

表 5-65 亭廊屋面（编码：050303）

项目编码	项目名称	项目特征	计量单位	工程量计算规则	工程内容
050303001	草屋面	1. 屋面坡度	m²	按设计图示尺寸以斜面计算	1. 整理、选料 2. 屋面铺设 3. 刷防护材料
050303002	竹屋面	2. 铺草种类 3. 竹材种类 4. 防护材料种类		按设计图示尺寸以实铺面积计算（不包括柱、梁）	
050303003	树皮屋面			按设计图示尺寸以屋面结构外围面积计算	
050303004	油毡瓦屋面	1. 冷底子油品种 2. 冷底子油涂刷遍数 3. 油毡瓦颜色规格		按设计图示尺寸以斜面计算	1. 清理基层 2. 材料裁接 3. 刷油 4. 铺设
050303005	预制混凝土弯顶	1. 弯顶弧长、直径 2. 肋截面尺寸 3. 板厚 4. 混凝土强度等级 5. 拉杆材质、规格	m³	按设计图示尺寸以体积计算。混凝土脊和弯顶芽顶的肋、基梁并入屋面体积	1. 模版制作、运输、安装、拆除、保养 2. 混凝土制作、运输、浇筑、振捣、养护 3. 构建运输、安装 4. 砂浆制作、运输 5. 接头灌缝、养护

续表

项目编码	项目名称	项目特征	计量单位	工程量计算规则	工程内容
050303006	彩色压型钢板（夹芯板）攒尖亭屋面板	1. 屋面坡度 2. 弯顶弧长、直径 3. 彩色压型钢板（夹芯）板品种、规格 4. 拉杆材质、规格 5. 嵌缝材料种类 6. 防护材料种类	m²	按设计图示尺寸以实铺面积计算	1. 压型板安装 2. 护角、包角、泛水安装 3. 嵌缝 4. 刷防护材料
050303007	彩色压型钢板（夹芯板）弯顶				
050303008	玻璃屋面	1. 屋面坡度 2. 龙骨材质、规格 3. 玻璃材质、规格 4. 防护材料种类			1. 制作 2. 运输 3. 安装
050303009	支（防腐木）屋面	1. 木（防腐木）种类 2. 防护层处理			

注: 1. 柱顶石（磉蹬石）、钢筋混凝土屋面板、钢筋混凝土亭屋面板、木柱、木屋架、钢柱、钢屋架、屋面木基层和防水层等，应按现行国家标准《房屋建筑与装饰工程工程量计算规范》（GB 50854—2013）中相关项目编码列项。
2. 膜结构的亭、廊，应按现行国家标准《仿古建筑工程工程量计算规范》（GB 50854—2013）中相关项目编码列项。
3. 竹构件连接方式应包括：竹钉固定、竹篾绑扎、铁丝连接。

表 5-66 花架（编码：050304）

项目编码	项目名称	项目特征	计量单位	工程量计算规则	工程内容
050304001	现浇混凝土花架柱、梁	1. 柱截面、高度、根数 2. 盖梁截面、高度、根数 3. 连系梁截面、高度、根数 4. 混凝土强度等级	m³	按设计图示尺寸以体积计算	1. 模板制作、运输、安装、拆除、保养 2. 混凝土制作、运输、浇筑、振捣、养护
050304002	预制混凝土花架柱、梁	1. 柱截面、高度、根数 2. 盖梁截面、高度、根数 3. 连系梁截面、高度、根数 4. 混凝土强度等级 5. 砂浆配合比			1. 模板制作、运输、安装、拆除、保养 2. 混凝土制作、运输、浇筑、振捣、养护 3. 构件安装 4. 砂浆制作、运输 5. 接头灌缝、养护
050304003	金属花架柱、梁	1. 钢材品种、规格 2. 柱、梁截面 3. 油漆品种、刷漆遍数	t	按设计图示以质量计算	1. 制作、运输 2. 安装 3. 油漆
050304004	木花架柱、梁	1. 木材种类 2. 柱、梁截面 3. 连接方式 4. 防护材料种类	m³	按设计图示截面面乘长度（包括榫长）以体积计算	1. 构件制作、运输、安装 2. 刷防护材料、油漆
050304005	竹花架柱、梁	1. 竹种类 2. 竹胸径 3. 油漆品种、刷漆遍数	1. m 2. 根	1. 以长度计量，按设计图示架构件尺寸以延长米计算 2. 以根计量，按设计图示花架柱、梁数量计算	1. 制作 2. 运输 3. 安装 4. 油漆

注：花架基础、玻璃天棚、表面装饰及涂料项目应按现行国家标准《房屋建筑与装饰工程工程量计算规范》（GB 50854—2013）中相关项目编码列项。

表5-67 园林桌椅（编码：050305）

项目编码	项目名称	项目特征	计量单位	工程量计算规则	工程内容
050305001	预制钢筋混凝土飞来椅	1. 座凳面厚度、宽度 2. 靠背扶手截面 3. 靠背截面 4. 座凳楣子形状、尺寸 5. 混凝土强度等级 6. 砂浆配合比	m	按设计图示尺寸以座凳面中心线长度计算	1. 模板制作、运输、安装、拆除、保养 2. 混凝土制作、运输、浇筑、振捣、养护 3. 构件运输、安装 4. 砂浆制作、运输、抹面、养护 5. 接头灌缝、养护
050305002	水磨石飞来椅	1. 座凳面厚度、宽度 2. 靠背扶手截面 3. 靠背截面 4. 座凳楣子形状、尺寸 5. 砂浆配合比			1. 砂浆制作、运输 2. 制作 3. 运输 4. 安装
050305003	竹制飞来椅	1. 竹材种类 2. 座凳面厚度、宽度 3. 靠背扶手截面 4. 靠背截面 5. 座凳楣子形状 6. 铁件尺寸、厚度 7. 防护材料种类			1. 座凳面、靠背扶手、靠背、楣子制作、安装 2. 铁件安装 3. 刷防护材料

续表

项目编码	项目名称	项目特征	计量单位	工程量计算规则	工程内容
050305004	现浇混凝土桌凳	1. 座凳形状 2. 基础尺寸、埋设深度 3. 桌面尺寸、支墩高度 4. 凳面尺寸、支墩高度 5. 混凝土强度等级、砂浆配合比	个	按设计图示数量计算	1. 模板制作、运输、安装、拆除、保养 2. 混凝土制作、运输、浇筑、振捣、养护 3. 砂浆制作、运输
050305005	预制混凝土桌凳	1. 座凳形状 2. 基础形状、尺寸、埋设深度 3. 桌面形状、尺寸、支墩高度 4. 凳面尺寸、支墩高度 5. 混凝土强度等级 6. 砂浆配合比			1. 模板制作、运输、安装、拆除、保养 2. 混凝土制作、运输、浇筑、振捣、养护 3. 构件运输、安装 4. 砂浆制作、运输 5. 接头灌缝、养护
050305006	桌凳石桌石	1. 石材种类 2. 基础形状、尺寸、埋设深度 3. 桌面形状、尺寸、支墩高度 4. 凳面尺寸、支墩高度 5. 混凝土强度等级 6. 砂浆配合比			1. 土方挖运 2. 桌凳制作 3. 桌凳运输 4. 桌凳安装 5. 砂浆制作、运输

续表

项目编码	项目名称	项目特征	计量单位	工程量计算规则	工程内容
050305007	水磨石桌凳	1. 基础形状、尺寸、埋设深度 2. 桌面形状、尺寸、支墩高度 3. 凳面尺寸、支墩高度 4. 混凝土强度等级 5. 砂浆配合比	个	按设计图示数量计算	1. 桌凳制作 2. 桌凳运输 3. 桌凳安装 4. 砂浆制作、运输
050305008	塑树根桌凳	1. 桌凳直径 2. 桌凳高度 3. 砖石种类 4. 砂浆强度等级、配合比 5. 颜料品种、颜色			1. 砂浆制作、运输 2. 砖石砌筑 3. 塑树皮 4. 绘制木纹
050305009	塑树节椅				
050305010	塑料、铁艺、金属椅	1. 木座板面截面 2. 座椅规格、颜色 3. 混凝土强度等级 4. 防护材料种类			1. 制作 2. 安装 3. 刷防护材料

注：木制飞来椅按现行国家标准《仿古建筑工程工程量计算规范》（GB 50855—2013）相关项目编码列项。

表5-68 喷泉安装（编码：050306）

项目编码	项目名称	项目特征	计量单位	工程量计算规则	工程内容
050306001	喷泉管道	1. 管材、管件、阀门、喷头品种 2. 管道固定方式 3. 防护材料种类	m	按设计图示管道中心线长度以延长米计算	1. 土（石）方挖运 2. 管材、管件、阀门、喷头安装 3. 刷防护材料 4. 回填
050306002	喷泉电缆	1. 保护管品种、规格 2. 电缆品种、规格		按设计图示单根电缆长度以延长米计算	1. 土（石）方挖运 2. 电缆保护管安装 3. 电缆敷设 4. 回填
050306003	水下艺术装饰灯具	1. 灯具品种、规格 2. 灯光颜色	套	按设计图示数量计算	1. 灯具安装 2. 支架制作、运输、安装
050306004	电气控制柜	1. 规格、型号 2. 安装方式	台		1. 电气控制柜（箱）安装 2. 系统调试
050306005	喷泉设备	1. 设备品种 2. 设备规格、型号 3. 防护网品种、规格			1. 设备安装 2. 系统调试 3. 防护网安装

注：1. 喷泉水池应按现行国家标准《房屋建筑与装饰工程工程量计算规范》（GB 50854—2013）中相关项目编码列项。
2. 管架项目按现行国家标准《房屋建筑与装饰工程工程量计算规范》（GB 50854—2013）中"钢支架"项目单独编码列项。

表 5-69 杂项（编码：050307）

项目编码	项目名称	项目特征	计量单位	工程量计算规则	工程内容
050307001	石灯	1. 石料种类 2. 石灯最大载面 3. 石灯高度 4. 砂浆配合比	个	按设计图示数量计算	1. 制作 2. 安装
050307002	石球	1. 石料种类 2. 球体直径 3. 砂浆配合比			
050307003	塑仿石音箱	1. 音箱内空尺寸 2. 铁丝型号 3. 砂浆配合比 4. 水泥漆颜色			1. 胎模制作、安装 2. 铁丝网制作、安装 3. 砂浆制作、运输 4. 喷水泥漆 5. 埋置仿石音箱
050307004	塑树皮梁、柱	1. 塑树种类 2. 塑竹种类 3. 砂浆配合比 4. 喷字规格、颜色 5. 油漆品种、颜色	1. m² 2. m	1. 以平方米计量，按设计图示尺寸以梁柱外表面积计算 2. 以米计量，按设计图示尺寸以构件长度计算	1. 灰塑 2. 刷涂颜料
050307005	塑竹梁、柱				
050307006	铁艺栏杆	1. 铁艺栏杆高度 2. 铁艺栏杆单位长度质量 3. 防护材料种类	m	按设计图示尺寸以长度计算	1. 铁艺栏杆安装 2. 刷防护材料
050307007	塑料栏杆	1. 栏杆高度 2. 塑料种类			1. 下料 2. 安装 3. 校正

续表

项目编码	项目名称	项目特征	计量单位	工程量计算规则	工程内容
050307008	钢筋混凝土艺术围栏	1. 围栏高度 2. 混凝土强度等级 3. 表面涂敷材料种类	1. m² 2. m	1. 以平方米计量，按设计图示尺寸以面积计算 2. 以米计量，按设计图示尺寸以延长米计算	1. 制作 2. 运输 3. 安装 4. 砂浆制作、运输 5. 接头灌缝、养护
050307009	标志牌	1. 材料种类、规格 2. 镌字规格、种类 3. 喷字规格、颜色 4. 油漆品种、颜色	个	按设计图示数量计算	1. 选料 2. 标志牌制作 3. 雕凿 4. 镌字、喷字 5. 运输、安装 6. 刷油漆
050307010	景墙	1. 土质类别 2. 垫层材料种类 3. 基础材料种类、规格 4. 墙体材料种类、规格 5. 墙体厚度 6. 混凝土、砂浆强度等级、配合比 7. 饰面材料种类	1. m³ 2. 段	1. 以立方米计量，按设计图示尺寸以体积计算 2. 以段计量，按设计图示数量计算	1. 土(石)方挖运 2. 垫层、基础铺设 3. 墙体砌筑 4. 面层铺贴

续表

项目编码	项目名称	项目特征	计量单位	工程量计算规则	工程内容
050307011	景窗	1. 景窗材料品种、规格 2. 混凝土强度等级 3. 砂浆强度等级、配合比 4. 涂刷材料品种	m²	按设计图示尺寸以面积计算	1. 制作 2. 运输 3. 砌筑安放 4. 勾缝 5. 表面涂刷
050307012	花饰	1. 花饰材料品种、规格 2. 砂浆配合比 3. 涂刷材料品种			
050307013	博古架	1. 博古架材料品种、规格 2. 混凝土强度等级 3. 砂浆配合比 4. 涂刷材料品种	1. m² 2. m 3. 个	1. 以平方米计量,按设计图示尺寸以面积计算 2. 以米计量,按设计图示尺寸以延长米计算 3. 以个计量,按设计图示数量计算	1. 制作 2. 运输 3. 安放
050307014	花盆(坛、箱)	1. 花盆(坛)的材质及类型 2. 规格尺寸 3. 混凝土强度等级 4. 砂浆配合比	个	按设计图示尺寸以数量计算	
050307015	摆花	1. 花盆(钵)的材质及类型 2. 花并品种与规格	1. m² 2. 个	1. 以平方米计量,按设计图示尺寸以水平投影面积计算 2. 以个计量,按设计图示数量计算	1. 搬运 2. 安放 3. 养护 4. 撤收

续表

项目编码	项目名称	项目特征	计量单位	工程量计算规则	工程内容
050307016	花池	1. 土质类别 2. 池壁材料种类、规格 3. 混凝土、砂浆强度等级、配合比 4. 饰面材料种类	1. m³ 2. m 3. 个	1. 以立方米计量，按设计图示尺寸以体积计算 2. 以米计量，按设计图示尺寸以池壁中心线处延长米计算 3. 以个计量，按设计图示数量计算	1. 基层铺设 2. 基础砌（浇）筑 3. 墙体砌（浇）筑 4. 面层铺贴
050307017	垃圾箱	1. 垃圾箱材质 2. 规格尺寸 3. 混凝土强度等级 4. 砂浆配合比	个	按设计图示尺寸以数量计算	1. 制作 2. 运输 3. 安放
050307018	砖石砌小摆设	1. 砖种类、规格 2. 石种类、规格 3. 砂浆强度等级、配合比 4. 石表面加工要求 5. 勾缝要求	1. m³ 2. 个	1. 以立方米计量，按设计图示尺寸以体积计算 2. 以个计量，按设计图示尺寸以数量计算	1. 砂浆制作、运输 2. 砌砖、石 3. 抹面、养护 4. 勾缝 5. 石表面加工
050307019	其他景观小摆设	1. 名称及材质 2. 规格尺寸	个	按设计图示尺寸以数量计算	1. 制作 2. 运输 3. 安装
050307020	柔性水池	1. 水池深度 2. 防水（漏）材料	m²	按设计图示尺寸以水平投影面积计算	1. 清理基层 2. 材料裁接 3. 铺设

注：砌筑果皮箱，放置盆景的须弥座等，应按砖石砌小摆设项目编码列项。

峰石、景石、散点、踏步等工程量的计算公式：

$$W_单 = L_均 B_均 H_均 R \tag{5-11}$$

式中 $W_单$——山石单体质量，t；

  $L_均$——长度方向的平均值，m；

  $B_均$——宽度方向的平均值，m；

  $H_均$——高度方向的平均值，m；

  R——石料密度（同前式）。

（2）喷泉安装工程中常用喷头的技术参数见表 5-70。

表 5-70 常用喷头的技术参数

序号	品名	规格	技术参数				水面立管高度/cm	接管
			工作压力/MPa	喷水量/(m³/h)	喷射高度/m	覆盖直径/m		
1	可调直流喷头	G½″	0.05～0.15	0.7～1.6	3～7	—	+2	外丝
2		G¾″	0.05～0.15	1.2～3	3.5～8.5	—	+2	外丝
3		G1″	0.05～0.15	3～5.5	4～11		+2	外丝
4	半球喷头	G″	0.01～0.03	1.5～3	0.2	0.7～1	+15	外丝
5		G1½″	0.01～0.03	2.5～4.5	0.2	0.9～1.2	+20	外丝
6		G2″	0.01～0.03	3～6	0.2	1～1.4	+25	外丝
7	牵牛花喷头	G1″		1.5～3	0.5～0.8	0.5～0.7	+10	外丝
8		G1½″	0.01～0.03	2.5～4.5	0.7～1.0	0.7～0.9	+10	外丝
9		G2″	0.01～0.03	3～6	0.9～1.2	0.9～1.1	+10	外丝
10	树冰型喷头	G1″	0.10～0.20	4～8	4～6	1～2	−10	内丝
11		G1½″	0.15～0.30	6～14	6～8	1.5～2.5	−15	内丝
12		G2″	0.20～0.40	10～20	5～10	2～3	−20	内丝
13	鼓泡喷头	G1″	0.15～0.25	3～5	0.5～1.5	0.4～0.6	−20	内丝
14		G1½″	0.2～0.3	8～10	1～2	0.6～0.8	−25	内丝
15	加气鼓泡喷头	G1½″	0.2～0.3	8～10	1～2	0.6～0.8	−25	外丝
16		G2″	0.3～0.4	10～20	1.2～2.5	0.8～1.2	−25	外丝
17	加气喷头	G2″	0.1～0.25	6～8	2～4	0.8～1.1	−25	外丝
18	花柱喷头	G1″	0.05～0.1	4～6	1.5～3	2～4	+2	内丝
19		G1½″	0.05～0.1	6～10	2～4	4～6	+2	内丝
20		G2″	0.05～0.1	10～14	3～5	6～8	+2	内丝

续表

序号	品名	规格	技术参数				水面立管高度/cm	接管
			工作压力/MPa	喷水量/(m³/h)	喷射高度/m	覆盖直径/m		
21	旋转喷头	G1″	0.03～0.05	2.5～3.5	1.5～2.5	1.5～2.5	+2	内丝
22		G1½″	0.03～0.05	3～5	2～4	2～3	+2	外丝
23	摇摆喷头	G½″	0.05～0.15	0.7～1.6	3～7	—	—	外丝
24		G¾″	0.05～0.15	1.2～3	3.5～8.5	—		外丝
25	水下接线器	6头	—	—	—	—	—	—
26		8头	—	—	—	—	—	—

（3）草袋围堰的草袋装土及堰心填土数量见表 5-71。

表 5-71　草袋围堰的草袋装土及堰心填土数量　　　　　　　　　单位：m³

围堰提高	1.5m 以上	2m 以上	2.5m 以上
草袋装上	3.00	4.00	5.00
堰心填土	0.49	1.20	2.19
每米用土量	3.49	5.20	7.19

（4）砖墙大放脚折加高度见表 5-72。

5.4.5　园林景观工程工程量计算实例

【例 5-16】　设一砖墙基础，长 120m，厚 365mm（1½砖），每隔 10m 设有附墙砖垛，墙垛断面尺寸为：突出墙面 250mm，宽 490mm，砖基础高度 1.85m，墙基础等高放脚 5 层，最底层放脚高度为二皮砖，试计算砖墙基础工程量。

【解】

（1）条形墙基工程量

按公式及查表，大放脚增加断面面积为 0.2363m²，则：

墙基体积=120×(0.365×1.85+0.2363)=109.386(m³)

（2）垛基工程量

按题意，垛数 $n=13$ 个，$d=0.25$，则：

垛基体积=(0.49×1.85+0.2363)×0.25×13=3.714(m³)

或查表计算垛基工程量=(0.1225×1.85+0.059)×13=3.713(m³)

（3）砖墙基础工程量

$V=109.386+3.714=113.1(m³)$

表 5-72 砖墙大放脚折加高度

放脚层高	$\frac{1}{2}$砖(0.115) 等高	不等高	1砖(0.24) 等高	不等高	$1\frac{1}{2}$砖(0.365) 等高	不等高	2砖(0.49) 等高	不等高	$2\frac{1}{2}$砖(0.615) 等高	不等高	3砖(0.74) 等高	不等高	增加断面/m² 等高	不等高
一	0.137	0.137	0.066	0.066	0.043	0.043	0.032	0.032	0.026	0.026	0.021	0.021	0.01575	0.01575
二	0.411	0.342	0.197	0.164	0.129	0.108	0.096	0.08	0.077	0.064	0.064	0.053	0.04725	0.03938
三	—	—	0.394	0.328	0.259	0.216	0.193	0.161	0.154	0.128	0.128	0.106	0.0945	0.07875
四	—	—	0.656	0.525	0.432	0.345	0.321	0.257	0.256	0.205	0.213	0.17	0.1575	0.126
五	—	—	0.984	0.788	0.647	0.518	0.402	0.386	0.384	0.307	0.319	0.255	0.2363	0.189
六	—	—	1.378	1.083	0.906	0.712	0.675	0.53	0.538	0.419	0.447	0.351	0.3308	0.259
七	—	—	1.838	1.444	1.208	0.949	0.90	0.707	0.717	0.563	0.596	0.468	0.441	0.3465
八	—	—	2.363	1.838	1.553	1.208	1.157	0.90	0.922	0.717	0.766	0.796	0.567	0.4410
九	—	—	2.953	2.297	1.942	1.51	1.447	1.125	1.153	0.896	0.958	0.745	0.7088	0.5513
十	—	—	3.61	2.789	2.373	1.834	1.768	1.366	1.409	1.088	1.171	0.905	0.8663	0.6694

【例 5-17】 如图 5-23 所示，某挡土墙工程用 M2.5 混合砂浆砌筑毛石，用原浆勾缝，长度 200m，求其工程量。

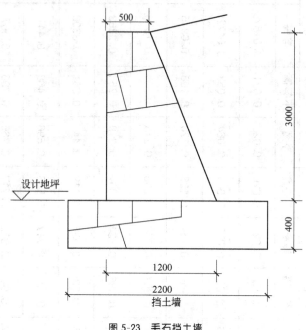

500

3000

400

设计地坪

1200

2200

挡土墙

图 5-23　毛石挡土墙

【解】

（1）石挡土墙的工程数量计算公式：

V 按设计图示尺寸以体积计算

则 M2.5 混合砂浆砌筑毛石，原浆勾缝毛石挡土墙工程数量计算如下：

$V=(0.5+1.2)\times 3/2\times 200=510.00(\mathrm{m}^3)$

（2）挡土墙毛石基础的工程数量计算公式：

V 按设计图示尺寸以体积计算

则 M2.5 混合砂浆砌筑毛石挡土墙基础工程数量计算如下：

$V=0.4\times 2.2\times 200=176.00(\mathrm{m}^3)$

注：挡土墙与基础的划分，以较低一侧的设计地坪为界，以下为基础，以上为墙身。

【例 5-18】 某街头绿地中有三面景墙，如图 5-24 所示，单个景墙如图 5-25 所示，计算景墙的工程量（已知景墙墙厚 300mm，压顶宽 350mm）。

【解】

景墙的尺寸均由图得出：

（1）平整场地

$S=长\times 宽\times 3=2.2\times 0.35\times 3=2.31(\mathrm{m}^2)$

（2）挖地槽

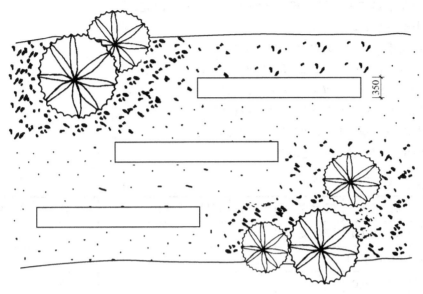

图 5-24 绿地中三面景墙

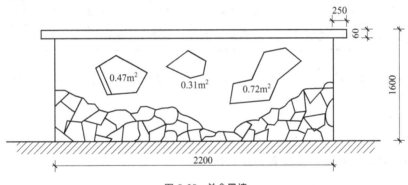

图 5-25 单个景墙

$V=长×宽×高（单个开挖）=2.2×0.35×(0.16+0.3)=0.3542（m^3）$

（3）回填土（单个景墙）

$V=挖土量×系数=0.3542×0.6=0.21252（m^3）$

（4）C10 混凝土基础垫层（单个景墙）

$V=长×垫层断面=2.2×0.35×0.16=0.1232（m^3）$

（5）砌墙面（单个景墙）

$V=长×墙体断面-窗$

已知长$=2.2m$，$S_{断面}=0.35×(1.6-0.1)=0.525（m^2）$

$V=[2.2×0.525-(0.47+0.31+0.72)×0.35]=0.63（m^3）$

（6）花岗石压顶（60mm 厚）

$S=长×宽=(2.2+0.05×2)×0.35×0.1=0.0805（m^2）$

一面景墙的工程量已知，在绿地中共三面，因此：

平整场地：2.31（m²）

挖地槽：$V=0.3542\times3=1.06$（m³）

回填土：$V=0.21252\times3=0.64$（m³）

C10 混凝土基础垫层：$V=0.1232\times3=0.37$（m³）

砌墙面：$V=0.63\times3=1.89$（m³）

花岗石压顶：$S=0.0805\times3=0.24$（m²）

清单工程量计算见表 5-73。

表 5-73 清单工程量计算表

序号	项目编码	项目名称	项目特征描述	工程量合计	计量单位
1	010101001001	平整场地	三类土	2.31	m²
2	010101004001	挖基础土方	条形基础，挖土深 0.45m	1.06	m³
3	010103001001	回填方	夯实	0.64	m³
4	010404001001	垫层	C10 混凝土基础垫层	0.37	m³
5	010401003001	实心砖墙	实心砖墙，墙厚 0.49m，墙高 1.4m	1.89	m³
6	050307010001	花岗石压顶	景墙花岗石压顶，宽 350mm	0.24	m³

【例 5-19】 五一节某广场摆放模纹花坛，花坛如图 5-26 所示，计算花坛的工程量。

【解】

单个花坛植丛长＝$\pi R=3.14\times6=18.84$（m）

单个花丛面积可依据三角形面积估算：

$$S=\frac{1}{2}\times底\times高（长）=\frac{1}{2}\times1\times2\times18.84=18.84（m^2）$$

注：花丛不同株高，不同种类苗木的价格不同，苗木价格则应根据设计量、规格、数量以及损耗量来计算。若苗木量按 m² 为单位，则面积即为图 5-26 所示。若苗木量按株为单位，则用面积÷苗木单株冠径面积求出株数，同时在栽植计算中也应考虑人工养护的费用。

【例 5-20】 有一人工塑假山（图 5-27），采用钢骨架，山高 9m 占地 28m²，假山地基为混凝土基础，35mm 厚砂石垫层，C10 混凝土厚 100mm，素土夯实。假山上有人工安置白果笋 1 支，高 2m；景石 3 块，平均长 2m；宽 1m，高 1.5m；零星点布石 5 块，平均长 1m，宽 0.6m，高 0.7m，风景石和零星点布石为黄石。假山山皮料为小块英德石，每块高 2m，宽 1.5m 共 60 块，需要人工运送 60m 远，试求其清单工程量。

【解】

（1）塑假山

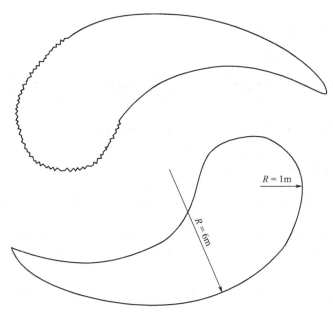

图 5-26　模纹花坛示意

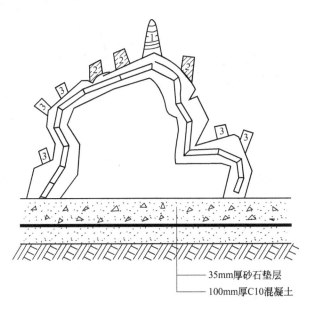

35mm厚砂石垫层
100mm厚C10混凝土

图 5-27　人工塑假山剖面图

1—白果笋；2—景石；3—零星点布石

假山面积：28m²

（2）石笋

白果笋：1支

（3）点风景石

景石：3 块

清单工程量计算见表 5-74。

表 5-74 清单工程量计算

序号	项目编码	项目名称	项目特征描述	工程量合计	计量单位
1	050301003001	塑假山	人工塑假山，钢骨架，山高9m，假山地基为混凝土基础，山皮料为小块英德石	28	m²
2	050301004001	石笋	高 2m	1	支
3	050301005001	点风景石	平均长 2m，宽 1m，高 1.5m	3	块

【例 5-21】 某以竹子为原料制作的亭子，亭子为直径 3m 的圆形，由 8 根直径 8cm 的竹子作柱子，4 根直径为 10cm 的竹子作梁，4 根直径为 7cm、长 1.6m 的竹子作檩条，64 根长 1.2m、直径为 5cm 的竹子作椽，并在檐枋下倒挂着竹子做的斜万字纹的竹吊挂楣子，宽 12cm，试求其清单工程量（结构布置如图 5-28 所示）。

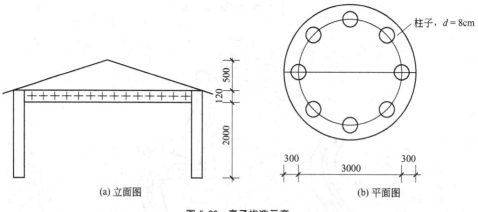

(a) 立面图　　　　　　　　　　(b) 平面图

图 5-28　亭子构造示意

【解】

清单工程量计算见表 5-75，分部分项工程和单价措施项目清单与计价见表 5-76。

表 5-75 清单工程量计算

工程名称：竹亭工程

序号	清单项目编码	清单项目名称	计算式	工程量合计	计量单位
1	050302004001	竹柱	竹柱子工程量＝2×8	16	m
2	050302004002	竹梁	竹梁工程量＝1.8×4	7.2	m
3	050302004003	竹檩	竹檩条工程量＝1.6×4	6.4	m

续表

序号	清单项目编码	清单项目名称	计算式	工程量合计	计量单位
4	050302004004	竹椽	竹椽工程量= 1.2×64	76.8	m
5	050302006001	竹吊挂楣子	亭子的周长×竹吊挂楣子宽度= 3.14×3×0.12	1.13	m²

表 5-76 分部分项工程和单价措施项目清单与计价

工程名称：竹亭工程

序号	项目编号	项目名称	项目特征描述	计量单位	工程数量	金额/元		
						综合单价	合价	其中：暂估价
1	050302004001	竹柱	竹柱直径为 8cm	m	16			
2	050302004002	竹梁	竹梁直径为 10cm	m	7.2			
3	050302004003	竹檩	竹檩条直径为 7cm	m	6.4			
4	050302004004	竹椽	竹椽直径为 5cm	m	76.8			
5	050302006001	竹吊挂楣子	斜万字纹吊挂楣子，宽 12cm	m²	1.13			
			合计					

Chapter 6

园林工程造价的编制与审核

6.1.1 设计概算的内容及作用

6.1.1.1 设计概算的内容

所谓设计概算，即初步设计概算，是指在初步设计或扩大初步设计阶段，由设计单位根据初步设计图纸、定额、指标、其他工程费用定额等，对工程投资进行的概略计算。设计概算是初步设计文件的重要组成部分，是确定工程设计阶段的投资的依据，经过批准的设计概算是控制工程建设投资的最高限额。

设计概算主要可以分为：单位工程概算、单项工程综合概算以及建设项目总概算三个等级。

6.1.1.2 设计概算的作用

设计概算的作用主要有以下几方面：

（1）设计概算是确定建设项目、各单项工程及各单位工程投资的依据 按照规定报请有关部门或单位批准的初步设计及总概算，一经批准即作为建设项目静态总投资的最高限额，不得任意突破，必须突破时须报原审批部门（单位）批准。

（2）设计概算是编制投资计划的依据　计划部门根据批准的设计概算编制建设项目年固定资产投资计划，并严格控制投资计划的实施。若建设项目实际投资数额超过了总概算，那么必须在原设计单位和建设单位共同提出追加投资的申请报告基础上，经上级计划部门审核批准后，方能追加投资。

（3）设计概算是进行拨款和贷款的依据　建设银行根据批准的设计概算和年度投资计划，进行拨款和贷款，并严格实行监督控制。对超出概算的部分，未经计划部门批准，建设银行不得追加拨款和贷款。

（4）设计概算是实行投资包干的依据　在进行概算包干时，单项工程综合概算及建设项目总概算是投资包干指标商定和确定的基础，尤其经上级主管部门批准的设计概算或修正概算，是主管单位和包干单位签订包干合同，控制包干数额的依据。

（5）设计概算是考核设计方案的经济合理性和控制施工图预算的依据　设计单位根据设计概算进行技术经济分析和多方案评价，以提高设计质量和经济效果。同时保证施工图预算在设计概算的范围内。

（6）设计概算是进行各种施工准备、设备供应指标、加工订货及落实各项技术经济责任制的依据。

（7）设计概算是控制项目投资、考核建设成本、提高项目实施阶段工程管理和经济核算水平的必要手段。

6.1.2　设计概算的编制

6.1.2.1　设计概算编制的依据

（1）经批准的建设项目计划任务书　计划任务书由国家或地方基建主管部门批准，其内容随建设项目的性质而异。一般包括建设目的、建设规模、建设理由、建设布局、建设内容、建设进度、建设投资、产品方案和原材料来源等。

（2）初步设计或扩大初步设计图纸和说明书　有了初步设计图纸和说明书，才能了解其设计内容和要求，并计算主要工程量，这些是编制设计概算的基础资料。

（3）概算指标、概算定额或综合预算定额　概算指标、概算定额和综合概算定额，是由国家或地方基建主管部门颁发的，是计算价格的依据，不足部分可参照预算定额或其他有关资料。

（4）设备价格资料　各种定型设备（如各种用途的泵、空压机、蒸汽锅炉等）均按国家有关部门规定的现行产品出厂价格计算；非标准设备按非标准设备制造厂的报价计算。此外，还应增加供销部门的手续费、包装费、运输费及采购包管等费用资料。

（5）地区工资标准和材料预算价格。

（6）有关取费标准和费用定额。

6.1.2.2 设计概算的编制方法

设计概算是从最基本的单位工程概算编制开始逐级汇总而成的。

（1）单位工程概算的编制方法 单位建筑工程设计概算是在初步设计或扩大初步设计阶段进行。它是利用国家颁发的概算定额、概算指标或综合预算定额等，按照设计要求进行概略地计算建筑物或构筑物的造价以及确定人工、材料和机械等需要量的一种方法。因此，它的特点是编制工作较为简单，但在精度上没有施工图预算准确。

一般情况下，施工图预算造价不允许超过设计概算造价，以便使设计概算能起着控制施工图预算的作用。所以，单位工程设计概算的编制，既要保证它的及时性，又要保证它的正确性。工程概算的编制方法包括扩大单价法、概算指标法、类似工程预算法等。

① 扩大单价法。当初步设计达到一定深度、结构比较明确时，可采用这种方法编制工程概算。

采用扩大单价法编制概算，首先根据概算定额编制扩大单位估价表（概算定额基础价）。概算定额是按一定计算单位规定的、扩大分部分项工程或扩大结构部门的劳动、材料和机械台班的消耗量标准。扩大单位估价表是确定单位工程中各扩大分部分项工程或完整的结构所需全部材料费、人工费、施工机械使用费之和的文件。计算公式为：

$$概算定额基价 = 概算定额单位材料费 + 概算定额单位人工费 +$$
$$概算定额单位施工机械使用费$$
$$= \Sigma（概算定额中材料消耗量 \times 材料预算价格）+$$
$$\Sigma（概算定额中人工工日消耗量 \times 人工工资价格）+$$
$$\Sigma（概算定额中施工机械台班消耗量 \times 机械台班费用单价）$$

$$(6-1)$$

然后用算出的扩大分部分项工程的工程量，乘以扩大单位估价，进行具体计算。其中工程量的计算，必须根据定额中规定的各个扩大分部分项工程内容，遵循定额中规定的计算单位、工程量计算规则及方法来进行。

完整的编制步骤如下：

a. 根据初步设计图纸和说明书，按概算定额中划分的项目计算工程量。有些无法直接计算工程量的零星工程，可根据概算定额的规定，按主要工程费用的百分比（一般为5%～8%）计算。

b. 根据计算的工程量套用相应的扩大单位估价，计算出材料费、人工费、施工机械使用费三者费用之和。

c. 根据有关取费标准计算措施费、间接费、利润和税金。

d. 将上述各项费用加在一起，其和为工程概算造价。

e. 将概算造价除以建筑面积可求出有关经济技术指标。

采用扩大单价法编制工程概算比较准确，但计算比较烦琐。只有具备一定的设计基本知识，熟悉概算定额，才能弄清分部分项的扩大综合内容，才能正确地计算扩大分部分项的工程量。同时在套用扩大单位估计时，如果所在地区的工资标准及材料预算价格与概算定额不一致时，则需要重新编制扩大单位估价或测定系数加以调整。

② 概算指标法。当初步设计深度不够，不能准确地计算工程量，但工程采用的技术比较成熟而又有类似概算指标可以利用时，可采用概算指标法来编制概算。

概算指标是指按一定计量单位规定的，比概算定额更综合扩大的分部工程或单位工程等的劳动、材料和机械台班的消耗量标准和造价指标。它往往按完整的建筑物建筑面积或建筑体积、构筑物的体积或座等为计量单位。

由于概算指标是按每幢建筑物每平方米建筑面积，或每万元货币表示的价值或材料消耗量，因此它比概算定额（或综合预算定额）更进一步扩大、综合，所有按此法编制的设计概算比按概算定额（或综合预算定额）编制的设计概算更加简化，但它的精确度显然也要比用概算定额（或综合预算定额）编制的设计概算差。

用概算指标编制概算的方法有以下两种：

a. 直接套用概算指标编制概算。如果设计工程项目，在结构上与概算指标中某类型的结构相符，则可直接套用指标进行编制。此时即以指标中所规定的土建工程每百平方米或每平方米（或每立方米）的造价或人工、主要材料消耗量，乘以设计工程项目的概算相对应的工程量，即可得出该设计工程的全部概算价值（即直接费）和主要材料消耗量。其计算公式如下：

$$每平方米建筑面积人工费＝指标规定人工工日数×本地区日工资标准 \quad (6\text{-}2)$$

$$每平方米建筑面积主要材料费＝\sum（指标规定主要材料数量×本地区材料$$
$$预算价格） \quad (6\text{-}3)$$

$$每平方米建筑面积直接费＝人工费＋主要材料费＋其他材料费＋$$
$$施工机械使用费 \quad (6\text{-}4)$$

$$每平方米建筑面积概算单价＝直接费＋间接费＋材料差价＋税金 \quad (6\text{-}5)$$

$$设计工程概算价值＝设计工程建筑面积×$$
$$每平方米建筑面积概算单价 \quad (6\text{-}6)$$

$$设计工程所需主要材料、人工数量＝设计工程建筑面积×每平方米$$
$$建筑面积主要材料、人工耗用量 \quad (6\text{-}7)$$

b. 用修正概算指标编制概算。当设计对象结构特征与概算指标的结构特征局部有差别时，可用修正概算指标，再根据已计算的建筑面积或建筑体积乘以修正后的概算指标及单位价值，算出工程概算价值。

（2）单项工程综合概算编制 综合概算是以单项工程为编制对象，确定建成后可独立发挥作用的所需全部建设费用的文件，由该单项工程内各单位工程概算书汇总而成。

综合概算书是工程项目总概算书的组成部分，是编制总概算书的基础文件，一般由编制说明和综合概算表两个部分组成。

（3）总概算的编制　总概算是确定整个建设项目从筹建到建成全部建设费用的文件，它由组成建设项目的各个单项工程综合概算及工程建设其他费用和预备费、固定资产投资方向调节税等汇总编制而成。

总概算的编制方法如下：

① 按总概算组成的顺序和各项费用的性质，将各个单项工程综合概算及其他工程和费用概算汇总列入总概算表。

② 将工程项目和费用名称及各项数值填入相应各栏内，然后按各栏分别汇总。

③ 以汇总后总额为基础，按取费标准计算预备费用、建设期利息、固定资产投资方向调节税、铺底流动资金。

④ 计算回收金额。回收金额是指在整个基本建设过程中所获得的各种收入。如原有房屋拆除所回收的材料和旧设备等的变现收入；试车收入大于支出部分的价值等。回收金额的计算方法，应按地区主管部门的规定执行。

⑤ 计算总概算价值：

$$总概算价值＝第一部分费用＋第二部分费用＋预备费＋建设期利息＋$$
$$固定资产投资方向调节税＋铺底流动资金－回收金额 \qquad (6\text{-}8)$$

⑥ 计算技术经济指标。整个项目的技术经济指标应选择有代表性和能说明投资效果的指标填列。

⑦ 投资分析。为对基本建设投资分配、构成等情况进行分析，应在总概算表中计算出各项工程和费用投资占总投资比例，在表的末栏计算出每项费用的投资占总投资的比例。

6.1.3　设计概算的审核

6.1.3.1　审核设计概算的编制依据

审核设计概算的编制依据主要包括：国家综合部门的文件，国务院主管部门和各省、市、自治区根据国家规定或授权制定的各种规定及办法，以及建设项目的设计文件等重点审核。

审核编制依据应具有以下特性：

（1）审核编制依据的合法性　采用的各种编制依据必须经过国家或授权机关的批准，符合国家的编制规定，未经批准的不能采用。也不能强调情况特殊，擅自提高概算定额、指标或费用标准。

（2）审核编制依据的时效性　各种依据都应根据国家有关部门的现行规定进行，注意有无调整和新的规定。有的虽然颁发时间较长，但不能全部适用；有的应按有关部门作的调整系数执行。

（3）审核编制依据的适用范围　各种编制依据都有规定的适用范围。

6.1.3.2　审核概算编制深度

（1）审核编制说明　它可以检查概算的编制方法、深度和编制依据等重大原则问题。

（2）审核概算编制深度　一般大中型项目的设计概算，应有完整的编制说明和"三级概算"（即总概算表、单项工程综合概算表、单位工程概算表），并按有关规定的深度进行编制。审核是否有符合规定的"三级概算"，各级概算的编制、校对、审核是否按规定签署。

（3）审核概算的编制范围　审核概算编制范围及具体内容是否与主管部门批准的建设项目范围及具体工程内容一致；审核分期建设项目的建筑范围及具体工程内容有无重复交叉，是否重复计算或漏算；审核其他费用所列的项目是否都符合规定，静态投资、动态投资和经营性项目铺底流动资金是否分部列出等。

6.1.3.3　审核建设规模、标准

审核概算的投资规模、生产能力、设计标准、建设用地、建筑面积、主要设备、配套工程、设计定员等是否符合原批准可行性研究报告或立项批文的标准。如概算总投资超过原批准投资估算10％以上，应进一步审核超估算的原因。

6.1.3.4　审核设备规格、数量和配置

工业建设项目设备投资比重大，一般占总投资的30％～50％，要认真审核。审核所选用的设备规格、台数是否与生产规模一致，材质、自动化程度有无提高标准，引进设备是否配套、合理，备用设备台数是否适当，消防、环保设备是否计算等。还要重点审核价格是否合理、是否符合有关规定，如国产设备应按当时询价资料或有关部门发布的出厂价、信息价，引进设备应依据询价或合同价编制概算。

6.1.3.5　审核工程费

建筑安装工程投资是随工程量增加而增加的，要认真审核。要根据初步设计图纸、概算定额及工程量计算规则、专业设备材料表、建构筑物和总图运输一览表进行审核，审核有无多算、重算、漏算。

6.1.3.6　审核计价指标

审核建筑工程采用工程所在地区的计价定额、费用定额、价格指数和有关人工、材料、机械台班单价是否符合现行规定；审核安装工程所采用的专业部门或地区定额是否符合工程所在地区的市场价格水平，概算指标调整系数、主材价格、人工、机械台班和辅材调整系数是否按当地最新规定执行；审核引进设备安装费率或计取标准、部分行业专业设备安装费率是否按有关规定计算等。

6.1.3.7　审核其他费用

工程建设其他费用投资约占项目总投资25％以上，必须认真逐项审核。审核费用项目是否按国家统一规定计列，具体费率或计取标准、部分行业专业设备安装费率是否按有关规定计算等。

6.1.3.8　审核方法

（1）全面审核法　全面审核法是指按照全部施工图的要求，结合有关预算定额分项工程中的工程细目，逐一、全部地进行审核的方法。其具体计算方法和审核过程与编制预算的计算方法和编制过程基本相同。

全面审核法的优点是全面、细致，所审核过的工程预算质量高，差错比较少；缺点是工作量太大。全面审核法一般适用于一些工程量较小、工艺比较简单、编制工程预算力量较薄弱的设计单位所承包的工程。

（2）重点审核法　抓住工程预算中的重点进行审核的方法称重点审核法，一般情况下，重点审核法的内容如下：

① 选择工程量大或造价较高的项目进行重点审核。

② 对补充单价进行重点审核。

③ 对计取的各项费用的费用标准和计算方法进行重点审核。

重点审核工程预算的方法应灵活掌握。例如在重点审核中，如发现问题较多，应扩大审核范围；反之，如没有发现问题，或者发现的差错很小，应考虑适当缩小审核范围。

（3）经验审核法　经验审核法是指监理工程师根据以前的实践经验，审核容易发生差错的那些部分工程细目的方法。如土方工程中的平整场地和余土外运，土壤分类等；基础工程中的基础垫层，砌砖、砌石基础，钢筋混凝土组合柱，基础圈梁、室内暖沟盖板等，都是较容易出错的地方，应重点加以审核。

（4）分解对比审核法　把一个单位工程，按直接费与间接费进行分解，然后再把直接费按工种工程和分部工程进行分解，分别与审定的标准图预算进行对比分析的方法，称为分解对比审核法。

这种方法是把拟审的预算造价与同类型的定型标准施工图或复用施工图的工程预算造价相比较，如果出入不大，就可以认为本工程预算问题不大，不再审核。如果出入较大，比如超过或少于已审定的标准设计施工图预算造价的1％或3％以上（根据本地区要求），再按分部分项工程进行分解，边分解边对比，哪里出入较大，就进一步审核那一部分工程项目的预算价格。

6.1.3.9　审核步骤

设计概算审核是一项复杂而细致的技术经济工作，审核人员既应懂得有关专业技术知识，又应具有熟练编制概算的能力，一般情况下可按如下步骤进行：

（1）概算审核的准备　概算审核的准备工作包括了解设计概算的内容组成、编制依据和方法；了解建设规模、设计能力和工艺流程；熟悉设计图纸和说明书、掌握概算费用的构成和有关技术经济指标；明确概算各种表格的内涵；收集概算定额、概算指标、取费标准等有关规定的文件资料等。

（2）进行概算审核　根据审核的主要内容，分别对设计概算的编制依据、单位工程设计概算、综合概算、总概算进行逐级审核。

（3）进行技术经济对比分析　利用规定的概算定额或指标以及有关技术经济

指标与设计概算进行分析对比，根据设计和概算列明的工程性质、结构类型、建设条件、费用构成、投资比例、占地面积、生产规模、设备数量、造价指标、劳动定员等与国内外同类型工程规模进行对比分析，从大的方面找出和同类型工程的距离，为审核提供线索。

（4）研究、定案、调整概算　对概算审核中出现的问题要在对比分析、找出差距的基础上深入现场进行实际调查研究。了解设计是否经济合理、概算编制依据是否符合现行规定和施工现场实际、有无扩大规模、多估投资或预留缺口等情况，并及时核实概算投资。对于当地没有同类型的项目而不能进行对比分析时，可向国内同类型企业进行调查，收集资料，作为审核的参考。经过会审决定的定案问题应及时调整概算，并经原批准单位下发文件。

6.2 施工图预算编制与审核

6.2.1 施工图预算及作用

施工图预算是在设计的施工图完成以后，以施工图为依据，根据预算定额、费用标准以及工程所在地区的人工、材料、施工机械设备台班的预算价格编制的确定工程预算造价的文件。施工预算的作用主要有：

① 是工程实行招标、投标的重要依据。

② 是签订建设工程施工合同的重要依据。

③ 是办理工程财务拨款、工程贷款和工程结算的依据。

④ 是施工单位进行人工和材料准备、编制施工进度计划、控制工程成本的依据。

⑤ 是落实或调整年度进度计划和投资计划的依据。

⑥ 是施工企业降低工程成本、实行经济核算的依据。

6.2.2 施工图预算的编制

6.2.2.1 施工图预算的编制依据

① 国家有关园林绿化工程造价管理的法律、法规和方针政策。

② 经审定的施工图纸、说明书和标准图集，完整地反映了工程的具体内容，各部分的具体做法，结构尺寸、技术特征以及施工方法，是编制施工图预算的重要依据。

③ 当地和主管部门颁布的现行建筑工程和园林绿化工程预算定额（基础定额）、单位估价表、地区资料、构配件预算价格（或市场价格）、间接费用定额和有关费用规定等文件。

④ 现行的有关设备原价及运杂费率。

⑤ 现行的其他费用定额、指标和价格。

⑥ 建设场地中的自然条件和施工条件，并据此确定的施工方案或施工组织

设计。

6.2.2.2　施工图预算的编制方法

（1）单价法　单价法是指用事先编制好的分项工程单位估价表来编制施工图预算的方法。按施工图计算的各分项工程的工程量，并乘以相应单价，汇总相加，得到单位工程的人工费、材料费、机械使用费之和；再加上按规定程序计算出来的措施费、间接费、利润和税金，便得出了工程的施工图预算造价。

① 搜集各种资料。搜集各种资料包括施工图纸、施工组织设计或施工方案、现行园林绿化工程预算定额和费用定额、统一的工程量计算规则、预算工作手册和工程所在地区的人工、材料、机械台班预算价格与调价规定等。

② 熟悉施工图纸和定额。对施工图和预算定额全面详细的了解，从而全面准确地确定工程量，进而合理地编制出施工图预算造价。

③ 计算工程量。工程量的计算在整个预算过程中是最重要、最繁杂的一个环节，不仅影响预算的及时性，还影响预算造价的准确性。计算工程量的步骤：

a. 根据施工图纸所示工程内容和定额项目，列出计算工程量的分部分项工程。

b. 根据施工顺序和计算规则，列出计算式。

c. 根据施工图示尺寸及有关数据，代入计算式进行数学计算。

d. 按照定额中分部分项工程的计算单位，对相应计算结果的计量单位进行调整，使之一致。

④ 套用预算定额单价。工程量计算完毕并核对无误后，用所得到的分部分项工程量套用相应的定额基价，相乘后相加汇总，便可求出单位工程的直接费。套用单价时需注意如下几点：

a. 分项工程量的名称、规格、计量单位必须与预算定额或单位估价表所列内容相对应，否则重套、错套、漏套预算基价都会引起直接工程费的偏差，导致施工图预算造价偏高或偏低。

b. 当施工图纸的某些设计要求与定额单价的特征不完全符合时，必须根据定额使用说明对定额基价进行调整或换算。

c. 当施工图纸的某些设计要求与定额单价的特征相差甚远，既不能直接套用又不能换算、调整时，必须编制补充单位估价表或补充定额。

⑤ 编制工料分析表。根据各分部分项工程的实物工程量和相应定额中的项目所列的用工工日及材料数量，计算出各分部分项工程所需的人工、材料、机械台班数量，汇总计算得出该单位工程的所需要的人工、材料和机械的数量。

⑥ 计算其他各项应取费用和汇总造价。按照园林绿化工程单位工程造价构成的规定费用项目、费率及计费基础，分别计算出措施费、间接费、利润和税金，并汇总单位工程造价。

单位工程造价＝直接费(直接工程费＋措施费)＋间接费＋利润＋税金　　(6-9)

⑦ 编制说明、填写封面。编制说明是编制者向审核者交代编制方面有关情

况，包括编制依据，工程性质、内容范围，设计图纸号、所用预算定额编制年份（即价格水平年份），有关部门的调价文件号，套用单价或补充单位估价表方面的情况及其他需要说明的问题。封面填写应写明工程名称、工程编号、工程量（建筑面积）、预算总造价及单方造价、编制单位名称及负责人和编制日期、审查单位名称及负责人和审核日期等。

⑧ 复核。单位工程预算编制后，有关人员对单位工程预算进行复核，以便及时发现差错，提高预算质量。复核时，应对工程量计算公式和结果、套用定额基价、各项费用的取费费率及计算基础和计算结果、材料和人工预算价格及其价格调整等方面是否正确进行全面复核。

单价法具有有计算简单、工作量较小和编制速度较快，便于工程造价管理部门集中统一管理等优点，因而在我国应用较普遍。但由于是采用事先编制好的统一的单位估价表，其价格水平只能反映定额编制年份的价格水平。在市场经济价格波动较大的情况下，单价法的计算结果会偏离实际价格水平，虽然可采用调价，但调价系数和指数从测定到颁布既滞后且计算也较烦琐。

（2）实物法　实物法首先根据施工图纸分别计算出分项工程量，然后套用相应预算人工、材料、机械台班的定额用量，分别乘以工程所在地当时的人工、材料、机械台班的实际单价，求出单位工程的人工费、材料费和施工机械使用费，并汇总求和，进而求得直接工程费，再按规定计取其他各项费用，最后汇总出单位工程施工图预算造价。

① 套用人、材、机预算定额用量。工程量计算完毕后，要套用相应预算人工、材料、机械台班定额用量。

现行全国统一安装定额、专业统一和地区统一的计价定额的实物消耗量，是完全符合国家技术规范、质量标准的，并反映一定时期施工工艺水平的分项工程计价所需的人工、材料、施工机械的消耗量的标准。此消耗量标准，在建材产品、标准、设计、施工技术及其相关规范和工艺水平等没有大的变化之前，是相对稳定的，是合理确定和有效控制造价的重要依据；一般由工程造价主管部门按照定额管理分工进行统一制定，并根据技术发展要求，随时地补充修改。

② 计算人、材、机消耗数量。先求出各分项工程人工、材料、机械台班消耗数量并汇总单位工程所需各类人工、材料和机械台班的消耗量。各分项工程人工、材料、机械台班消耗数量由分项工程的工程量分别乘以预算人工定额用量、材料定额用量和机械台班定额用量得出，然后汇总得到单位工程各类人工、材料和机械台班的消耗量。

③ 计算人、材、机总费用。用当时当地的各类人工、材料和机械台班的实际单价分别乘以相应的人工、材料和机械台班的消耗量，汇总后得出单位工程的人工费、材料费和机械使用费。

在市场经济条件下，人工、材料和机械台班的单价是随市场单价的波动而波动的，而且它们是影响工程造价最活跃、最主要的因素。用实物法编制施工图预算，是采用工程所在地的当时人工、材料、机械台班的价格，较好地反映出实际价格水平，提高工程造价的准确性高。虽然计算过程较单价法烦琐，但用计算机来计算也就快捷了。因而，实物法是与市场经济体制相适应的预算编制方法。

6.2.3 施工图预算的审核

6.2.3.1 施工图预算的审核内容

审核施工图预算的重点是：工程量计算是否准确；分部、分项单价套用是否正确；各项取费标准是否符合现行规定等方面。

（1）审核定额或单价的套用

① 预算中所列各分项工程单价是否与预算定额的预算单价相符；其名称、规格、计量单位和所包括的工程内容是否与预算定额一致。

② 有单价换算时应审核换算的分项工程是否符合定额规定及换算是否正确。

③ 对补充定额和单位计价表的使用应审核补充定额是否符合编制原则、单位计价表计算是否正确。

（2）审核其他有关费用　其他有关费用包括的内容各地不同，具体审核时应注意是否符合当地规定和定额的要求。

① 是否按本项目的工程性质计取费用、有无高套取费标准。

② 间接费的计取基础是否符合规定。

③ 预算外调增的材料差价是否计取间接费；直接费或人工费增减后，有关费用是否做了相应调整。

④ 有无将不需安装的设备计取在安装工程的间接费中。

⑤ 有无巧立名目、乱摊费用的情况。

利润和税金的审核，重点应放在计取基础和费率是否符合当地有关部门的现行规定、有无多算或重算方面。

6.2.3.2 施工图预算的审核方法

（1）逐项审核法　逐项审核法（又称全面审核法）即按定额顺序或施工顺序，对各分项工程中的工程细目逐项全面详细审核的一种方法。

逐项审核法的优点是全面、细致，审核质量高、效果好；然而其同样具有工作量大、时间较长的缺点。该方法适合一些工程量较小、工艺比较简单的工程。

（2）标准预算审核法　标准预算审核法就是对利用标准图纸或通用图纸施工的工程，先集中力量编制标准预算，以此为准来审核工程预算的一种方法。按标准设计图纸或通用图纸施工的工程，通常上部结构和做法相同，只是根据现场施工条件或地质情况不同，仅对基础部分做局部改变。凡这样的工程，以标准预算为准，对局部修改部分单独审核即可，不需逐一详细审核。该方法的优点是时间短、效果好、易定案；其缺点是适用范围小，仅适用于采用标准图纸的工程。

（3）分组计算审核法 分组计算审核法就是把预算中有关项目按类别划分若干组，利用同组中的一组数据审核分项工程量的一种方法。该方法首先将若干分部分项工程按相邻且有一定内在联系的项目进行编组，利用同组分项工程间具有相同或相近计算基数的关系，审核一个分项工程数量，由此判断同组中其他几个分项工程的准确程度。该方法特点是审核速度快、工作量小。

（4）对比审核法 对比审核法是当工程条件相同时，用已完工程的预算或未完但已经过审核修正的工程预算对比审核拟建工程的同类工程预算的一种方法。

（5）"筛选"审核法 "筛选法"是能较快发现问题的一种方法。建筑工程虽面积和高度不同，但其各分部分项工程的单位建筑面积指标变化却不大。将这样的分部分项工程加以汇集、优选，找出其单位建筑面积工程量、单价、用工的基本数值，归纳为工程量、价格、用工三个单方基本指标，并注明基本指标的适用范围。这些基本指标用来筛分各分部分项工程，对不符合条件的应进行详细审核，若审核对象的预算标准与基本指标的标准不符，就应对其进行调整。"筛选法"的优点是简单易懂、便于掌握，审核速度快、便于发现问题。但问题出现的原因尚需继续审核。因此，该方法适用于审核住宅工程或不具备全面审核条件的工程。

（6）重点审核法 重点审核法就是抓住工程预算中的重点进行审核的方法。审核的重点一般是工程量大或者造价较高的各种工程、补充定额、计取的各项费用（计取基础、取费标准）等。重点审核法的优点是突出重点、审核时间短、效果好。

6.2.3.3 施工图预算的审核步骤

（1）做好审核前的准备工作

① 熟悉施工图纸。施工图纸是编制预算分项工程数量的重要依据，必须全面熟悉了解。一是核对所有的图纸，清点无误后，依次识读；二是参加技术交底，解决图纸中的疑难问题，直至完全掌握图纸。

② 了解预算包括的范围。根据预算编制说明，了解预算包括的工程内容，例如配套设施、室外管线、道路以及会审图纸后的设计变更等。

③ 弄清编制预算采用的单位工程估价表。任何单位估价表或预算定额都有一定的适用范围。根据工程性质，搜集熟悉相应的单价、定额资料。特别是市场材料单价和取费标准等。

（2）选择合适的审核方法，按相应内容审核 由于工程规模、繁简程度不同，施工企业情况也不同，所编工程预算繁简和质量也不同，因此需针对情况选择相应的审核方法进行审核。

（3）综合整理审核资料，编制调整预算 经过审核，如发现有差错，需要进行增加或核减的，经与编制单位逐项核实，统一意见后，修正原施工图预算，汇总核减量。

6.3 园林工程竣工结算编制与审核

工程结算是指承包商在工程实施过程中，根据承包合同中相应的规定和已经完成的工程量，并按照规定的程序向建设单位（业主）收取工程价款的一项经济活动。园林工程结算根据施工阶段的不同，主要包括工程预付款和进度款的拨付以及竣工结算等内容。

6.3.1 工程价款的主要结算方式

根据现行规定，工程价款可以根据不同情况采取多种方式进行结算。

6.3.1.1 按月结算

按月结算即先预付工程备料款，在施工过程中按月结算工程进度款，竣工后进行竣工结算，我国现行建筑安装工程价款结算中，按月结算的方式应用较为普遍。

6.3.1.2 竣工后一次结算

建设项目或单项工程全部建筑安装工程建设期均在 12 个月以内或者工程承包合同价值在 100 万元以下的，可实行工程价款竣工后一次结算。

6.3.1.3 分段结算

分段结算即当年开工、当年不能竣工的单项工程或单位工程按照工程进度，划分不同阶段进行结算。分段结算可以按月预支工程款。实行竣工后一次结算和分段结算的工程，当年结算的工程款应与分年度的工作量一致，且年终不另清算。

6.3.1.4 其他结算方式

结算双方约定的其他结算方式。

6.3.2 工程预付款和进度款的支付

6.3.2.1 工程预付款的支付以及扣回

（1）工程预付款及其额度 工程预付款是指建设工程施工合同订立后由发包人按照合同约定，在正式开工前预先支付给承包人的工程款。工程预付款是施工准备和所需要材料、结构件等流动资金的主要来源，国内习惯称之为预付备料款。工程预付款的具体事宜由承发包双方根据建设行政主管部门的规定，结合工程款、建设工期和包工包料情况在合同中约定。

对于工程预付款额度，各地区、各部门的规定不完全相同，主要是为确保施工所需材料和构件的正常储备。工程预付款通常是根据施工期、园林工程工作量、主要材料和构件费用占园林工程工作量的比例以及材料储备周期等因素经测算来确定。工程预付款的确定方法通常有以下两种：

① 在合同中约定。发包人根据工程的特点、工期长短、市场行情、供求规律等因素，招标时在合同中约定工程预付款的百分比。

② 公式计算法。公式计算法是根据主要材料（含结构件等）占年度承包工程总价的比重、材料储备定额天数和年度施工天数等因素，通过公式计算预付备料款额度的一种方法。

其计算公式是：

$$工程预付款数额 = \frac{工程总价 \times 材料比重（\%）}{年度施工天数} \times 材料储备定额天数 \qquad (6\text{-}10)$$

$$工程预付款比例 = \frac{工程预付款数额}{工程总价} \times 100\% \qquad (6\text{-}11)$$

式中　年度施工天数——按 365 天日历天计算；

　　　材料储备定额天数——由当地材料供应的在途天数、加工天数、整理天数、供
　　　　　　　　　　　　应间隔天数、保险天数等因素决定。

（2）工程预付款的扣回　发包人支付给承包人的工程预付款的性质是预支款项。随着工程进度的推进，拨付的工程进度款数额不断增加，工程所需主要材料、构件的用量逐渐减少，原已支付的预付款应以抵扣的方式予以陆续扣回。常用的扣款方法如下：

① 由发包人和承包人通过洽商采用合同的形式予以确定，可采用等比率或等额扣款的方式，也可针对工程实际情况具体处理，若有些工程工期较短、造价较低，则无需分期扣还，而在竣工结算时一并扣回。而有些工期较长，如跨年度工程，其备料款的占用时间很长，可根据需要可以少扣或不扣。

② 从未施工工程尚需的主要材料及构件的价值相当于工程预付款数额时扣起，从每次中间结算工程价款中，按材料及构件比重扣抵工程价款，至竣工之前全部扣清。因此，确定起扣点是工程预付款起扣的关键。

确定工程预付款起扣点的依据是：未完施工工程所需主要材料和构件的费用，等于工程预付款的数额。

工程预付款起扣点可按下式计算：

$$T = P - \frac{M}{N} \qquad (6\text{-}12)$$

式中　T——起扣点，即工程预付款开始扣回的累计完成工作量金额；

　　　P——承包工程合同款总额；

　　　M——工程预付款数额；

　　　N——主要材料、构件所占比重。

【例 6-1】　某单位园林工程承包合同价为 242 万元，其中主要材料和构件占合同价的 60%，材料储备定额天数为 60d，年度施工天数按 365d 计算，问：

（1）工程预付款为多少？

（2）工程预付款的起扣点为多少？

【解】

（1）工程预付款：

$$工程预付款 = \frac{242 \times 60\%}{365} \times 60 = 23.87 （万元）$$

（2）按工程预付款扣回计算公式

$$工程起扣点 = 242 - \frac{23.87}{60\%} = 202.22 （万元）$$

6.3.2.2 工程进度款的支付

（1）工程进度款的计算 工程进度款的计算主要涉及两个方面：一是工程量的计量；二是单价的计算方法。

单价的计算方法主要是根据由发包人和承包人事先约定的工程价格的计价方法来确定的。目前在我国，工程价格的计价方法可以分为工料单价法和综合单价法两种方法：

① 工料单价法是指单位工程分部分项的单价为直接成本单价，按现行计价定额的人工、材料、机械的消耗量及其预算价格来确定，其他的直接成本、间接成本、利润、税金等按现行计算方法来计算。

② 综合单价法是指单位工程分部分项工程量的单价是全部费用单价，其既包括直接成本，也包括间接成本、利润、税金等一切费用。在具体应用时，既可采取可调价格的方式（即工程价格在实施期间可随价格变化而调整），也可采取固定价格的方式（即工程价格在实施期间不因价格变化而调整），在工程价格中已考虑价格风险因素，并在合同中明确了固定价格所包括的内容和范围。

（2）工程进度款的支付 工程进度款的支付通常按当月实际完成工程量进行结算，工程竣工后办理竣工结算。在工程竣工前，承包人收取的工程预付款和进度款的总额通常不超过合同总额（包括工程合同签订后经发包人签证认可的增减工程款）的95%，其余5%尾款在工程竣工结算时除保修金外一并清算。

工程进度款的支付步骤如图6-1所示。

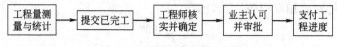

图 6-1 工程进度款的支付步骤

【例6-2】 某园林工程承包合同总额为750万元，主要材料及结构件金额占合同总额的62%，预付备料款额度为25%，预付款扣款的方法是以未施工工程尚需的主要材料及构件的价值相当于预付款数额时起扣，从每次中间结算工程价款中，按材料及构件比重抵扣工程价款。保留金为合同总额的4%。2007年上半年各月实际完成合同价值见表6-1（仅2～6月）。问如何按月结算工程款？

表 6-1 各月完成合同价值 单位：万元

月份	2月	3月	4月	5月	6月
完成合同价值	65	140	185	230	130

【解】

（1）计算预付备料款：$750 \times 25\% = 187.5$（万元）

（2）求预付备料款的起扣点：

开始扣回预付备料款时的合同价值 $= 750 - \dfrac{187.5}{62\%} = 750 - 302.42 = 447.58$（万元）

即当累计完成合同价值为 447.58 万元后，开始扣回预付款。

（3）2 月完成合同价值 65 万元，结算 65 万元。

（4）3 月完成合同价值 140 万元，结算 140 万元，累计结算工程款 205 万元。

（5）4 月完成合同价值 185 万元，结算 185 万元，累计结算工程款 390 万元。

（6）5 月完成合同价值 230 万元，到 5 月份累计完成合同价值 620 万元，超过了预付备料款的起扣点。

5 月应扣回的预付备料款：$(620 - 447.58) \times 62\% = 106.9$（万元）

5 月结算工程款：$230 - 106.9 = 123.1$（万元），累计结算工程款 513.1 万元。

（7）6 月完成合同价值 130 万元，应扣回预付备料款：$130 \times 62\% = 80.6$（万元），应扣 5% 的预留款：$750 \times 5\% = 37.5$（万元）。

6 月结算工程款为：$130 - 80.6 - 37.5 = 11.9$（万元），累计结算工程款 525 万元，加上预付备料款 187.5 万元，共结算 712.5 万元。预留合同总额的 4% 即 30 万元作为保留金。

6.3.3　园林工程竣工结算的编制

6.3.3.1　工程竣工结算的内容

工程竣工结算时需要重点考虑在施工过程中工程量的变化、价格的调整等内容，见表 6-2。

表 6-2　工程竣工结算的内容

序号	项目	内　　容
1	工程量增减调整	工程量增减调整是指所完成的实际工程量与施工图预算工程量之间的差额，即量差。量差主要表现在以下几个方面： 1. 设计变更和漏项。因实际图样修改和漏项等产生的工程量增减，可依据设计变更通知书进行调整 2. 现场工程更改。实际工程中施工方法出现不符、基础超深等均可根据双方签证的现场记录，按照合同或协议的规定进行调整 3. 施工图预算错误。在编制竣工结算前，应结合工程的验收和实际完成工程量的情况，对施工图预算中存在的错误予以纠正

续表

序号	项目	内　　容
2	价差调整	工程竣工结算可按照地方预算定额或基价表的单价编制,因当地造价部门文件调整发生的人工、计价材料和机械费用的价差均可以在竣工结算时加以调整。未计价材料则可根据合同或协议的规定,按实际调整价差
3	费用调整	1. 属于工程数量的增减变化,需要相应调整安装工程费的计算 2. 属于价差的因素,通常不调整安装工程费,但要计入计费程序中,即该费用应反映在总造价中 3. 属于其他费用,如停窝工费用、大型机械进出场费用等,应根据各地区定额和文件规定一次结清,分摊到工程项目中去

6.3.3.2　工程竣工结算的编制方式

工程竣工结算的编制方式见表 6-3。

表 6-3　工程竣工结算的编制方式

序号	方式	内　　容
1	决标或议标后的合同价加签证结算方式	1. 合同价。经过建设单位、园林施工企业、招投标主管部门对标底和投标报价进行综合评定后确定的中标价,以合同的形式固定下来 2. 变更增减账等。对合同中未包括的条款或出现的一些不可预见费,在施工过程中由于工程变更所增、减的费用,经建设单位或监理工程师签证后,与原中标合同价一起结算
2	施工图概(预)算加签证结算方式	1. 施工图概(预)算。这种结算方式适用于小型园林工程,一般以经建设单位审定后的施工图概(预)算作为工程竣工结算的依据 2. 变更增减账等。凡施工图概(预)算未包括的,在施工过程中工程变更所增减的费用,各种材料(构配件)预算价格与实际价的差价等,经建设单位或监理工程师签证后,与审定的施工图预算一起在竣工结算中进行调整
3	预算包干结算方式	预算包干结算(也称施工图预算加系数包干结算)的公式为: $$结算工程造价 = 经施工单位审定后的施工图预算造价 \times (1+ 包干系数) \qquad (6-13)$$ 在签订合同时,要明确预算外包干系数、包干内容及范围。包干费通常不包括因下列原因增加的费用: 1. 在原施工图外增加建设面积 2. 工程结构设计变更、标准提高,非施工原因的工艺流程的改变等 3. 隐蔽性工程的基础加固处理 4. 非人为因素所造成的损失

续表

序号	方式	内　容
4	平方米造价包干的结算方式	平方米造价包干结算是双方根据一定的工程资料,事先协商好每平方米造价指标后,乘以建设面积计算工程造价进行结算的方式。其公式为: 　　　结算工程造价＝建设面积×每平方米造价　　　　(6-14) 这种方式适用于广场铺装、草坪铺设等

6.3.3.3　工程竣工结算方法

工程竣工结算的编制,因承包方式的不同而有所不同,其结算方法均应根据各省市建设工程造价（定额）管理部门、当地园林管理部门和施工合同管理部门的有关规定办理工程结算。常用的结算方法有以下几种:

（1）在中标价格基础上进行调整　采用招标方式承包工程结算原则上应以中标价（议标价）为基础进行,如工程施工过程中有较大设计变更、材料价格的调整、合同条款规定允许调整的或当合同条文规定不允许调整但非施工企业原因发生中标价格以外的费用时,承发包双方应签订补充合同或协议,在编制竣工结算时,应按本地区主管部门的规定,在中标价格基础上进行调整。

（2）在施工图预算基础上进行调整　以原施工图预算为基础,对施工中发生的设计变更、原预算书与实际不相符以及经济政策的变化等,编制变更增减账,根据增减的内容对施工图预算进行调整。其具体增减的内容主要包括:工程量的增减,各种人、材、机价格的变化和各项费用的调整等。

（3）在结算时不再调整　采用施工图概（预）算加包干系数和平方米造价包干方式进行工程结算,通常在承包合同中已分清了承发包单位之间的义务和经济责任,因此,不再办理施工过程中所承包范围内的经济洽商,在工程结算时不再办理增减调整。工程竣工后,仍以原预算加系数或平方米造价包干方式进行结算。

采用上述结算方式时,必须对工程施工期内各种价格变化进行预测,获得一个综合系数（即风险系数）。采用这种做法,承包或发包方均需承担很大的风险,因此,只适用于建设面积小、施工项目单一、工期短的园林工程,而对工期较长、施工项目复杂、材料品种多的园林工程不宜采用这种方式。

6.3.4　园林工程竣工结算的审查与控制

6.3.4.1　工程竣工结算的审查

（1）工程结算的审查依据

① 工程结算审查委托合同和完整、有效的工程结算文件。

② 国家有关法律、法规、规章制度和相关的司法解释。

③ 国务院建设行政主管部门以及各省、自治区、直辖市和有关部门发布的

工程造价计价标准、计价办法、有关规定及相关解释。

④ 施工发承包合同、专业分包合同及补充合同，有关材料、设备采购合同；招投标文件，包括招标答疑文件、投标承诺、中标报价书及其组成内容。

⑤ 工程竣工图或施工图、施工图会审记录，经批准的施工组织设计，以及设计变更、工程洽商和相关会议纪要。

⑥ 经批准的开、竣工报告或停、复工报告。

⑦ 建设工程工程量清单计价规范或工程预算定额、费用定额及价格信息、调价规定等。

⑧ 工程结算审查的其他专项规定。

⑨ 影响工程造价的其他相关资料。

（2）工程结算的审查要点 竣工结算编制后应有严格的审查。通常工程竣工结算的审查应从以下几个方面着手：

① 核对合同条款。

a. 应核对竣工工程内容是否符合合同条件要求，工程是否竣工验收合格，只有按合同要求完成全部工程并验收合格才能竣工结算。

b. 应按合同规定的结算方法、计价定额、取费标准、主材价格和优惠条款等，对工程竣工结算进行审核。

c. 若发现合同开口或有漏洞，应请建设单位与施工单位认真研究，明确结算要求。

② 检查隐蔽验收记录。所有隐蔽工程均应进行验收，并且由两人以上签证。实行工程监理的项目应经监理工程师签证确认。审核竣工结算时应核对隐蔽工程施工记录和验收签证，手续完整，工程量与竣工图一致方可列入结算。

③ 落实设计变更签证。设计修改变更应有原设计单位出具的设计变更通知单和修改的设计图纸、校审人员签字并加盖公章，经建设单位和监理工程师审查同意、签证。重大设计变更应经原审批部门审批，否则不应列入结算。

④ 按图核实工程数量。竣工结算的工程量应依据竣工图、设计变更单和现场签证等进行核算，并按国家统一规定的计算规则计算其工程量。

⑤ 执行定额单价。结算单价应按合同约定或招标规定的计价定额与计价原则来确定。

⑥ 防止各种计算误差。工程竣工结算子目多、篇幅大，往往有计算误差，应认真核算，以防因计算误差多计或少计。

6.3.4.2 竣工结算审核的控制

（1）搜集、整理好竣工资料 竣工资料主要包括：工程竣工图、设计变更通知、各种签证，主材的合格证、单价等。

竣工图是指工程交付使用时的实样图。对于工程变化不大的，可在施工图上变更处分别标明，不做重新绘制。然而对于工程变化较大的一定要重新绘制竣工图，对结构件和门窗进行重新编号。竣工图绘制后要请建设单位建筑监理人员在图签栏内签字，并且加盖竣工图章。竣工图是其他竣工资料在施工的同时计算实际金额，交建设单位签证，这样就能有效避免事后纠纷。

主要建筑材料规格、质量与价格签证。由于设计图纸对一些装饰材料只指定规格与品种，而不能指定生产厂家。目前市场上的伪劣产品较多，同一种合格或优质产品，不同的厂家和型号，价格差异也比较大，特别是一些高级装饰材料，进货前必须征得建设单位同意，其价格必须要建设单位签证。并且对于一些涉及培养工程较多而工期又较长的工程，价格涨跌幅度较大，必须分期多批对主要建材与建设单位进行价格签证。

（2）深入工地，全面掌握工程实况　由于从事预决算工程的预算员，若是对某单位工程不十分了解，而一些体形较为复杂或装潢复杂的工程，竣工图将不能面面俱到，逐一标明，因此，在工程量计算阶段必须要深入工地现场核对、丈量、记录方能做到准确无误。有经验的预算人员在编制结算时，通常是先查阅所有资料，再粗略地计算工程量，发现问题，当出现疑问时，逐一到工地核实。一个优秀的预算员不仅要深入工程实地掌握实际，还要深入市场了解建筑材料的品种及价格，做到胸中有数，避免造成计算误差大，使自己处于被动。

（3）熟悉掌握专业知识，讲究职业道德　预算人员不仅要全面熟悉定额计算，掌握上级下达的各种费用文件，还要全面了解工程预算定额的组成，以便于定额换算和增补的进行。预算员还要掌握一定的施工规范以及建筑构造方面的知识。

竣工结算是工程造价控制的最后一关，若不能严格把关的话将会造成不可挽回的损失。这是一项细致具体的工作，计算时要认真、细致、不少算、不漏算。同时要尊重实际，不多算，不高估冒算，不存侥幸心理。编制竣工结算时，不依编制对象与自己亲、熟、好、坏而因人而异。要服从道理，不固执己见，保持良好的职业道德与自身信誉。与此同时，还应在以上的基础上保证"量"与"价"的准确合同，做好工程结算去虚存实，促使竣工结算的良性循环。

Chapter 7

某公园园林景观工程工程量清单计价编制实例

7.1 招标工程量清单编制实例

表 7-1 招标工程量清单封面

<u>　　××公园园林景观　　</u> 工程
招标工程量清单
招标人： <u>　　　　××公司　　　　　</u> （单位盖章）
造价咨询人： <u>　　　××工程造价咨询　　</u> （单位盖章）
××年×月×日

表 7-2 招标工程量清单扉页

<u>××公园园林景观</u> 工程

招标工程量清单

招标人： <u>××公司</u>   造价咨询人： <u>××工程造价咨询</u>
　　　　（单位盖章）　　　　　　　　　　　（单位资质专用章）

法定代表人　　　　　　　　　　法定代表人
或其授权人： <u>×××</u>　　　　或其授权人： <u>×××</u>
　　　　（签字或盖章）　　　　　　　　　（签字或盖章）

编制人： <u>　×××　</u>　　　　复核人： <u>　×××　</u>
　（造价人员签字盖专用章）　　　　（造价工程师签字盖专用章）

编制时间：××年×月×日　　　　复核时间：××年×月×日

表 7-3 总说明

工程名称：××公园园林景观工程　　　　　　第　页　共　页

1. 工程批准文号　　　　　　5. 施工现场特点
2. 建设规模　　　　　　　　6. 主要技术特征和参数
3. 计划工期　　　　　　　　7. 工程量清单编制依据
4. 资金来源　　　　　　　　8. 其他

表 7-4 分部分项工程和单价措施项目清单与计价表

工程名称：××公园园林景观工程　　标段：　　　　　　第　页　共　页

序号	项目编码	项目名称	项目特征描述	计量单位	工程量	综合单价	合价	其中 暂估价
			0101 土石方工程					
1	010101001001	平整场地	遮雨廊平整场地	m²	142.00			
2	010101001002	平整场地	架空平台平整场地	m²	577.00			
3	010101001003	平整场地	小卖部、休息平廊平整场地	m²	367.50			
4	010101001004	平整场地	景观廊平整场地	m²	48.00			

序号	项目编码	项目名称	项目特征描述	计量单位	工程量	综合单价	合价	其中暂估价
			0101 土石方工程					
5	010101001005	平整场地	公园后门平整场地	m²	198.40			
6	010101001006	平整场地	眺望台平整场地	m²	94.99			
7	010101002001	挖一般土方	遮雨廊人工挖基础土方	m³	28.50			
8	010101002002	挖一般土方	基础挖土方	m³	242.00			
9	010101002003	挖一般土方	出入口招牌挖基础土方	m³	6.60			
			分部小计					
			0104 砌筑工程					
10	010401003001	实心砖墙	3/4 砖实心砖外墙	m³	52.00			
11	010401003002	实心砖墙	1/2 砖实心砖外墙	m³	3.450			
12	010401003003	实心砖墙	1/2 砖实心砖内墙	m³	1.94			
13	010401003004	实心砖墙	一砖墙	m³	6.640			
14	010404013001	零星砌砖	—	m³	2.25			
			分部小计					
			0105 混凝土及钢筋混凝土工程					
15	010501003001	独立基础	C20 现场搅拌	m³	50.34			
16	010501003002	独立基础	架空平台独立基础	m³	89.10			
17	010501002001	带形基础	C20 砾 40, C10 凝土垫层	m³	1.800			
18	010502001001	矩形柱	200mm × 200mm 矩形柱	m³	24.320			
19	010502002001	构造柱	30m × 0.30m, H = 11.03～13.31m, C25 砾 40	m³	0.54			
20	010503002001	矩形梁	100mm × 100mm 矩形梁	m³	68.25			
21	010503001001	基础梁	截面尺寸: 0.24m × 0.24m	m³	17.690			

续表

序号	项目编码	项目名称	项目特征描述	计量单位	工程量	金额/元		
						综合单价	合价	其中暂估价
		0105 混凝土及钢筋混凝土工程						
22	010503003001	异形梁	C25 砾 30	m³	2.360			
23	010503015001	弧形、拱形梁	截面尺寸：0.30m×0.30m	m³	8.10			
24	010503015002	弧形、拱形梁	C20 砾 40	m³	20.350			
25	010505004001	拱板	C25 砾 20	m³	44.15			
26	010506002001	弧形楼梯	C20 砾 40	m³	5.400			
27	010515001001	现浇构件钢筋	ϕ10 以内	t	32.50			
		分部小计						
		0108 门窗工程						
28	010803001001	金属卷帘（闸）门	—	樘	2			
29	010801001001	木质装饰门	仓库实木装饰门	樘	1			
30	010801001002	木质装饰门	实木装饰门	樘	3			
31	010801001003	木质胶合板门	胶合板门	樘	1			
32	020401004004	木质胶合板门	工具房胶合板门	樘	3			
33	010802001001	金属（塑钢）门	不锈钢金属平开门	樘	4			
34	010802001002	金属（塑钢）门	塑钢门	樘	2			
35	010802001003	金属（塑钢）门	塑钢门	樘	2			
36	010702004001	防盗门	—	樘	2			
37	010805004001	电动伸缩门	—	樘	1			
38	010807001001	金属（塑钢、断桥）窗	—	樘	6			
39	010807001002	金属（塑钢、断桥）窗	木纹推拉窗	樘	10			

续表

序号	项目编码	项目名称	项目特征描述	计量单位	工程量	金额/元		
						综合单价	合价	其中 暂估价
			0108 门窗工程					
40	010808005001	石材门窗套	石材门饰面,花岗石饰线	樘	20			
			分部小计					
			0109 屋面及防水工程					
41	010901001001	瓦屋面	青石板文化石片屋面	m²	114.78			
42	010901001002	瓦屋面	六角亭琉璃瓦屋面	m²	55.00			
43	010901001003	瓦屋面	青石瓦屋面	m²	60.00			
44	010901001004	瓦屋面	青石片屋面	m²	162.28			
			分部小计					
			0111 楼地面装饰工程					
45	011102001001	石材楼地面	300mm × 300mm 绣板文化石地面	m²	180.00			
46	011102001002	石材楼地面	平台灰色花岗岩	m²	175.42			
47	011102001003	石材楼地面	凹缝密拼 100mm × 115mm × 40mm 光面连州青花岗岩石板	m²	97.92			
48	011102001004	石材楼地面	50mm 厚粗面花岗岩冰裂文化石嵌草缝	m²	89.24			
49	011102001005	石材楼地面	休息平台黄石纹石材地面	m²	70.40			
50	011102001006	石材楼地面	—	m²	17.13			
51	011101001001	水泥砂浆楼地面	平台碎石地面,美国南方松圆木分割	m²	388.52			
52	011102003001	块料楼地面	300mm × 300mm 仿石砖	m²	22.00			
53	011102003002	块料楼地面	生态平台地面铺绣石文化石冰裂纹夹草缝	m²	94.20			
54	011102003003	块料楼地面	地面 600mm × 600mm 抛光耐磨砖	m²	116.95			

续表

序号	项目编码	项目名称	项目特征描述	计量单位	工程量	金额/元		
						综合单价	合价	其中
								暂估价
		0111 楼地面装饰工程						
55	011102003004	块料楼地面	300mm×300mm 防滑砖	m²	10.25			
56	011102003005	块料楼地面	阳台楼梯 400mm×400mm 仿古砖	m²	50.28			
57	011102003006	块料楼地面	300mm×300mm 仿石砖	m²	38.47			
58	011102003007	块料楼地面	600mm×300mm 粗面白麻石	m²	43.75			
		分部小计						
		0112 墙、柱面装饰与隔断、幕墙工程						
59	011202001001	柱、梁面一般抹灰	—	m²	847.00			
60	011201001001	墙面一般抹灰	—	m²	271.30			
61	011201001002	墙面一般抹灰	墙面煽灰油乳胶漆	m²	162.45			
62	011201001003	墙面一般抹灰	墙面抹灰、煽灰、乳胶漆	m²	70.50			
63	011205002001	块料柱面	45mm×195mm 米黄色仿石砖块料柱面	m²	52.00			
64	011205002002	块料柱面	100mm×300mm 木纹文化砖	m²	80.0			
65	011204003001	块料墙面	米黄色仿石砖墙面	m²	35.00			
66	011204003002	块料墙面	块料墙面，仿青砖	m²	135.65			
67	011204003003	块料墙面	200mm×300mm 瓷片	m²	65.24			
68	011204003004	块料墙面	厨房 200mm×300mm 瓷片	m²	38.05			
69	011204003005	块料墙面	墙面浅绿色文化石	m²	42.07			
70	011204003006	块料墙面	青石板		145.20			
71	011204003007	块料墙面	木纹文化石	m²	15.07			
72	011204003008	块料墙面	仿青砖	m²	135.65			

续表

序号	项目编码	项目名称	项目特征描述	计量单位	工程量	金额/元		
						综合单价	合价	其中暂估价
		0112 墙、柱面装饰与隔断、幕墙工程						
73	011206002001	块料零星项目	墙裙青石板蘑菇形文化砖	m²	13.34			
74	011207001001	墙面装饰板	木方板墙面饰面,美国南方松	m²	76.42			
		分部小计						
		0113 天棚工程						
75	011301001001	天棚抹灰	—	m²	235.47			
76	011301001002	天棚抹灰	乳胶漆	m²	57.84			
77	011302004001	藤条造型悬挂吊顶	现浇混凝土斜屋面板	m³	5.840			
		分部小计						
		0115 其他装饰工程						
78	011505011001	镜箱	—	个	20			
79	011505005001	卫生间扶手	—	个	80			
80	011505010001	镜面玻璃	—	m²	2			
81	011505001001	洗漱台	—	m²	2			
		分部小计						
		0310 给排水、采暖、燃气工程						
82	031004003001	洗脸盆	—	组	1			
		分部小计						
		0402 道路工程						
83	040204004001	安砌侧(平、缘)石	池壁不等边粗麻石 100mm 厚	m²	6.81			
		分部小计						
		0405 管道附属构筑物						
84	040504008001	整体化粪池	—	座	1			
		分部小计						

续表

序号	项目编码	项目名称	项目特征描述	计量单位	工程量	金额/元		
						综合单价	合价	其中 暂估价
			0502 园路、园桥工程					
85	050201001001	园路	遮雨廊麻石路面，C15 豆石混凝土 12cm 厚	m²	78.20			
86	050201014001	木制步桥	美国南方松木桥面板 φ12 膨胀螺栓固定	m²	831.60			
			分部小计					
			0202 石作工程					
87	0202020003001	栏杆	美国南方松栏杆	m²	230.00			
			分部小计					
			0205 木作工程					
88	020511001001	鹅颈靠背	鹅颈靠背(木质飞来椅)	m	16.50			
			分部小计					
			0503 园林景观工程					
89	050305001001	预制钢筋混凝土飞来椅	钢筋混凝土飞来椅	m	23.00			
90	050305006001	石桌石凳	—	个	20			
91	050302001001	原木(带树皮)柱、梁、檩、椽	美国南方松木木柱	m	0.66			
92	050302001002	原木(带树皮)柱、梁、檩、椽	美国南方松木梁,制作安装	m	0.96			
			分部小计					
			合计					

表 7-5　总价措施项目清单与计价表

工程名称：××公园园林景观工程　标段：　　　　　　　　　第　页　共　页

序号	项目编码	项目名称	计算基础	费率/%	金额/元	调整费率/%	调整后金额/元	备注
1	011707001001	安全文明施工费	人工费					
2	011707002001	夜间施工增加费	人工费					
3	011707004001	二次搬运费						
4	011707005001	冬雨季施工增加费	人工费					
5	011707007001	已完工程及设备保护						
		合计						

编制人（造价人员）：　　　　　　　　　　　复核人（造价工程师）：

注：1. "计算基础"中安全文明施工费可为"定额基价"、"定额人工费"或"定额人工费＋定额机械费"，其他项目可为"定额人工费"或"定额人工费＋定额机械费"。

2. 按施工方案计算的措施费，若无"计算基础"和"费率"的数值，也可只填"金额"数值，但应在备注栏说明施工方案出处或计算方法。

表 7-6　其他项目清单与计价汇总表

工程名称：××公园园林景观工程　标段：　　　　　　　　　第　页　共　页

序号	项目名称	金额/元	结算金额/元	备注
1	暂列金额	50000.00		明细见表 7-7
2	暂估价			
2.1	材料(工程设备)暂估价	—		明细见表 7-8
2.2	专业工程暂估价			
3	计日工			明细见表 7-9
4	总承包服务费			
5				
	合计			

注：材料（工程设备）暂估单价进入清单项目综合单价，此处不汇总。

表 7-7 暂列金额明细表

工程名称：××公园园林景观工程　　标段：　　　　　　第　页　共　页

序号	项目名称	计算单位	暂定金额/元	备注
1	政策性调整和材料价格风险	项	45000.00	
2	其他	项	5000.00	
	合计		50000.00	—

注：此表由招标人填写，如不能详列，也可只列暂定金额总额，投标人应将上述暂列金额计入投标总价中。

表 7-8 材料（工程设备）暂估单价及调整表

工程名称：××公园园林景观工程　　标段：　　　　　　第　页　共　页

序号	材料(工程设备)名称、规格、型号	计量单位	数量		暂估/元		确认/元		差额(±)/元		备注
			暂估	确认	单价	合价	单价	合价	单价	合价	
1	碎石	m³			58.13						20mm
2	美国南方松木板	m³			5.05						
	其他:(略)										
	合计										

注：此表由招标人填写"暂估单价"，并在备注栏说明暂估价的材料、工程设备拟用在那些清单项目上，投标人应将上述材料，工程设备暂估单价计入工程量清单综合单价报价中。

表 7-9 计日工表

工程名称：××公园园林景观工程　　标段：　　　　　　　第　页　共　页

编号	项目名称	单位	暂定数量	实际数量	综合单价/元	合价/元	
						暂定	实际
一	人工						
1	技工	工日	20.00				
2							
	人工小计						
二	材料						
1	42.5级普通水泥	t	35.00				
2							
	材料小计						
三	施工机械						
1	汽车起重机 20t	台班	10.00				
2							
	施工机械小计						
四	企业管理费和利润						
	总　计						

注：此表项目名称、暂定数量由招标人填写，编制招标控制价时，单价由招标人按有
关计价规定确定；投标时，单价由投标人自主报价，按暂定数量计算合价计入投标总价
中。结算时，按承包双方确认的实际数量计算合价。

表 7-10 规费、税金项目计价表

工程名称：××公园园林景观工程　　标段：　　　　　　　第　页　共　页

序号	项目名称	计算基础	计算基数	费率/%	金额/元
1	规费	定额人工费			
1.1	社会保险费	定额人工费			
(1)	养老保险费	定额人工费		3.5	
(2)	失业保险费	定额人工费		2	
(3)	医疗保险费	定额人工费		6	
(4)	工伤保险费	定额人工费		0.5	
(5)	生育保险费	定额人工费			
1.2	住房公积金	定额人工费		6	
1.3	工程排污费	按工程所在地环境保护部门收取标准,按实计入		0.14	
2	税金	分部分项工程费+ 措施项目费+ 其他项目费+ 规费－ 按规定不计税的工程设备金额		3.413	
合计					

编制人（造价人员）：　　　　　　　　　　复核人（造价工程师）：

7.2 投标总价编制实例

表 7-11 投标总价封面

<u>　　××公园园林景观　　</u>工程

投标总价

招标人：<u>　　　××× 公司　　　</u>

（单位盖章）

××年×月×日

表 7-12 投标总价扉页

投标总价

招 标 人：＿＿＿＿＿＿＿＿＿×× 公司＿＿＿＿＿＿＿＿＿

工程名称：＿＿＿＿＿＿×× 公园园林景观工程＿＿＿＿＿＿

投标总价(小写)：＿＿＿＿＿＿1628941.03＿＿＿＿＿＿

（大写）：＿＿壹佰陆拾贰万捌仟玖佰肆拾壹元叁分＿＿

投 标 人：＿＿＿＿＿＿＿＿＿×××＿＿＿＿＿＿＿＿＿

(单位盖章)

法定代表人

或其授权人：＿＿＿＿＿＿＿＿×××＿＿＿＿＿＿＿＿＿

(签字或盖章)

编 制 人：＿＿＿＿＿＿＿＿＿×××＿＿＿＿＿＿＿＿＿

(造价人员签字盖专用章)

编制时间：×× 年 × 月 × 日

表 7-13 总说明

工程名称：×× 公园园林景观工程　　标段：　　　　　第 页 共 页

---

1. 工程概况：

2. 投标报价包括范围：

3. 投标报价编制依据：

3.1 建设方提供的工程施工图、《某公园园林景观工程投标邀请书》、《投标须知》、《某公园园林景观工程招标答疑》等一系列招标文件。

3.2 ×× 市建设工程造价管理站 ××××年第 × 期发布的材料价格,并参照市场价格。

4. 报价需要说明的问题：

4.1 该工程因无特殊要求,故采用一般施工方法。

4.2 因考虑到市场材料价格近期波动不大,故主要材料价格在 ×× 市建设工程造价管理站 ××××年第 × 期发布的材料价格基础上下浮 3%。

5. 综合公司经济现状及竞争力,公司所报费率如下：(略)

6. 税金按 3.413% 计取。

表 7-14 建设项目投标报价汇总表

工程名称：××公园园林景观工程　　标段：　　　　　　第　页　共　页

序号	单项工程名称	金额/元	其中/元		
			暂估价	安全文明施工费	规费
1	××公园园林景观工程	1628941.03	100000.00	70904.73	74826.46
	合计	1628941.03	100000.00	70904.73	74826.46

注：本表适用于建设项目招标控制价或投标报价的汇总。

表 7-15 单项工程投标报价汇总表

工程名称：××公园园林景观工程　　标段：　　　　　　第　页　共　页

序号	单位工程名称	金额/元	其中/元		
			暂估价	安全文明施工费	规费
1	××公园园林景观工程	1628941.03	100000.00	70904.73	74826.46
	合计	1628941.03	100000.00	70904.73	74826.46

注：本表适用于单项工程招标控制价或投标报价的汇总。暂估价包括分部分项工程中的暂估价和专业工程暂估价。

表 7-16 单位工程投标报价汇总表

工程名称：××公园园林景观工程　　标段：　　　　　　第　页　共　页

序号	汇总内容	金额/元	其中：暂估价/元
1	分部分项工程	1322271.7	100000.00
0101	土(石)方工程	7697.86	
0104	砌筑工程	12872.6	
0105	混凝土及钢筋混凝土工程	283450.37	100000.00
0108	门窗工程	30197.31	
0109	屋面及防水工程	44184.41	
0111	楼地面装饰工程	325185.96	

续表

序号	汇总内容	金额/元	其中:暂估价/元
0112	墙、柱面装饰与隔断、幕墙工程	101460.4	
0113	天棚工程	5903.46	
0115	其他装饰工程	3093.11	
0310	给排水工程	557.94	
0402	道路工程	889.32	
0405	管道附属构筑物	2674.56	
0502	园路、园桥工程	396379.91	
0202	石作工程	46729.1	
0205	木作工程	17180.63	
0503	园林景观工程	43814.76	
2	措施项目	106898.38	
0117	其中:安全文明施工费	70904.73	
3	其他项目	66481.85	
3.1	暂列金额	50000.00	
3.2	计日工	16481.85	
3.3	总承包服务费	—	
4	规费	74826.46	
5	税金	58462.64	
投标报价合计= 1+ 2+ 3+ 4+ 5		1628941.03	

注:本表适用于单位工程招标控制价或投标报价的汇总,如无单位工程划分,单项工程也使用本表汇总。

表7-17 分部分项工程和单价措施项目清单与计价表

工程名称：×××公园园林景观工程   标段：   第　页　共　页

序号	项目编码	项目名称	项目特征描述	计量单位	工程量	金额/元		
						综合单价	合价	其中暂估价
			0101 土石方工程					
1	010101001001	平整场地	遮雨廊平整场地	m²	142.00	2.21	313.82	
2	010101001002	平整场地	架空平台平整场地	m²	577.00	4.29	2475.33	
3	010101001003	平整场地	小卖部、休息平廊平整场地	m²	367.50	2.21	812.18	
4	010101001004	平整场地	景观廊平整场地	m²	48.00	2.21	106.08	
5	010101001005	平整场地	公园后门平整场地	m²	198.40	2.21	438.46	
6	010101001006	平整场地	眺望台平整场地	m²	94.99	5.33	506.30	
7	010101002001	挖一般土方	遮雨廊人工挖基础土方	m³	28.50	6.31	179.84	
8	010101002002	挖一般土方	基础挖土方	m³	242.00	11.67	2824.14	
9	010101002003	挖一般土方	出入口招牌挖基础土方	m³	6.60	6.32	41.71	
			分部小计				7697.86	
			0104 砌筑工程					
10	010401003001	实心砖墙	3/4砖实心砖外墙	m³	52.00	184.15	9575.8	
11	010401003002	实心砖墙	1/2砖实心砖外墙	m³	3.45	189.12	652.46	
12	010401003003	实心砖墙	1/2砖实心砖内墙	m³	1.94	190.55	369.67	

续表

序号	项目编码	项目名称	项目特征描述	计量单位	工程量	综合单价	金额元 合价	其中 暂估价
			0104 砌筑工程					
13	010401003004	实心砖墙	一砖墙	m³	6.64	337.67	2242.13	
14	010404013001	零星砌砖	—	m³	2.25	14.46	32.54	
			分部小计				12872.60	
			0105 混凝土及钢筋混凝土工程					
15	010501003001	独立基础	C20 现场搅拌	m³	50.34	348.28	17532.42	
16	010501003002	独立基础	架空平台独立基础	m³	89.10	387.84	34556.54	
17	010501002001	带形基础	C20 砾 40,C10 凝土垫层	m³	1.800	361.47	650.65	
18	010502001001	矩形柱	200mm×200mm 矩形柱	m³	24.320	213.81	5199.86	
19	010502002001	构造柱	30m×0.30m,$H = 11.03 \sim$ 13.31m,C25 砾 40	m³	0.54	245.86	132.76	
20	010503002001	矩形梁	100mm×100mm 矩形梁	m³	68.25	204.27	13941.43	
21	010503001001	基础梁	截面尺寸:0.24m×0.24m	m³	17.690	205.59	3636.89	
22	010503003001	异形梁	C25 砾 30	m³	2.360	213.81	504.59	
23	010503015001	弧形、拱形梁	截面尺寸:0.30m×0.30m	m³	8.10	238.74	1933.79	
24	010503015002	弧形、拱形梁	C20 砾 40	m³	20.35	221.89	4515.46	

续表

序号	项目编码	项目名称	项目特征描述	计量单位	工程量	综合单价	金额/元 合价	金额/元 其中 暂估价
			0105 混凝土及钢筋混凝土工程					
25	010505004001	拱板	C25 砾 20	m³	44.15	207.32	9153.18	
26	010506002001	弧形楼梯	C20 砾 40	m³	5.40	247.24	1335.10	100000.00
27	010515001001	现浇构件钢筋	φ10mm 以内	t	32.50	5857.16	190357.7	100000.00
			分部小计				283450.37	
			0108 门窗工程					
28	010803001001	金属卷帘（闸）门	—	樘	2	1296.0	2592.00	
29	010801001001	木质装饰门	仓库实木装饰门	樘	1	940.28	940.28	
30	010801001002	木质装饰门	实木装饰门	樘	3	746.21	2238.63	
31	010801001003	木质胶合板门	胶合板门	樘	1	293.41	293.41	
32	020401004004	木质胶合板门	工具房胶合板门	樘	3	243.37	730.11	
33	010802001001	金属（塑钢）门	不锈钢金属平开门	樘	4	2209.04	8836.16	
34	010802001002	金属（塑钢）门	塑钢门	樘	2	128.74	257.48	
35	010802001003	金属（塑钢）门	塑钢门	樘	2	1342.29	2684.58	
36	010702004001	防盗门	—	樘	2	2291.92	4583.84	

续表

序号	项目编码	项目名称	项目特征描述	计量单位	工程量	综合单价	金额/元 合价	其中 暂估价
			0108 门窗工程					
37	010805004001	电动伸缩门	—	樘	1	1721.68	1721.68	
38	010807001001	金属(塑钢、断桥)窗	—	樘	6	207.39	1244.34	
39	010807001002	金属(塑钢、断桥)窗	木纹推拉窗	樘	10	190.22	1902.2	
40	010808005001	石材门窗套	石材门饰面,花岗石饰线	樘	20	108.63	2172.6	
			分部小计				30197.31	
			0109 屋面及防水工程					
41	010901001001	瓦屋面	青石板文化石片屋面	m²	114.78	109.14	12527.09	
42	010901001002	瓦屋面	六角亭琉璃瓦屋面	m²	55.00	118.82	6535.10	
43	010901001003	瓦屋面	青石瓦屋面	m²	60.00	108.83	6529.80	
44	010901001004	瓦屋面	青石片屋面	m²	162.28	114.57	18592.42	
			分部小计				44184.41	
			0111 楼地面装饰工程					
45	011102001001	石材楼地面	300mm×300mm绣板文化石地面	m²	180.00	88.94	16009.2	
46	011102001002	石材楼地面	平台灰色花岗岩	m²	175.42	181.05	31759.79	

续表

序号	项目编码	项目名称	项目特征描述	计量单位	工程量	综合单价	金额/元 合价	其中 暂估价
			0111 楼地面装饰工程					
47	011102001003	石材楼地面	凹缝密拼 100mm×115mm×40mm光面连州青花岗岩岩板	m²	97.92	202.39	19818.03	
48	011102001004	石材楼地面	50mm厚粗面花岗岩冰裂文化石嵌草缝	m²	89.24	183.36	16363.05	
49	011102001005	石材楼地面	休息平台黄石纹石材地面	m²	70.40	57.95	4079.68	
50	011102001006	石材楼地面	—	m²	17.13	111.48	1909.65	
51	011101001001	水泥砂浆楼地面	平台碎石地面,美国南方松圆木分割	m²	388.52	529.50	205721.34	
52	011102003001	块料楼地面	300mm×300mm仿古砖	m²	22.00	99.94	2198.68	
53	011102003002	块料楼地面	生态平台地面铺绣石文化石冰裂纹夹草缝	m²	94.20	101.71	9581.08	
54	011102003003	块料楼地面	地面 600mm×600mm抛光耐磨砖	m²	116.95	55.24	6460.32	
55	011102003004	块料楼地面	300mm×300mm防滑砖	m²	10.25	58.38	598.40	
56	011102003005	块料楼地面	阳台楼梯 400mm×400mm仿古砖	m²	50.28	92.51	4679.16	
57	011102003006	块料楼地面	300mm×300mm仿石砖	m²	38.47	64.25	2471.70	
58	011102003007	块料楼地面	600mm×300mm粗面白麻石	m²	43.75	80.82	3535.88	
			分部小计				325185.96	

续表

序号	项目编码	项目名称	项目特征描述	计量单位	工程量	综合单价	金额/元 合价	其中 暂估价
		0112 墙、柱面装饰与隔断、幕墙工程						
59	011202001001	柱、梁面一般抹灰	—	m²	847.00	9.11	7716.17	
60	011201001001	墙面一般抹灰	—	m²	271.30	8.61	2335.59	
61	011201001002	墙面一般抹灰	墙面燜灰油乳胶漆	m²	162.45	15.60	2534.22	
62	011201001003	墙面一般抹灰	墙面抹灰、燜灰、乳胶漆	m²	70.50	8.66	610.53	
63	011205002001	块料柱面	45mm×195mm 米黄色仿石砖 块料柱面	m²	52.00	73.98	3846.96	
64	011205002002	块料柱面	100mm×300mm 木纹文化砖	m²	80.0	102.85	8228.0	
65	011204003001	块料墙面	米黄色仿石砖墙面	m²	35.00	67.30	2355.5	
66	011204003002	块料墙面	块料墙面，仿青砖	m²	135.65	84.72	11492.27	
67	011204003003	块料墙面	200mm×300mm 瓷片	m²	65.24	57.63	3759.78	
68	011204003004	块料墙面	厨房 200mm×300mm 瓷片	m²	38.05	44.81	1705.02	
69	011204003005	块料墙面	墙面浅绿色文化石	m²	42.07	104.43	4393.37	
70	011204003006	块料墙面	青石板	m²	145.20	103.63	15047.08	
71	011204003007	块料墙面	木纹文化石	m²	15.07	95.41	1437.83	
72	011204003008	块料墙面	仿青砖	m²	135.65	74.72	11492.27	

续表

序号	项目编码	项目名称	项目特征描述	计量单位	工程量	综合单价	金额/元 合价	其中 暂估价
			0112 墙、柱面装饰与隔断、幕墙工程					
73	011206002001	块料零星项目	墙裙青石板蘑菇形文化砖	m²	13.34	100.61	1342.14	
74	011207001001	墙面装饰板	木方板墙面饰面,美国南方松	m²	76.42	303.11	23163.67	
		分部小计					101460.40	
			0113 天棚工程					
75	011301001001	天棚抹灰	—	m²	235.47	16.36	3852.29	
76	011301001002	天棚抹灰	乳胶漆	m²	57.84	14.53	840.42	
77	011302004001	藤条造型悬挂吊顶	现浇混凝土斜屋面板	m³	5.840	207.32	1210.75	
		分部小计					5903.46	
			0115 其他装饰工程					
78	011505011001	镜箱	—	个	20	9.98	199.60	
79	011505005001	卫生间扶手	—	个	80	16.71	1336.80	
80	011505010001	镜面玻璃	—	m²	2	150.68	333.00	
81	011505001001	洗漱台	—	m²	2	582.72	1223.71	
		分部小计					3093.11	

续表

序号	项目编码	项目名称	项目特征描述	计量单位	工程量	金额/元		其中
						综合单价	合价	暂估价
			0310 给排水工程					
82	031004003001	洗脸盆	—	组	1	557.94	557.94	
			分部小计				557.94	
			0402 道路工程					
83	040204004001	安砌侧(平、缘)石	池壁不等边粗麻石 100mm 厚	m²	6.81	130.59	889.32	
			分部小计				889.32	
			0405 管道附属构筑物					
84	040504008001	整体化粪池	—	座	1	2674.56	2674.56	
			分部小计				2674.56	
			0502 园路、园桥工程					
85	050201001001	园路	遮南廊麻石路面,C15 豆石混凝土 12cm 厚	m²	78.20	141.62	11074.68	
86	050201014001	木制步桥	美国南方松木桥面板 φ12 膨胀螺栓固定	m²	831.60	463.33	385305.23	
			分部小计				396379.91	
			0202 石作工程					
87	020202003001	栏杆	美国南方松栏杆	m²	230.00	203.17	46729.1	
			分部小计				46729.1	

续表

序号	项目编码	项目名称	项目特征描述	计量单位	工程量	综合单价	金额/元 合价	其中 暂估价
			0205 木作工程					
88	020511001001	鹅颈靠背	鹅颈靠背(木质飞来椅)	m	16.50	1041.25	17180.63	
			分部小计				17180.63	
			0503 园林景观工程					
89	050305001001	预制钢筋混凝土飞来椅	钢筋混凝土飞来椅	m	23.00	408.81	9402.63	
90	050305006001	石桌石凳	—	个	20	1656.39	33127.8	
91	050302001001	原木(带树皮)柱、梁、檩、椽	美国南方松木木柱	m	0.66	1122.58	740.90	
92	050302001002	原木(带树皮)柱、梁、檩、椽	美国南方松木梁,制作安装	m	0.96	566.07	543.43	
			分部小计				43814.76	
			合计				1322271.7	100000.00

表7-18　综合单价分析表

工程名称：××公园园林景观工程　　　　标段：　　　　第　页　共　页

项目编码	010416001001	项目名称	现浇混凝土钢筋	计量单位	t	工程量	32.50

清单综合单价组成明细

定额编号	定额名称	定额单位	数量	单价/元 人工费	材料费	机械费	管理费和利润	合价/元 人工费	材料费	机械费	管理费和利润
08-99	现浇螺纹钢筋制作安装	t	1.000	294.75	5397.70	62.42	102.29	294.75	5397.70	62.42	102.29
人工单价		小计						294.75	5397.70	62.42	102.29
25元/工日		未计价材料费							—		
	清单项目综合单价							5857.16			

材料费明细	名称、规格、型号	单位	数量	单价/元	合价/元	暂估单价/元	暂估合价/元
	螺纹钢筋，Q23s，φ14	t	1.07	—	—	5000.00	5350.00
	焊条	kg	8.640	4.00	34.56	—	—
	其他材料费			—	13.14	—	—
	材料费小计			—	47.70	—	5350.00

注：1. 如不使用省级或行业建设主管部门发布的计价依据，可不填定额编号、名称等。

2. 招标文件提供了暂估单价的材料，按暂估的单价填入表内"暂估单价"栏及"暂估合价"栏。

表 7-19 总价措施项目清单与计价表

工程名称：××公园园林景观工程　　标段：　　　　　　　第　页　共　页

序号	项目编码	项目名称	计算基础	费率/%	金额/元	调整费率/%	调整后金额/元	备注
1	011707001001	安全文明施工费	人工费	30	70904.73			
2	011707002001	夜间施工增加费	人工费	1.5	6500.00			
3	011707004001	二次搬运费						
4	011707005001	冬雨季施工增加费	人工费	8	27993.65			
5	011707007001	已完工程及设备保护			1500.00			
		合计			106898.38			

编制人（造价人员）：　　　　　　　　　　　复核人（造价工程师）：

注：1. "计算基础"中安全文明施工费可为"定额基价"、"定额人工费"或"定额人工费＋定额机械费"，其他项目可为"定额人工费"或"定额人工费＋定额机械费"。

2. 按施工方案计算的措施费，若无"计算基础"和"费率"的数值，也可只填"金额"数值，但应在备注栏说明施工方案出处或计算方法。

表 7-20 其他项目清单与计价汇总表

工程名称：××公园园林景观工程　　标段：　　　　　　　第　页　共　页

序号	项目名称	金额/元	结算金额/元	备注
1	暂列金额	50000.00		明细见表 7-21
2	暂估价			
2.1	材料（工程设备）暂估价/结算价	—		明细见表 7-22
2.2	专业工程暂估价/结算价			
3	计日工	16481.85		明细见表 7-23
4	总承包服务费			
5				
	合计	66481.85		

注：材料（工程设备）暂估单价进入清单项目综合单价，此处不汇总。

表 7-21 暂列金额明细表

工程名称：××公园园林景观工程　　标段：　　　　　　　第　页　共　页

序号	项目名称	计算单位	暂列金额/元	备注
1	政策性调整和材料价格风险	项	45000.00	
2	其他	项	5000.00	
	合计		50000.00	—

注：此表由招标人填写，如不能详列，也可只列暂定金额总额，投标人应将上述暂列金额计入投标总价中。

表 7-22 材料（工程设备）暂估单价及调整表

工程名称：××公园园林景观工程　　标段：　　　　　　　第　页　共　页

序号	材料(工程设备)名称、规格、型号	计量单位	数量		暂估/元		确认/元		差额(±)/元		备注
			暂估	确认	单价	合价	单价	合价	单价	合价	
1	碎石	m³			58.13						20mm
2	美国南方松木板	m³			5.05						
	其他：(略)										
	合计										

注：此表由招标人填写"暂估单价"，并在备注栏说明暂估价的材料、工程设备拟用在哪些清单项目上，投标人应将上述材料，工程设备暂估单价计入工程量清单综合单价报价中。

表 7-23 计日工表

工程名称：××公园园林景观工程　　标段：　　　　　　　　第　页　共　页

编号	项目名称	单位	暂定数量	综合单价	合价
一	人工				
1	技工	工日	10.00	30.00	600.00
2					
人工小计					600.00
二	材料				
1	42.5级普通水泥	t	35.00	279.95	9798.25
2					
材料小计					9798.25
三	机械				
1	汽车起重机 20t	台班	10.00	608.36	6083.60
2					
施工机械小计					6083.60
总　计					16481.85

注：此表项目名称、数量由招标人填写，编制招标控制价时，单价由招标人按有关计价规定确定；投标时，单价由投标人自主报价，计入投标总价中。

表 7-24 规费、税金项目计价表

工程名称：××公园园林景观工程　　标段：　　　　　　　　第　页　共　页

序号	项目名称	计算基础	计算基数	费率/%	金额/元
1	规费	定额人工费			74826.46
1.1	社会保险费	定额人工费			48984.06
(1)	养老保险费	定额人工费		3.5	12436.24
(2)	失业保险费	定额人工费		2	8946.88
(3)	医疗保险费	定额人工费		6	25364.22
(4)	工伤保险费	定额人工费		0.5	2236.72

续表

序号	项目名称	计算基础	计算基数	费率/%	金额/元
(5)	生育保险费	定额人工费			
1.2	住房公积金	定额人工费		6	25364.22
1.3	工程排污费	按工程所在地环境保护部门收取标准,按实计入			478.18
2	税金	分部分项工程费+措施项目费+其他项目费+规费-按规定不计税的工程设备金额			58462.64
	合计				133289.10

编制人(造价人员):　　　　　　　　　　　　复核人(造价工程师):

表 7-25　总价项目进度款支付分解表

工程名称:××公园园林景观工程　　标段:　　　　　　　　第　页　共　页

序号	项目名称	总价金额	首次支付	二次支付	三次支付	四次支付	五次支付	
	安全文明施工费	70904.73	21271.42	21271.42	14180.94	14180.95		
	夜间施工增加费	6500.00	1300	1300	1300	1300	1300	
	冬雨季施工增加费	27993.65	5598.73	5598.73	5598.73	5598.73		
	略							
	社会保险费	48984.06	9796.81	9796.81	9796.81	9796.81		
	住房公积金	25364.22	5072.84	5072.84	5072.84	5072.84		
	合　计							

编制人(造价人员):　　　　　　　　　　　复核人(造价工程师):

注:1. 本表应由承包人在投标报价时根据发包人在招标文件明确的进度款支付周期与报价填写,签订合同时,发承包双方可就支付分解协商调整后作为合同附件。

2. 单价合同使用本表,"支付"栏时间应与单价项目进度款支付周期相同。

3. 总价合同使用本表,"支付"栏时间应与约定的工程计量周期相同。

表 7-26 承包人提供主要材料和工程设备一览表

（适用于价格指数差额调整法）

工程名称：××公园园林景观工程　　标段：　　　　　　　　第　页　共　页

序号	名称、规格、型号	变值权重 B	基本价格指数 F_0	现行价格指数 F_t	备注
1	人工	0.18	110%		
2	钢材	0.11	4000 元/t		
3	预拌混凝土 C30	0.16	340 元/m³		
4	页岩砖	0.15	300 元/千匹		
5	机械费	8	100%		
	定值权重 A	42	—	—	
	合　计	1	—	—	

注：1. "名称、规格、型号"、"基本价格指数"栏由招标人填写，基本价格指数应首先采用程造价管理机构发布的工价格指数，没有时，可采用发布的价格代替。如人工、机械费也采用本法调整由招标人在"名称"栏填写。

2. "变值权重"栏由投标人根据该项人工、机械费和材料、工程设备值在投标总报价中所占的比例填写，1 减去其比例为定值权重。

3. "现行价格指数"按约定的付款证书相关周期最后一天的前 42d 的各项价格指数填写，该指数应首先采用工程造价管理机构发布的价格指数，没有时，可采用发布的价格代替。

参 考 文 献

[1] 中华人民共和国住房和城乡建设部. GB 50500—2013 建设工程工程量清单计价规范 [S]. 北京：中国计划出版社，2013.

[2] 中华人民共和国建设部. GB 50858—2013 园林绿化工程工程量计算规范 [S]. 北京：中国计划出版社，2013.

[3] 中华人民共和国住房和城乡建设部. 建设工程计价计量规范辅导 [M]. 北京：中国计划出版社，2013.

[4] 高蓓. 园林工程造价应用与细节解析 [M]. 合肥：安徽科学技术出版社，2010.

[5] 张明轩. 园林绿化工程工程量清单计价实施指南 [M]. 北京：中国电力出版社，2009.

[6] 樊俊喜，刘新燕. 园林绿化工程工程量清单计价编制与实例 [M]. 北京：机械工业出版社，2010.